HERPÉTOLOGIE

(Couverture ou Couverture)

D'ANGOLA ET DU CONGO

OUVRAGE PUBLIÉ SOUS LES AUSPICES DU

19131

MINISTÈRE DE LA MARINE ET DES COLONIES

PAR

J. V. BARBOZA DU BOCAGE

Professeur de zoölogie à l'École Polytechnique, directeur du Muséum National de Lisbonne

LISBONNE

IMPRIMERIE NATIONALE

1895

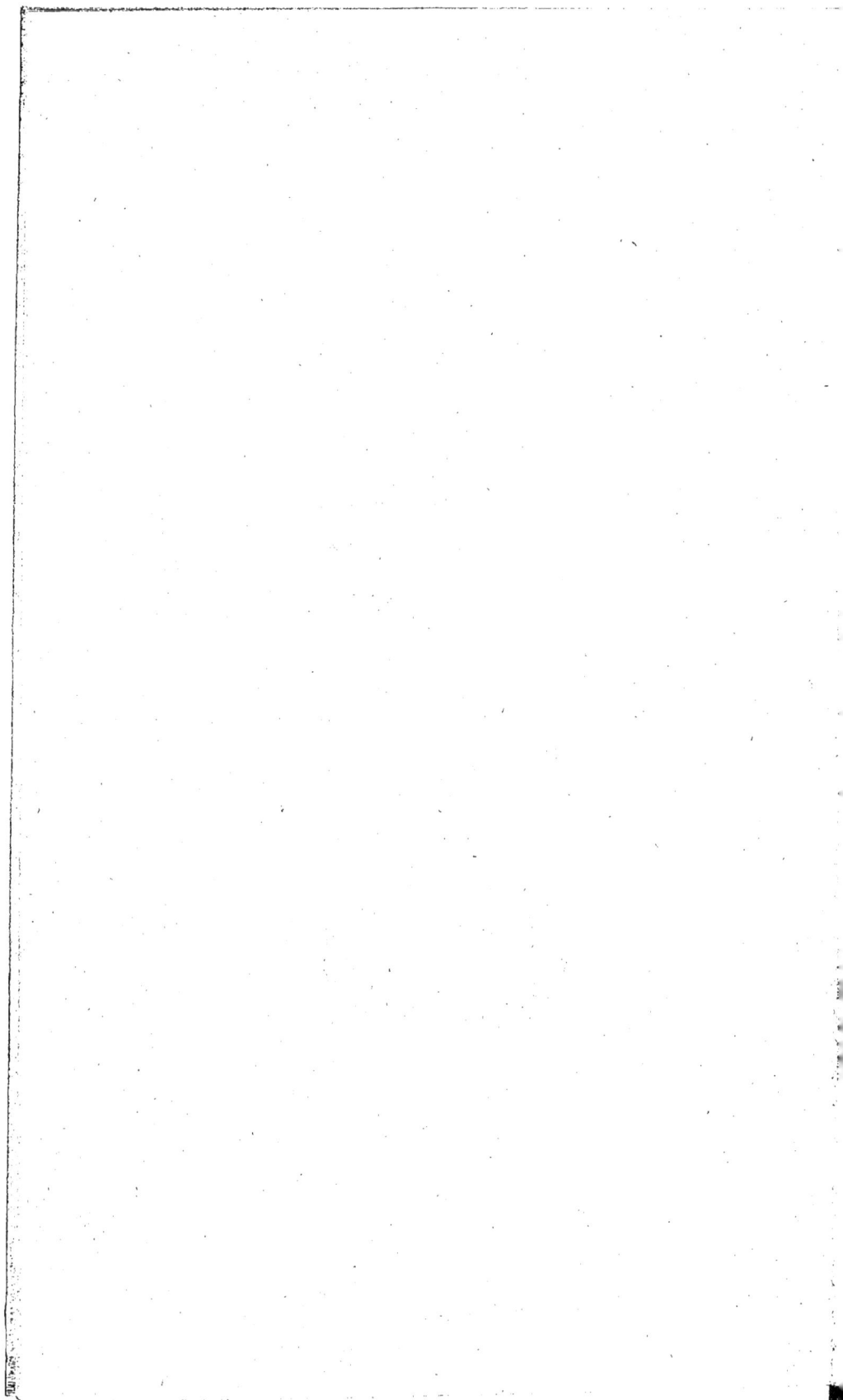

HERPÉTOLOGIE

D'ANGOLA ET DU CONGO

OUVRAGE PUBLIÉ SOUS LES AUSPICES DU

MINISTÈRE DE LA MARINE ET DES COLONIES

PAR

J. V. BARBOZA DU BOCAGE

Professeur de zoologie à l'École Polytechnique, directeur du Muséum National de Lisbonne

LISBONNE

IMPRIMERIE NATIONALE

1895

INTRODUCTION

Un premier essai sur l'herpétologie des possessions portugaises d'Afrique occidentale[1], que j'ai publié en 1866, contenait l'énumération de vingt-six reptiles du Congo et cinquante-sept reptiles et batraciens d'Angola. Les matériaux dont je me suis servi pour cette publication faisaient partie de deux collections zoologiques appartenant ao Muséum de Lisbonne: l'une de ces collections avait été recueillie en 1864 par M. José d'Anchieta dans le cours d'une expédition zoologique entreprise à ses frais de Cabinda à Rio Quilo, dans la côte de Loango; l'autre avait été envoyée vers la même époque du Duque de Bragança par le Capitaine Pinheiro Bayão, commandant militaire de ce district d'Angola.

Lors de cette publication la zoologie de cette partie de l'Afrique était presque inconnue.

La malheureuse expédition du Capitaine Tuckey au Congo, en 1816, n'avait que fort peu contribué aux progrès de l'histoire naturelle africaine; parmi les exemplaires zoologiques rapportés en Europe on n'a rencontré que trois espèces de reptiles, l'une bien connue déjà et très répandue en Afrique, le *Tryonyx aegyptiacus,* les deux autres considérées nouvelles par Leach et décrites par lui sous les noms de *Coluber palmarum* et *Coluber. Smythii*[2]. C'était tout ce que l'on savait de l'herpétologie du Congo.

---

[1] Bocage, *Lista dos Reptis das possessões portuguezas d'Africa occidental que existem no Museu de Lisboa*—Jornal de Sc. Mathem. Phys. et Nat., publicado sob os auspicios da Academia Real das Sciencias de Lisboa, 1866, I, p. 37.

[2] *C. palmarum* = *Rachiodon scabra,* L.; *C. Smythii* serait, suivant M. Boulenger, identique à *Coronella triangularis,* Hall., *Grayia triangularis,* auct., qui doit désormais recevoir le nom de *Grayia Smythii* (Bouleng., *Cat. Snak. B. Mus.,* II, 1894, p. 287).

D'Angola vingt-et-une espèces de reptiles et batraciens, dont trois nouvelles, récueillies par Welwitsch, avaient été publiées par les Drs. Günther et Gray en 1864 et 1865[1].

Les principaux Musées d'Europe ne renfermaient dans leurs riches collections que de rares spécimens authentiques de la faune herpétologique de ces deux contrées.

C'est donc à MM. d'Anchieta et Bayão que revient l'honneur d'avoir contribué d'une manière plus efficace à la connaissance de cette faune; mais c'est surtout M. d'Anchieta qui par ses recherches ultérieures, par ses travaux d'exploration, qu'il poursuit encore aujourd'hui avec un grand courage et une rare persévérance, a découvert la plupart des espèces dont s'est enrichie dernièrement la faune d'Angola.

Un des traits les plus caractéristiques du dix-neuvième siècle est sans doute le mouvement de pénétration de l'Europe civilisée dans le continent africain, mouvement qui s'est accentué davantage dans la seconde moitié de ce siècle, mais en dégénérant dans ces derniers temps en une véritable course aux colonies de la part de certaines puissances qui, sous le prétexte de civilisation et de répression de l'esclavage, se sont signalées par des actes de spoliation et par l'abus de la force.

Fidèle à ses traditions, le Portugal a favorisé, l'un des premiers, la croisade généreuse et pacifique de la civilisation contre la barbarie; il a le droit de réclamer une part de la gloire acquise par les récents exploits dont l'Afrique a été le théatre. Par l'initiative et aux frais du gouvernement portugais, de hardis voyageurs et d'intrépides naturalistes ont puissamment contribué aux progrès des sciences géographiques, ethnographiques et naturelles dans cette partie de l'ancien monde. Les voyages de Serpa Pinto, ceux de Capello et Ivens, l'exploration botanique d'Angola par le Dr. Welwitsch, les explorations zoologiques d'Angola et du Congo par d'Anchieta, celles des iles du golfe de Guinée par Francisco Newton et Moller, sont des preuves incontestables de ce que je viens d'avancer.

La plus grosse part des matériaux dont je me suis servi pour le présent travail provient des riches moissons récoltées en Angola par M. d'Anchieta

---

[1] Günther, *Jorn. Ac. Sc. Lisb.*, v, p. 176; *Proc. Zool. Soc. Lond.*, 1864, p. 180; *Ann. et Mag. N. H.*, 1865, p. 97; Gray, *Proc. Zool. Soc. Lond.*, 1865, pp. 442 et 454.

pendant une longue période de vingt-huit ans; mais je dois aussi à la géné-
rosité de quelques autres personnes plusieurs échantillons intéressants de
la faune d'Angola et du Congo, et je ne manquerai pas de citer leurs noms
en signalant la provenance des exemplaires que j'ai pu examiner par rapport
à chaque espèce.

Plusieurs écrits ont été publiés dernièrement à l'étranger sur l'herpé-
.tologie du Congo et d'Angola, dont j'ai eu beaucoup à profiter. Le Dr. Peters,
fit connaître en 1877, d'après une collection rapportée par l'Expédition
Allemande à la côte de Loango, un certain nombre d'espèces de reptiles
et batraciens de Chinchoxo[1]. L'on doit à M. Sauvage une liste de reptiles
et batraciens envoyés de Maiumba par M. Petit[2]. Des reptiles et batraciens
recueillis au Congo par MM. Büttner et Hesse ont été en 1888 le sujet d'une
intéressante publication de M. O. Boettger[3]. En 1887 et 1889 M. Mocquard
publia deux notes, l'une sur quelques ophidiens rapportés du Congo français
par la Mission de Brazza, l'autre sur une collection de quinze espèces
de reptiles recueillis par M. Brusseaux à Loudinia-Niari, sur le bord droit
du fleuve Niari[4]. En 1893 M. A. del Prato, dans une courte notice sur les
récoltes zoologiques effectuées dans le Congo par le Cav. Corona, donna
une liste de quelques sauriens et ophidiens de cette région[5].

En ce qui concerne la faune d'Angola, j'ai à signaler: 1°, la publication
de quelques espèces par le Dr. Günther d'après des exemplaires parvenus
au Muséum Britannique par les soins du célèbre et regretté voyageur Cameron[6]; 2°, deux notes du Dr. Peters sur deux collections de reptiles et batraciens, l'une recueillie à Pungo-Andongo par le Major Von Homeyer, l'autre
à Malange et au Quango par le Major Von Mechow[7]; 3°, les catalogues publiés
par M. Boulenger, où l'on trouve l'indication de quelques échantillons de
cette provenance appartenant aux collections du Muséum Britannique.

---

[1] Peters, *Monatsb. Ak. Berl.*, 1877, p. 611.

[2] Sauvage, *Bull. Soc. Zool. de France*, 1884, p. 189.

[3] O. Boettger, *Ber. Senckenb. Nat. Ges. Frankf.*, 1888.

[4] Mocquard, *Bull. Soc. Phil. Paris*, 1887, p. 62; *ibid.*, 1889, p. 145.

[5] A. del Prato, *Raccolte zoologici fatte nel Congo dal Cav. G. Corona*, 1893.

[6] Günther, *Ann. et Mag. N. H.*, 1888, I, p. 326.

[7] Peters, *Monatsb. Ak. Berl.*, 1877, p. 620; *Sitz. Ber. Ges. Nat. Fr. Berl.*, 1881, p. 147.

*
*   *

Le total des espèces observées jusqu'à présent dans l'aire géographique dont j'ai eu à m'occuper est à peu-près de 200. Dans ce nombre il y a plus de 60 espèces et variétés qui appartiennent exclusivement à la faune d'Angola et du Congo. Voici la liste de ces espèces avec l'indication de leur habitat actuel, en attendant qu'on les rencontre ailleurs, surtout dans les vastes espaces inexplorés de l'Afrique centrale:

Reptiles:

Hemidactylus benguellensis	Angola
Hemidactylus Bayonii	»
Monopeltis Anchietae	»
Monopeltis Welwitschii	»
Monopeltis scalper	»
Monopeltis Güntherii	Congo
Monopeltis Boulengerii	»
Pachyrhynchus Anchietae	Angola
Mabuia Bayonii	»
Mabuia Petersii	»
Mabuia punctulata	»
Mabuia chimbana	»
Mabuia binotata	»
Lygosoma Ivensii	»
Lygosoma (Eumecia) Anchietae	»
Ablepharus Cabindae	Angola et Congo
Sepsina angolensis	»
Sepsina Copei	»
Sepsina (Dumerilia) Bayonii	»
Typhlacontias punctatissimus	Angola
Chamaeleon Anchietae	»
Typhlops congicus	Congo
Typhlops Boulengerii	Angola
Typhlops Petersii	»

Typhlops hottentotus................. Angola

Typhlops anomalus.................. »

Stenostoma rostratum............... »

Python Anchietae................... »

Helicops bicolor.................... »

Boodon lineatus, var. angolensis........ »

Boodon lineatus, var. lineolata......... »

Licophidium meleagris............... »

Gonionotophis Brussauxii............. Congo

Philothamnus dorsalis............... Angola

Grayia ornata...................... »

Graya furcata...................... Congo

Rhagerhis acuta.................... Angola

Microsoma collare.................. Angola et Congo

Elapsoidea semiannulata............. »

Elapsoidea Hessei.................. Congo

Naja Anchietae.................... Angola

Naja nigricollis, var. fasciata........... Angola et Congo

Atractaspis congica................. »

Causus resimus, var. angolensis........ Angola

Vipera heraldica................... »

Atheris anisolepis.................. Congo

Atheris laeviceps.................. »

Batraciens:

Rana tuberculosa................... Angola

Rana ornatissima................... »

Rana subpunctata.................. »

Rappia Bocagii.................... »

Rappia Toulsonii................... »

Rappia plicifera................... »

Rappia benguellensis............... »

Rappia tristis..................... »

Rappia cinnamomeiventris........... »

Rappia quinquevittata.............. »

Hylambates Bocagii................ »

Hylambates Anchietae . . . .   Angola

Hylambates angolensis . . . .   »

Hylambates marginatus . . . .   »

Xenopus Petersii . . . .   »

*

*   *

Comme je l'avais dèjà constaté pour les oiseaux[1], les reptiles et les batraciens se trouvent inégalement répartis sur le sol d'Angola. Ce territoire est naturellement divisé par le fleuve Quanza en deux parties, nord et sud, chacune de ces parties étant habitée par un certain nombre d'espèces, qui n'ont été observées dans l'autre; mais c'est surtout par rapport à l'altitude des lieux et à leur distance à la côte que la répartition des espèces présente des différences plus remarquables.

En effet, des trois zones établies par Welwitsch d'après la progression ascendante des terrains vers l'intérieur et bien caractérisées par leurs conditions spéciales de végétation, la zone littorale est la plus pauvre et la zone des hauts-plateaux la plus riche, la zone intermédiaire se rapprochant davantage de celle-ci. Afin qu'on puisse constater ces différences numériques et aprécier en même temps les rapports qui existent entre la faune d'Angola et les faunes herpétologiques de l'Afrique occidentale, orientale et australe, j'ai réuni dans un tableau les données qu'on possède actuellement sur l'habitat de nos reptiles et batraciens.

*

*   *

A mon âge on ne doit pas beaucoup compter sur le lendemain. C'est pourquoi j'ai mis une certaine hâte à publier le résultat de mes études, sans même vouloir attendre les nouvelles récoltes de M. d'Anchieta, qui poursuit encore dans l'intérieur de Benguella, sans un moment de défaillance, ses fructueuses recherches. Que cet aveu puisse servir d'excuse aux imperfections de mon travail.

---

[1] Bocage, *Ornithologie d'Angola, Introduction*, p. VIII.

Avant de prendre congé de mes lecteurs je tiens à exprimer ma reconnaissance à ceux de mes collègues qui m'ont aidé, soit de leurs observations et de leurs conseils, soit en me facilitant l'examen d'exemplaires de leurs collections utiles à consulter. Parmi ceux qui m'ont accueilli, bienveillants et sympathiques, à mes débuts, quelques-uns, John Edward Gray, W. Peters, A. Duméril, J. G. Fischer, sont déjà disparus, en me laissant de bien vifs regrets; mais heureusement j'espère que mes amis, le Dr. Günther et F. Bocourt, trouveront en parcourant ces lignes quelque plaisir à voir que je ne les oublie pas. A des travailleurs émérites de l'actualité, que j'ai connu plus tard, à MM. Boulenger, Boettger, F. Müller, Mocquard, je suis également heureux de pouvoir laisser ici un témoignage de ma sincère gratitude pour leurs attentions amicales.

Muséum de Lisbonne, le 2 janvier 1895.

L'AUTEUR

TABLE MÉTHODIQUE

DISTRIBUTION GÉOGRAPHIQUE DES ESPÈCES

ESPÈCES	Afrique occidentale	Congo	Angola R. du nord			Angola R. du sud			Afrique australe	Afrique orientale
			Z. littorale	Z. intermédiaire	Z. des hauts plateaux	Z. littorale	Z. intermédiaire	Z. des hauts Plateaux		
Chelonia										
Cinixys erosa	*	*	—	—	—	—	—	—	—	—
C. belliana	*	—	—	—	*	—	*	*	—	*
Testudo pardalis	—	—	—	—	—	—	*	*	*	*
Sternothaerus Derbianus	*	*	*	—	—	—	—	—	—	—
St. sinuatus	—	—	—	—	*	—	—	—	—	—
Pelomedusa galeata	*	*	—	*	*	—	*	*	*	*
Chelone mydas	*	*	*	—	—	*	—	—	*	*
Thalassochelys caretta	*	*	*	—	—	*	—	—	*	*
Trionyx triunguis	*	*	*	—	—	*	—	—	*	*
Cycloderma Aubryi	*	*	—	—	—	—	—	—	—	—
Emydosauria										
Crocodilus vulgaris	*	*	*	*	*	*	*	*	*	*
C. cataphractus	*	*	—	—	—	—	—	—	—	—
Osteolaemus tetraspis	*	*	—	—	—	—	—	—	—	—
Sauria										
Hemidactylus mabouia	*	*	*	*	*	—	—	—	—	*
H. Bocagii	*	*	*	*	*	*	*	—	—	—
H. benguellensis	—	—	—	—	—	*	*	—	—	—
H. muriceus	*	—	—	—	—	—	*	—	—	—
H. Bayonii	—	—	*	—	—	—	*	—	—	—
Lygodactylus capensis	—	—	—	—	—	*	*	*	*	*
Pachydactylus Bibronii	—	—	—	—	—	*	*	*	*	*
P. ocellatus	—	—	—	—	—	*	*	*	*	*
Rhoptropus afer	—	—	—	—	—	*	*	—	*	—
Agama colonorum	*	*	—	*	*	—	—	—	—	—
A. planiceps	—	—	—	*	*	—	*	*	*	—
A. armata	—	—	—	—	*	—	*	*	*	*
A. sp?	—	—	—	—	—	*	—	—	—	*

ESPÈCES	Afrique occidentale	Congo	Angola						Afrique australe	Afrique orientale
			R. du nord			R. du sud				
			Z. littorale	Z. intermédiaire	Z. des hauts plateaux	Z. littorale	Z. intermédiaire	Z. des hauts plateaux		
Stellio atricollis	–	–	–	–	*	–	*	*	*	*
Zonurus cordylus	–	–	*	–	–	–	–	*	*	–
Chamaesaura macrolepis	–	–	–	–	–	–	–	*	*	–
Varanus niloticus	*	*	*	*	*	*	*	*	*	*
V. albigularis	–	–	–	–	–	*	*	*	*	*
Monopeltis capensis	–	–	–	–	–	–	–	*	*	–
M. Anchietae	–	–	–	–	–	–	–	*	–	–
M. Welwitschii	–	–	–	*	–	–	–	–	–	–
M. scalper	–	–	–	–	–	–	–	?	–	–
M. Güntherii	–	*	–	–	–	–	–	–	–	–
M. Boulengerii	–	*	–	–	–	–	–	–	–	–
Nucras tesselata	–	–	–	–	–	–	*	*	*	*
Ichnotropis capensis	–	–	–	–	*	–	*	*	*	–
Eremias lugubris	–	–	–	–	–	*	*	*	*	–
E. namaquensis	–	–	–	–	–	*	*	*	*	–
Scapteira reticulata	–	–	–	–	–	*	–	–	*	–
Pachyrhynchus Anchietae	–	–	–	–	–	*	–	–	–	–
Gerrhosaurus nigrolineatus	*	*	*	–	–	*	*	*	–	–
G. validus	–	–	–	–	–	–	*	*	*	*
Caitia africana	–	–	–	–	–	–	–	*	*	–
Cordylosaurus trivittatus	–	–	–	–	–	*	–	–	*	–
Mabuia Bayonii	–	–	–	–	*	–	–	*	–	–
M. Perrotetii	*	*	–	*	–	–	–	–	–	–
M. maculilabris	*	*	–	*	*	–	–	–	–	–
M. Raddonii	*	*	–	–	–	–	–	*	–	–
M. sulcata	–	–	–	–	–	–	*	*	*	–
M. striata	–	–	–	–	*	–	*	*	*	*
M. occidentalis	–	–	–	–	–	*	–	–	*	–
M. Petersii	–	–	*	*	*	–	*	–	–	–
M. varia	–	–	*	*	–	*	*	–	*	*
M. punctulata	–	–	–	–	–	*	–	–	–	–
M. chimbana	–	–	–	–	–	–	*	*	–	–
M. acutilabris	–	*	–	–	*	*	–	–	*	–
M. binotata	–	–	–	–	–	*	*	–	–	–
Lygosoma Ivensii	–	–	–	–	–	–	–	*	–	–
L. Sundevallii	–	–	–	–	–	*	*	*	*	*
L. (Eumecia) Anchietae	–	–	–	–	–	–	–	*	–	–
Ablepharus Cabindae	–	*	–	–	*	*	*	–	–	–
A. Wahlbergii	–	*	–	–	–	–	–	*	*	*
Sepsina angolensis	–	–	–	–	*	–	*	*	–	–
S. Copei	–	–	*	–	–	*	–	–	–	–
S. (Dumerilia) Bayonii	–	*	*	–	–	–	–	–	–	–

ESPÈCES	Afrique occidentale	Congo	Angola R. du nord Z. littorale	Angola R. du nord Z. intermédiaire	Angola R. du nord Z. des hauts plateaux	Angola R. du sud Z. littorale	Angola R. du sud Z. intermédiaire	Angola R. du sud Z. des hauts plateaux	Afrique australe	Afrique orientale
Typhlacontias punctatissimus	–	–	–	–	–	*	–	–	–	–
Feylinia Currori	*	*	*	–	–	–	–	–	–	–
F. macrolepis	–	*	–	–	–	–	..	–	–	–
Chamaeleon dilepis	*	*	–	–	*	*	*	*	*	*
Ch. quilensis	*	*	–	–	*	*	–	–	*	–
Ch. gracilis	*	*	*	*	*	–	–	–	–	–
Ch. Anchietae	–	–	–	–	–	–	–	*	–	–
Ch. namaquensis	–	–	–	–	–	*	–	–	*	–

Ophidia

ESPÈCES	Afrique occidentale	Congo	Angola R. du nord Z. littorale	Angola R. du nord Z. intermédiaire	Angola R. du nord Z. des hauts plateaux	Angola R. du sud Z. littorale	Angola R. du sud Z. intermédiaire	Angola R. du sud Z. des hauts plateaux	Afrique australe	Afrique orientale
Typhlops congicus	–	*	–	–	–	–	–	–	–	–
T. Anchietae	–	–	–	–	–	–	–	*	*	–
T. Boulengerii	–	–	–	–	–	–	*	–	–	–
T. punctatus, var. lineolatus	–	*	–	–	*	–	–	–	–	*
T. punctatus, var. intermedius	*	–	–	–	*	–	–	*	–	–
T. humbo	–	–	–	–	–	–	*	–	–	*
T. mucruso	–	–	–	–	?	–	–	–	–	*
T. Petersii	–	–	–	–	–	–	*	*	–	–
T. hottentotus	–	–	–	–	–	–	–	*	–	–
T. anomalus	–	–	–	–	*	–	*	*	–	–
Stenostoma scutifrons	–	–	–	–	*	–	*	*	*	*
St. rostratum	–	–	–	–	–	–	–	*	–	–
Python natalensis	–	–	*	–	–	*	*	–	*	*
P. Anchietae	–	–	–	–	–	*	–	–	–	–
Calabaria Reinhardtii	*	*	–	–	–	–	–	–	–	–
Mizodon olivaceus	*	*	–	*	*	–	–	–	–	*
M. fuliginoides	*	*	–	–	–	–	–	–	–	–
Helicops bicolor	–	–	–	–	–	–	*	*	–	–
Hydraethiops melanogaster	*	*	–	–	–	–	–	–	–	–
Boodon lineatus	*	*	*	–	–	–	–	–	–	–
B. lineatus, var. angolensis	–	–	–	*	*	–	*	*	–	–
B. lineatus, var. lineolata	–	–	*	–	–	*	*	–	–	–
B. olivaceus	*	*	–	–	–	–	–	–	–	–
Lycophidium capense, var. B, Bouleng.	–	*	–	–	*	–	–	*	–	*
L. capense, var. C, Bouleng.	–	*	–	–	–	–	–	*	–	–
L. laterale	*	*	–	–	–	–	–	–	–	–
L. meleagris	–	–	*	–	–	–	–	–	–	–
Bothrophthalmus lineatus	*	*	–	–	–	–	–	–	–	–
Gonionotophis Brussauxi	–	*	–	–	–	–	–	–	–	–
Heterolepis Guirali	*	*	–	–	–	–	–	–	–	–
Philothamnus irregularis	*	*	*	*	*	*	*	*	–	*

ESPÈCES	Afrique occidentale	Congo	Angola R. du nord Z. littorale	Angola R. du nord Z. intermédiaire	Angola R. du nord Z. des hauts plateaux	Angola R. du sud Z. littorale	Angola R. du sud Z. intermédiaire	Angola R. du sud Z. des hauts plateaux	Afrique australe	Afrique orientale
Philothamnus heterolepidotus	*	*	*	—	*	—	*	*	—	*
Ph. heterodermus	*	*	—	—	—	—	—	—	—	—
Ph. semivariegatus	*	—	—	—	—	*	*	*	*	*
Ph. dorsalis	—	*	*	—	*	*	—	—	—	—
Ph. ornatus	*	—	—	—	—	—	—	*	—	—
Hapsidophrys smaragdinus	*	*	—	*	—	—	—	—	—	—
Thrasops flagularis	*	*	—	—	—	—	—	—	—	—
Prosymna frontalis	—	—	—	—	—	—	*	*	*	—
P. ambigua	—	—	—	—	*	—	—	—	—	*
Pseudaspis cana	—	—	—	—	—	—	—	*	*	—
Scaphiophis albopunctatus	*	*	—	—	—	—	—	—	—	*
Grayia triangularis	*	*	*	—	—	—	—	—	—	—
G. ornata	—	—	—	—	*	—	—	—	—	—
G. furcata	—	*	—	—	—	—	—	—	—	—
Dasypeltis scabra, var. palmarum	—	*	*	—	—	*	*	—	*	*
D. scabra. var. scabra	*	*	*	—	—	—	—	—	*	*
D. scabra, var. Medici	—	—	—	—	—	—	*	—	—	*
D. scabra, var. fasciolata	—	—	—	—	—	—	*	—	—	*
Psammophylax rhombeatus	—	—	—	—	—	—	—	*	*	—
Ps. nototaenia	—	—	—	—	—	*	*	*	—	*
Rh. tritaeniata	—	—	—	—	—	—	*	*	—	*
Rh. acuta	—	—	—	—	*	—	—	*	—	—
Amphiophis angolensis	—	—	*	*	*	—	*	*	—	*
Psammophis sibilans, var. A	—	—	*	—	—	*	*	*	—	—
Ps. sibilans, var. B	—	—	—	—	—	—	*	—	—	—
Ps. sibilans, var. C	—	—	*	—	—	*	*	—	—	—
Ps. sibilans, var. D	—	—	—	—	—	—	—	*	—	—
Ps sibilans, var. E	—	—	—	—	—	—	*	—	—	—
Dryiophis Kirtlandii	*	*	—	—	*	—	—	—	—	—
Dr. Kirtlandii, var. Oatesi	—	—	—	—	—	—	*	*	*	*
Bucephalus capensis	—	—	—	*	*	—	*	*	*	*
Crotaphopeltis rufescens	*	*	*	*	*	*	*	*	*	*
C. semiannulatus	—	—	—	—	—	—	*	*	*	*
Dipsas pulverulenta	*	*	—	—	—	—	—	—	—	—
D. Blandingii	*	*	—	—	—	—	—	—	—	—
Microsoma collare	—	*	—	*	—	—	*	*	—	—
Calamelaps polylepis	—	—	*	—	—	—	*	*	—	—
Uriechis capensis	—	—	—	—	—	*	*	*	*	*
Elapsoidea Güntherii, var. A	—	*	—	—	—	—	—	—	—	—
E. Güntherii, var. B	*	—	—	—	—	—	*	—	—	—
E. Güntherii, var. C	—	—	—	—	—	—	*	*	—	—
E. Güntherii, var. D (semiannulata)	—	—	—	—	—	—	*	—	—	—

ESPÈCES	Afrique occidentale	Congo	Angola R. du nord Z. littorale	Angola R. du nord Z. intermédiaire	Angola R. du nord Z. des hauts plateaux	Angola R. du sud Z. littorale	Angola R. du sud Z. intermédiaire	Angola R. du sud Z. des hauts plateaux	Afrique australe	Afrique orientale
Elapsoidea Güntherii, var. Hessei.....	–	*	–	–	–	–	–	–	–	–
Naja haje.........................	*	*	–	–	–	–	*	*	*	–
N. Anchietae.....................	–	–	–	–	–	–	–	*	–	–
N. nigricollis, var. occidentalis.......	*	–	*	–	–	–	*	*	–	–
N. nigricollis, var. melanoleuca	*	*	–	–	*	*	–	*	–	–
N. nigricollis, var. fasciata	–	–	*	–	*	*	*	–	–	–
N. annulata......................	*	*	–	–	–	–	–	–	–	–
Dendraspis neglectus..............	*	*	–	*	*	–	–	–	–	–
D. angusticeps....................	–	–	–	–	–	–	*	*	*	*
Atractaspis Bibroni...............	–	–	–	–	–	*	–	–	*	–
A. congica.......................	–	*	–	–	–	–	–	–	*	–
A. irregularis....................	*	*	–	–	*	–	–	–	–	–
Causus rhombeatus...............	*	*	–	–	*	–	*	*	*	*
C. resimus, var. angolensis.........	..	–	*	*	–	*	*	–	–	–
Vipera arietans...................	*	*	*	*	*	*	*	*	*	*
V. rhinoceros....................	*	*	–	–	*	–	–	–	–	–
V. caudalis......................	–	–	*	–	–	*	*	–	*	–
V. heraldica	–	–	–	–	–	–	–	*	–	–
Atheris squamigera...............	*	*	–	–	*	–	–	–	–	–
A. anisolepis....................	–	*	–	–	–	–	–	–	–	–
A. laeviceps....................	–	*	–	–	–	–	–	–	–	–
Batrachia										
Rana occipitalis	*	–	*	*	–	*	–	–	–	–
R. adspersa.....................	–	–	–	–	–	–	*	*	*	–
R. tuberculosa........	–	–	–	*	–	*	*	–	–	–
R. ornatissima...................	–	–	–	–	–	–	*	–	–	–
R. angolensis	–	–	–	*	*	–	*	*	*	–
R. oxyrhyncha...................	–	–	–	*	–	*	*	*	–	–
R. mascareniensis................	*	*	–	–	–	*	–	–	–	*
R. mascareniensis, var. porosissima...	–	–	–	*	*	–	*	*	–	–
R. subpunctata...................	–	–	–	*	–	–	–	–	–	–
R. albolabris....................	*	*	–	–	–	–	–	–	–	–
Phrynobatrachus natalensis.........	–	–	–	–	*	–	*	*	*	–
Ph. plicatus.....................	*	*	–	–	–	–	–	–	–	–
Arthroleptis dispar...............	*	*	–	–	–	–	–	–	–	–
Rappia marmorata................	*	*	*	*	*	*	*	*	*	*
R. Bocagii......................	–	–	–	–	*	–	–	*	–	–
R. ocellata......................	*	–	?	–	–	–	–	–	–	–
R. Toulsonii	–	–	*	–	–	–	–	–	–	–
R. plicifera.....................	–	–	–	–	*	–	–	*	–	–

ESPÈCES	Afrique occidentale	Congo	Angola						Afrique australe	Afrique orientale
			R. du nord			R. du sud				
			Z. littorale	Z. intermédiaire	Z. des hauts plateaux	Z. littorale	Z. intermédiaire	Z. des hauts plateaux		
Rappia cinctiventris...............	*	*	—	—	—	*	—	*	—	*
R. punctulata.........	—	—	*	—	—	—	—	—	—	—
R. nasuta.........	—	—	—	—	*	—	—	*	—	—
R. benguellensis....................	—	—	—	—	—	—	*	—	—	—
R. fuscigula.....................	*	*	—	—	*	—	—	—	—	—
R. tristis.....................	—	—	—	—	*	—	—	—	—	—
R. Steindachnerii.................	*	—	—	—	*	—	—	—	—	—
R. cinnamomeiventris.............	—	—	—	—	*	—	—	—	—	—
R. microps....................	—	—	*	—	*	—	*	*	—	*
R. concolor....................	*	—	—	—	*	—	—	*	—	*
R. quinquevittata..................	—	—	—	—	*	—	—	—	—	—
R. fulvovittata....................	*	—	—	—	*	—	—	—	—	—
Hylambates viridis...............	—	—	—	—	*	—	—	—	—	—
H. Bocagii.....................	—	—	—	—	*	—	—	—	—	—
H. Anchietae....................	—	—	—	—	—	—	*	*	—	—
H. marginatus...................	—	—	—	—	—	—	*	—	—	—
H. angolensis.....................	—	—	—	—	—	—	*	*	—	—
H. cinnamomeus..................	*	—	—	—	—	—	—	*	—	—
H. Aubryi.....................	*	*	—	—	—	—	—	—	—	—
Phrynomantis bifasciata...........	—	—	—	—	—	*	*	—	*	*
Breviceps mossambicus............	—	—	—	—	—	—	*	*	—	*
Hemisus marmoratum	—	—	*	—	*	*	—	—	—	*
H. guttatum....................	—	—	—	—	—	—	*	—	*	—
Bufo regularis...................	*	*	*	*	*	*	*	*	*	*
B. regularis, var. spinosus..........	*	*	—	*	*	*	—	*	*	—
B. funereus	*	—	—	—	*	—	—	*	—	—
Xenopus Petersii.................	—	*	—	*	*	*	*	*	—	—

REPTILIA

ORDO CHELONIA

FAM. TESTUDINIDAE

1. Cinixys erosa

Testudo erosa, *Schweigg., Prodr. Monogr. Chelon.*, 1814, *p.* 52.
Cinixys erosa, *Bocage, Jorn. Ac. Sc. Lisb.*, I, 1866, *p.* 40; *Peters, Monatsb. Ak. Berl.*, 1877, *p.* 611; *Sauvage, Bull. Soc. Zool. de France,* IX, 1884, *p.* 200; *Boettg., Ber. Senckenb. Ges. Frankf.*, 1888, *p.* 12; *Bouleng., Cat. Chelon. B. Mus.*, 1889, *p.* 141.

Fig. *Bell, Trans. Linn. Soc.*, XV, 1827, *pl. 17, fig. 1.*

Deux Tortues à carapace mobile en arrière, *C. erosa* et *C. Belliana,* semblent se partager les territoires compris dans les limites géographiques des possessions portugaises d'Angola et du Congo: la *C. erosa* n'a jamais été rencontrée au sud du Zaïre, mais son existence a été plusieurs fois signalée au nord de ce fleuve sur la région littorale; la *C. Belliana,* au contraire, semble appartenir à la zone des hauts-plateaux de l'intérieur d'Angola.

1

Ces deux espèces sont faciles à distinguer. La *C. erosa* a une carapace profondément dentelée dans ses bords libres et manque de plaque nuchale, tandis que la *C. Belliana* porte une plaque nuchale bien distincte et n'a pas de dentelures profondes dans les bords libres de sa carapace.

Le Muséum de Lisbonne possède un individu adulte de la *C. erosa* rapporté en 1865 de *Cabinda* por M. d'Anchieta; M. Boettger cite un individu recueilli à *Massabi* par son compatriote M. Hesse (Boettg., loc. cit.); notre regretté ami le dr. Peters a trouvé cette espèce dans une collection de reptiles de *Chinchoxo* dont il publia la liste en 1877 (Peters, loc. cit.)

2. Cinixys Belliana

Kinixys Belliana, *Gray, Synops. Rept.*, 1831, *p.* 69.
Cinixys Belliana, *Bocage, Jorn. Ac. Sc. Lisb.*, i, 1866, *p.* 40; *ibid.* xi, 1887, *p.* 209; *Boulang., Cat. Chelon. B. Mus.*, 1889, *p.* 143.

Fig. *Gray, Shield-Rept.*, i, *pl.* 2.

L'habitat de cette espèce dans l'Afrique tropicale est assez étendu. A juger d'après le nombre d'individus que nous avons reçus d'Angola, elle doit s'y trouver abondamment, surtout dans la région des hauts-plateaux de l'intérieur.

Parmi les nombreux exemplaires déposés au Muséum de Lisbonne il ne s'en trouve pas aucun provenant de la zone littorale; mais nous avons deux individus du *Duque de Bragança* (Bayão), deux de *Capangombe,* trois de *Caconda,* trois de *Quissange,* deux de *Galanga* (Anchieta). Un individu du pays de *Muata-Yamvo,* provenant du voyage de MM. H. de Carvalho et C. Marques, fait également partie de nos collections.

Chez cette espèce, la forme de la carapace varie beaucoup indépendamment de l'âge ou du sexe de l'animal; assez allongée chez quelques individus, elle prend chez d'autres une forme ovale plus raccourcie.

Les individus envoyés par M. d'Anchieta de Caconda et Quissange portent sur leurs étiquettes le nom indigène *Umbéo.*

On rencontre souvent cette espèce dans les terrains incultes pendant la saison des pluies; le reste de l'année elle se cache sous le sol et s'y maintient dans une espèce d'hybernation, plus ou moins complète suivant la température. L'*Umbéo* est très recherché des indigènes comme aliment (Anchieta).

La troisième espèce du genre, *C. Homeana,* décrite et figurée par Bell, a pour habitat exclusif, à ce qu'il paraît, l'Afrique occidentale. On ne l'a pas encore rencontrée au sud du Gabon.

3. Testudo pardalis

Testudo pardalis, *Bell, Zool. Journ.*, III, 1828, *p*. 420; *Bocage, Jorn. Ac. Sc. Lisb.*, I, 1867, *p*. 217; *Bouleng., Cat. Chelon. B. Mus.*, 1889, *p*. 160.

Fig. *Bell, Testud., pl.* —

La *T. pardalis* se fait remarquer par une carapace bombée, très échancrée dans son bord antérieur, sans plaque nuchale et à sus-caudale simple. Elle est tachetée de noir sur un fond jaune-pâle.

C'est une espèce propre à l'Afrique australe, à peine rencontrée dans la partie la plus méridionale de notre province d'Angola, où elle semble rare. Trois individus de cette espèce ont été recueillis par M. d'Anchieta dans l'intérieur de Mossamedes et de Benguella. Les indigènes de *Capangombe* l'appelent *Fulabomba* (Anchieta).

FAM. PELOMEDUSIDAE

4. Sternothaerus Derbianus

Sternothaerus derbianus, *Gray, Cat. Tort.*, 1844, *p*. 37; *Bocage, Jorn. Ac. Sc. Lisb.*, I, 1866, *pp*. 40 *et* 57; *Peters, Monatsb. Ak. Berl.*, 1876, *p*. 717; *ibid.* 1877, *p*. 611; *Boettg., Ber. Senckenb. Ges. Frankf.*, 1888, *p*. 15; *Bouleng., Cat. Chelon. B. Mus.*, 1889, *p*. 195.
St. gabonensis, *Bocage, Jorn. Ac. Sc. Lisb.*, I, 1866, *pp*. 40 *et* 57.
St. Adansonii, *Bocage, op. cit.*, I, 1867, *p*. 217.

Fig. *Gray, Shield-Rept.*, I, *pl.* XXII.

La plupart de nos individus du genre *Sternothaerus* recueillis en Angola et au Congo appartiennent décidemment au *St. Derbianus,* que M. Boulenger a réussi à bien caractériser dans son Catalogue des Cheloniens du Muséum Britannique. L'absence d'échancrure et de denticulations à l'extrémité de la mâchoire supérieure, la suture des plaques abdominales du plastron plus longue que celle des plaques fémorales, le bord externe des plaques pectorales beaucoup plus court que celui des plaques humérales et ne dépassant pas même en longueur le bord interne de ces dernières plaques, tels sont les principaux caractères différentiels établis par M. Boulenger dont nous avons pu constater la présence chez ceux de nos individus que nous rapportons au *St. Derbianus.*

Un premier examen de quelques jeunes individus du Congo et de la carapace d'un individu, également jeune, du *Duque de Bragança* nous avait induit à les considérer identiques à un jeune du Gabon, décrit et figuré par A. Duméril sous le nom de *Pentonyx gabonensis*, dont on a voulu faire depuis tantôt un *Sternothaerus*, tantôt une *Pelomedusa;* mais plus tard nous avons reconnu que nos jeunes du Congo ressemblent par tous leurs caractères au *St. Derbianus* et que celui du *Duque de Bragança* se rapproche davantage du *St. sinuatus.*

Le *Pentonyx gabonensis*, A. Dum., reste encore pour nous une espèce problématique. M. Boulenger[1] l'inscrit dans son Catalogue sous le nom de *St. gabonensis* et, en effet, par la forme de son plastron, élargi en avant et en arrière, il ressemble mieux aux autres espèces du genre *Sternothaerus;* mais, si la figure de Dumeril est exacte, et nous avons tout lieu de le supposer, la moitié antérieure du sternum serait immobile, car les plaques pectorales s'y trouvent attachées d'une manière fixe à trois plaques marginales, comme chez la *Pelomedusa galeata.*

M. de Rochebrune prétend avoir rencontré dans la Sénégambie non moins de six espèces de *Sternothaerus* et aussi le *Pentonyx gabonensis*, dont il fait mention sous le nom de *Pelomedusa gabonensis* et qu'il déclare assez commun à Gambie, Casamansa, Melacorée, l'Ile aux Chiens, Albreda et Bathurst. Il nous semble, cependant, qu'il doit avoir un peu de fantaisie dans cette longue énumération d'espèces sénégambiennes.

En Angola et au Congo le *St. Derbianus* paraît habiter de préférence la zone littorale. Le Muséum de Lisbonne possède dans ses collections: deux individus adultes envoyés de *Loanda* par Toulson; un individu, âge moyen, d'*Ambriz* par M. de Sousa; deux jeunes de *Rio Quilo*, deux du *Dondo*, plusieurs du *Congo*, tous par M. d'Anchieta.

5. Sternothaerus sinuatus

Sternothaerus sinuatus, *Smith, Ill. S. Afr. Zool., Rept., pl.* i; *Bouleng., Cat. Chelon. B. Mus.,* 1889, *p.* 194.
St. gabonensis, *Bocage, Jorn. Ac. Sc. Lisb.,* i, 1866, *p.* 57.

Fig. *Smith., Ill. S. Afr. Zool., Rept., pl.* i.

Nous considérons comme appartenant à cette espèce une femelle adulte recueillie à *Rio Cuce,* dans l'intérieur de Benguella, par M. d'Anchieta, et la

---

[1] Boulenger, Cat. Chelon. B. Mus., p. 197.

carapace d'un jeune, mésurant à peine 62 millimètres de longueur, envoyée du *Duque de Bragança* par Bayão en 1865.

Chez l'adulte, une femelle dont la carapace est longue de 20 centimètres, la mâchoire supérieure porte à l'extrémité une petite échancrure bordée de chaque côté d'une saillie dentiforme ; le bord externe de la plaque pectorale du plastron est presque égal en longueur au bord externe de la plaque humérale et plus long que le bord interne de cette dernière plaque ; la suture des plaques frontales dépasse en longueur l'espace inter-orbitaire. Par ces caractères, que nous constatons également sur le plastron du jeune du *Duque de Bragança,* ces deux individus se rapprochent du *St. sinuatus* et se montrent assez distincts du *St. Derbianus.*

Nos deux spécimens nous viennent de localités appartenant à la zone des hauts-plateaux de l'intérieur.

6. Pelomedusa galeata

Testudo galeata, *Schoepff, Hist. Testud., p. 12, pl. III, fig. 1.*
Pelomedusa galeata, *Bocage, Jorn. Ac. Sc. Lisb.,* XI, 1887, *p.* 202 ;
Boettg., Ber. Senckenb. Ges. Frankf., 1888, *p.* 13 ; *Bouleng., Cat.*
Chelon. B. Mus., 1889, *p.* 197.
Pentonyx gehafie, *Rüpp., Neue Wirb. Faun. Abyss., Rept., p.* 2, *pl.* I.
Pelomedusa Gehafiae, *Sclat., Proc. Zool. Soc. Lond.,* 1871, *p.* 325, *fig.*

Fig. *Wagl., Syst. Amphib., tab.* II, *figs.* 36 à 43 ; *Rüpp., Neue Wirb.*
Faun. Abyss., Rept., pl. I. *(Pentonyx Gehafie).*

Nous partageons la manière de voir de M. Boulenger[1] quant à n'admettre qu'une seule espèce dans le genre *Pelomedusa,* sans accorder la valeur de caractères spécifiques aux variations que présentent dans leur développement chez divers individus les plaques pectorales du plastron. Dans une nombreuse série d'individus recueillis par M. d'Anchieta en Angola, précisément dans les mêmes localités, se trouvent représentées non seulement les deux formes extrêmes, *P. galeata* et *P. gehafie,* mais encore les autres formes intermédiaires, dont M Sclater[2] a signalé l'existence dans une communication à la Société Zoologique de Londres.

---

[1] Boulenger, *Bull. de la Soc. Zool. de France,* v, p. 146.
[2] Sclater, *loc. cit ,* pp. 325 et 326.

L'habitat de cette espèce en Angola est assez étendu. M. d'Anchieta l'a rencontrée au *Humbe*, à *Capangombe* et *Maconjo*, dans l'intérieur de Mossamedes, à *Quillengues* et à *Quissange*. Nous avions reçu en 1865 un jeune individu du *Duque de Bragança* par Bayão. Elle vit également au *Congo* (Hesse).

Cette Tortue s'écarte rarement des marais, où elle vit. Assez abondante à *Quissonge*, où elle est bien connue des indigènes sous le nom de *Kitio* et très recherchée par eux comme aliment de même que l'*Umbéo*, *Cinixys Belliana* (Anchieta).

FAM. CHELODINAE

7. Chelone mydas

Testudo mydas, *Linn.*, *Syst. Nat.*, i, *p.* 350.
Chelonia mydas, *Bocage*, *Jorn. Ac. Sc. Lisb.*, i, 1866, *p.* 41; *Peters*, *Sitz. Ber. Ges. Nat. Fr. Berl.*, 1878. *p.* 925.
Chelone viridis, *Boettg.*, *Ber. Senckenb. Ges. Frankf.*, 1888, *p.* 17.
Chelone mydas, *Bouleng.*, *Cat. Chelon. B. Mus.*, 1889, *p.* 180.

Fig. *Sowerby & Lear*, *Turt.*, *pls.* 59 et 60.

Cette Tortue des mers tropicales visite souvent les côtes d'Angola. Un individu adulte, envoyé de Loanda en 1867 par Bayão, fait partie de nos collections.

Elle fréquente aussi la côte de Loango et l'embouchure du Zaïre; M. Hesse l'a observée à *Moanda*, *Banana* et *Boma*, dans le Bas-Congo (Boettg., loc. cit.).

8. Thalassochelys caretta

Testudo caretta, *Linn.*, *Syst. Nat.*, i, *p.* 351; *Bouleng.*, *Cat. Chelon. B. Mus.*, 1889, *p.* 184.
Thalassochelys olivacea, *Boettg.*, *Ber. Senckenb. Ges. Frankf.*, 1888, *p.* 18.

Fig. *Rüpp.*, *Neue Wirb. Faun. Abyss.*, *Amph.*, *pl.* iii.
Wagl., *Syst. Amphib.*, *pl.* i, *figs* 1 à 26.

Suivant M. Boettger, loc. cit., un individu pris à *Banana* dans l'embouchure du Zaïre et faisant partie d'une collection de reptiles rapportée du

Congo par M. P. Hesse appartiendrait à la *Th. olivacea* (Eschscholtz), que le savant herpétologiste de Francfort considère distincte de la *Th. caretta* (L.), en s'appuyant pour cela sur deux caractères différentiels, la présence de deux grandes plaques occipitales et l'absence d'une inter-fronto-nasale.

Dans son Catalogue de la collection des Cheloniens du Muséum Britannique, M. Boulenger réunit sous le nom plus ancien de *Th. caretta* (L.) la *Ch. olivacea,* Eschscholtz, et la *Ch. Dussumieri,* Dum. et Bibr., parce que, dit-il, le nombre considérable de variations que lui présente une large série d'exemplaires ne lui permet d'autre alternative que de multiplier le nombre des espèces ou de rapporter tous ces individus à une seule espèce; et c'est cette dernière solution qui lui a semblé la meilleure.

Sans avoir la prétention de trancher la question, faute de matériaux suffisants pour arriver à un résultat décisif, nous plaçons provisoirement sous le nom de *Th. caretta* l'espèce qui visite les côtes du Congo et d'Angola et dont le spécimen cité par M. Boettger est un représentant authentique.

FAM. TRIONYCHIDAE

9. Trionyx triunguis

Testudo triunguis, *Forsk., Descript. anim., p.* IX.
Trionyx triunguis, *Peters, Monatsb. Ak. Berl.,* 1877, *p.* 611; *Bouleng., Cat. Chelon. B. Mus.,* 1889, *p.* 254.
Gymnopus aegyptiacus, *Bocage, Jorn. Ac. Sc. Lisb.,* I, 1867, *p.* 218; *Sauvage, Bull. Soc. Zool. de France,* 1884, *p.* 200.

Fig. *Geoffroy St.-Hill., Descript. de l'Egypte,* I, *pl.* 1; *Bell, Testud. pl.—*

Le facies de cette espèce varie beaucoup suivant l'âge, surtout sous le rapport des couleurs, ce qui a donné lieu à l'établissement d'espèces nominales, *Aspidonectes aspilus,* Cope, et *Fordia africana,* Gray, qui représentent à peine des états divers dans le développement d'une seule espèce.

La Tortue molle d'Egypte, assez répandue en Afrique occidentale de la Sénégambie au Congo, n'est pas rare en Angola d'où nous avons reçu quelques individus recueillis à *Benguella* et à *Catumbella.* Peters cite un individu faisant partie d'une collection de reptiles rapportée de *Chinchoxo* (loc. cit.). Le Muséum Britannique possède quelques jeunes individus provenant du *Bas-Congo* (Bouleng., Cat. Chelon. B. Mus., p. 255).

Les indigènes de Catumbella l'appellent *Gondo* (Anchieta).

10. Cycloderma Aubryi

Cryptopus Aubryi, *A. Dum., Rev. et Mag. Zool.*, VIII, 1856, *p.* 374, *pl.* xx.
Cycloderma Aubryi, *Peters, Monatsb. Ak. Berl.*, 1876, *p.* 117, *pl. figs.* 1 *et* 2.; *ibid.*, 1877, *p.* 611; *Bouleng., Cat. Chelon. B. Mus.*, 1889, *p.* 267.

Fig. *A. Dum., Rev. et Mag. Zool.*, 1856, *pl.* xx; *Peters, Monatsb. Ak. Berl.*, 1876, *pl.*—*figs.* 1 *et* 2.

Découvert au Gabon par Aubry Lecomte, cet intéressant Chelonien a été rencontré plus tard par le Dr. Buchholz à *Limbareni*, dans l'Ogouvé, et rapporté de *Chinchoxo*, dans la côte de Loango, par l'Expédition Allemande (Peters, loc. cit.). Au sud du Zaïre il s'est derobé jusqu'à présent aux recherches de M. d'Anchieta.

L'autre espèce du genre *Cycloderma*, le *C. frenatum*, Peters, bien distinct par la forme et les dimensions relatives de ses callosités sternales, habite le *Zambeze*, sur la côte orientale d'Afrique, où il a été découvert par le savant et regretté directeur du Muséum de Berlin.

ORDO EMYDOSAURIA

FAM. CROCODILIDAE

11. Crocodilus vulgaris

Crocodilus vulgaris, *Cuv., Ann. Mus. Paris*, x, 1807, *p.* 40, *pls.* 1 *et* 2; *Günth., Proc. Zool. Soc. Lond.*, 1864, *p.* 480 *(note); Bocage, Jorn. Ac. Sc. Lisb.*, I, 1866, *p.* 41; *ibid.*, 1867, *p.* 218; *Peters, Monatsb. Ak. Berl.*, 1877, *p.* 611; *Boettg., Ber. Senckenb. Ges. Frankf.*, 1888, *p.* 19; *A. del Prato, Racc. Zool. nel Congo dal Cav. G. Corona*, 1893, *p.* 8.
Crocodilus niloticus, *Bouleng., Cat. Chelon. B. Mus.*, 1889, *p.* 283.

Fig. *Geoffroy St.-Hill., Descript. de l'Egypte*, I, 1829, *pl.* II.

Commun et abondant dans les lacs, rivières et marécages d'Angola et du Congo, se montrant partout où il trouve de l'eau ayant une certaine profondeur, il est dans ces contrées le plus redoutable ennemi de l'homme et des animaux.

Nous remarquons chez nos individus d'Angola des différences sensibles dans la conformation de la tête et surtout du museau, qui se présente chez des individus ayant à peu-près les mêmes dimensions tantôt étroit et allongé, tantôt plus large et raccourci.

Le Muséum de Lisbonne possède une intéressante suite d'individus de cette espèce, la plupart envoyés par M. d'Anchieta. Les indigènes d'Angola et du Congo l'appelent *Gando* ou *N'gando*.

12. Crocodilus cataphractus

Crocodilus cataphractus, *Cuv., Ossem. fossiles,* v, *pt.* 2°, *p.* 58, *pl.* v, figs. 1 et 2; *Peters, Monatsb. Ak. Berl.,* 1877, *p.* 611; *Bouleng., Cat. Chelon. B. Mus.,* 1889, *p.* 279; *A. del Prato, Racc. Zool. nel Congo dal Cav. G. Corona,* 1893, *p.* 8.

Fig. *A. Dum., Arch. Mus.,* x, 1861, *pl.* xiv, *fig.* 2.

Le *Crocodilus cataphractus,* remarquable par son museau long et étroit, qui rappele celui du *Gavial,* était connu comme habitant l'Afrique occidentale de la Sénégambie au Gabon; en 1877 le Dr. Peters a pu constater son existence dans la côte de Loango, d'après des individus rapportés de *Chinchoxo,* et plus récemment M. G. Corona l'a observé au *Congo.* On n'a jamais signalé sa présence au sud du *Zaïre,* et cependant la singulière conformation de son museau aurait sans doute appelé sur lui l'attention des voyageurs qui ont parcouru les vastes territoires de notre province d'Angola.

13. Osteolaemus tetraspis

Osteolaemus tetraspis, *Cope, Proc. Ac. Philad.,* 1860, *p.* 549; *Bouleng., Cat. Chelon. B. Mus.,* 1889, *p.* 288.
Crocodilus frontatus, *Murray, Proc. Zool. Soc. Lond.,* 1862, *p.* 213; *Bocage, Jorn. Ac. Sc. Lisb.,* i, 1866, *pp.* 41 et 219; *Peters, Monatsb. Ak. Berl.,* 1877, *p.* 611; *Sauvage, Bull. Soc. Zool. de France,* ix, 1884, *p.* 200.

Fig. *A. Murray, Proc. Zool. Soc. Lond.,* 1862, *pl.* 29.

Ce Crocodile, découvert par Du Chaillu dans l'Ogouvé et décrit en 1860 par M. Cope, a été rencontré en 1864 par M. d'Anchieta à *Rio Quilo,* dans la côte de Loango. Un individu de cette espèce faisait partie d'une collection de *Chinchoxo,* dont le Dr. Peters a publié la liste en 1877 (loc. cit.).

Suivant M. d'Anchieta les indigènes de Cabinda le distinguent parfaitement du *C. vulgaris* à cause de son front plus élevé et de son museau plus court et plus large; ils ont même un nom différent pour chacune de ces espèces, *Gando* ou *Ngando* pour le *C. vulgaris, Chimbololo* ou *Gimbololo* pour l'*O. tetraspis.* Il est considéré comme moins dangereux que le *C. vulgaris.*

On ne possède aucune preuve de son existence au sud du Zaïre.

ORDO SAURIA

FAM. GECKONIDAE

14. Hemidactylus mabouia

Gecko mabouia, *Mor. de Jonnes, Bull. Soc. Phil.,* 1818, *p.* 138.
Hemidactylus platycephalus, *Peters, Monatsb. Ak. Berl.,* 1854, *p.* 615;
    Bocage, Jorn. Ac. Sc. Lisb., I, 1866, *p.* 42; *ibid.,* IV, 1873, *p.* 209.
H. mabouia, *Peters, Monatsb. Ak. Berl.,* 1877, *p.* 612; *Boettg., Ber.*
    Senckenb. Ges. Frankf., 1888, *p.* 21; *Bouleng., Cat. Liz. B. Mus.,*
    I, 1885, *p.* 122.

Fig. *Peters, Reise n. Mossamb.,* III, *Amphib., pl.* V, *fig.* 3.

Cette espèce remarquable par l'aire énorme de son habitat, qui comprend une partie de l'Afrique continentale, les îles du golfe de Guinée, Madagascar, l'Amérique méridionale, a été observée dans ces dernières années au Congo et en Angola.

Un certain nombre de caractères différentiels aident dans leur ensemble à la bien distinguer de ses congénères: un front concave; une ouverture auriculaire ovale, petite, dépassant à peine la moitié du diamètre de l'œil; la narine circonscrite par la rostrale, la première labiale et trois ou quatre petites nasales; dix à quatorze labiales supérieures et dix à onze inférieures; cinq à six lamelles sous le pollex et sept à neuf sous le quatrième doigt; le dos couvert de fines granulations entremêlées de tubercules coniques, ceux-ci distribués irrégulièrement en douze à seize séries longitudinales; une série médiane d'écailles larges, transversales sur la face inférieure de la queue; quinze à trente pores fémoraux, de chaque côté, chez le mâle.

Au nord du Zaïre l'*H. mabouia* a été rencontré à *Chinchoxo* (Peters), à *Cabinda* (Anchieta), à *Boa-Vista* et *Banana* (Hesse).

La plupart de nos individus d'Angola ont été récueillis à *Loanda*, au *Dondo* et au *Duque de Bragança* par Bayão et Anchieta; quelques jeunes individus faisaient partie d'une petite collection de reptiles provenant du voyage de Welwitsch, mais ne portaient aucune indication de localité. Nous n'avons jamais rencontré l'*H. mabouia* dans aucun des nombreux envois de M. d'Anchieta des localités au sud du *Quanza* largement explorées par notre intrépide voyageur.

15. Hemidactylus Bocagii

Hemidactylus longicephalus, *Bocage, Jorn. Ac. Sc. Lisb.*, iv, 1873, *p.* 210.
H. longiceps, *O'Saughn., Zool. Rec.*, x, 1874, *p.* 89.
H. Bocagii, *Bouleng., Cat. Liz. B. Mus.*, i, 1885, *p.* 125.

Voisin mais distinct de l'*H. mabouia* non seulement par l'allongement de la tête, qui se fait surtout remarquer chez les individus jeunes, mais aussi par un certain nombre de caractères différentiels, qui rendent toute confusion impossible: la forme des tubercules dorsaux, trièdres et plus distinctement carénés; la position de la narine, circonscrite en général par la rostrale et la nasale, avec exclusion de la première labiale; l'absence de larges écailles transversales sur le milieu de la face inférieure de la queue; enfin le nombre fort restreint de pores fémoraux chez le mâle, six ou huit à peine, trois ou quatre de chaque côté, suffisent à le bien distinguer.

L'*H. Bocagii* se trouve représenté dans le Muséum de Lisbonne par des individus du Congo et d'Angola. M. d'Anchieta nous avait rapporté de *Cabinda* en 1865 deux individus de cette espèce, en mauvais état, et vers la même époque nous avions reçu deux individus jeunes du *Duque de Bragança* par Bayão; mais ce n'est que plus tard, en 1873, qu'il nous a été possible d'établir l'espèce d'après des individus adultes des deux sexes recueillis par M. d'Anchieta à *Rio Coroca, Capangombe* et *Catumbella*.

Des individus de *St. Salvador du Congo* font actuellement partie de nos collections; nous les devons à l'obligeance de Monseigneur Barroso, Evêque d'Himeria, qui pendant son séjour dans cette localité comme Chef de la Mission Catholique nous a favorisé avec plusieurs échantillons intéressants de la faune locale.

Le Muséum Britannique possède plusieurs individus de cette espèce provenant du *Gabon, de l'Ambriz, de Carangigo* et de *Pungo-Andongo* (Bouleng., loc. cit.).

16. Hemidactylus benguellensis

Pl. I, figs. 1, 1 a – b

Hemidactylus benguellensis, *Bocage, Jorn. Ac. Sc. Lisb.*, 2ᵉ ser., iii, 189 3, *p.* 115.

Tête étroite, allongée, déprimée, à museau long et arrondi au bout; la distance de l'extrémité du museau à l'œil dépassant de beaucoup celle de l'œil à l'ouverture auriculaire; celle-ci ovalaire; pas de concavité au front. Corps long, étroit, déprimé; membres et doigts réguliers, ceux-ci libres. Queue tétragonale, un peu plus longue que la distance de l'extrémité du museau à l'anus. Le museau est couvert de granulations beaucoup plus grosses que celles du dessus de la tête et du tronc; aux granulations de la tête se mêlent quelques petits tubercules arrondis, mais celles du tronc sont entremêlées de gros tubercules prismatiques, fortement carénés, irrégulièrement disposés en seize à dix-huit rangées longitudinales; l'abdomen est couvert de petites écailles cycloïdes imbriquées et présente de chaque côté un pli bien distinct. En dessus et sur les côtés la queue est revêtue de granules semblables à ceux du dos et porte six séries longitudinales de gros tubercules prismatiques et carénés; en dessous elle est couverte d'écailles irrégulières, imbriquées. Neuf labiales supérieures et autant inférieures; plaque rostrale quadrangulaire avec une incision bien marquée sur sa partie supérieure; narines circonscrites par la rostrale, la première labiale et trois nasales; une seule petite plaque entre les deux naso-rostrales; mentonnière grande, triangulaire; deux paires de gulaires, celle de la première paire les plus grandes et en contact derrière la mentonnière. Le pollex de la main est garni en dessous de trois paires de lamelles et de deux lamelles simples, l'une à l'extrémité, l'autre à la base du pouce; le quatrième doigt de sept lamelles, cinq doubles et deux simples; le premier orteil a six lamelles et le quatrième neuf.

Chez le mâle nous comptons vingt-six pores pré-anaux et fémoraux, treize de chaque côté, en série continue.

D'un gris brunâtre clair en dessus avec quelques bandes transversales d'un brun foncé, étroites et formant sur la ligne vertébrale un angle dont le vertex regarde en arrière; des bandes régulières à peu-près de la même forme se montrent également sur la queue. En dessous le mâle est d'une teinte blanchâtre uniforme, la femelle est finement pointillée de brun sur un fond blanchâtre.

Dimensions de la femelle: Du bout du museau à l'anus 55 m.; long. de la tête 16 m.; larg. de la tête 10 m.; long. de la queue 58 m.; long. du membre ant. 24 m.; long. du membre post. 29 m.

Cette espèce, qui nous semble inédite, se trouve représentée dans nos collections par deux individus, mâle et femelle adultes, envoyés en 1891 de *Cahata,* dans l'intérieur de Benguella, par M. d'Anchieta. Par leur conformation générale ils se rapprochent du *H. Bocagii,* dont ils possédent le corps aplati et étroit et la tête longue, arrondie à l'extrémité du museau et déprimée en dessus; mais ils me semblent parfaitement distincts de cette espèce par leurs tubercules dorsaux, beaucoup plus gros, d'une forme prismatiques plus accentuée et fortement carénés, par le nombre plus réduit des lamelles infra-digitales et par la présence chez le mâle d'un nombre beaucoup plus considérable de pores au devant de l'anus, vingt-six au lieu de six ou huit.

17. Hemidactylus muriceus

H. muriceus, *Peters, Monatsb. Ak. Berl.,* 1870, p. 641; *Peters, Sitz. Ber. Ges. Nat. Fr. Berl.,* 1881, *p.* 147; *Bouleng., Cat. Liz. B. Mus.,* I, 1885, *p.* 123.

Cette espèce, dont nous n'arrivons pas à faire une idée bien nette d'après la courte description publiée par Peters, a été rencontrée par cet auteur dans une collection de reptiles rapportée du *Quango* par le Major von Mechow.
Par ses dimensions et ses couleurs le *H. muriceus* doit ressembler à l'*H. benguellensis;* mais quelques-uns des caractères différentiels signalés par Peters, des tubercules dorsaux coniques et pointus, au lieu de prismatiques et carénés, et l'ouverture auriculaire étroite et verticale, ovalaire chez le *H. benguellensis,* ne permettraient pas de les confondre.

18. Hemidactylus Bayonii

Pl. 1, figs. 2, 2 a – d.

Hemidactylus sp., *Bocage, Jorn. Ac. Sc. Lisb.,* XI, 1886, *p.* 67 *(note).*
H. Bayonii, *Bocage, Jorn. Ac. Sc. Lisb.,* 2e sér., III, 1893, *p.* 116.

D'une taille un peu plus forte que le *Lygodactylus capensis.* Tête modérée, presque aussi haute que large en arrière; museau légèrement déprimé, court, égal à la distance entre l'œil et l'ouverture auriculaire, et à une fois et demie le diamètre de l'œil, recouvert de granulations un peu plus grosses que celles du dessus de la tête; celles-ci entremêlées de quelques tubercules coniques plus forts. Ouverture auriculaire elliptique, étroite, presque verticale. Corps allongé, membres courts; queue égalant en longueur la tête et le tronc réunis. Doigts courts, libres, à disques peu dilatés. Aux membres antérieurs un pollex revêtu en dessous de cinq lamelles transversales, dont quatre doubles; sept ou huit lamelles doubles et une lamelle simple au 4ᵉ doigt. Aux membres postérieurs un double pollex représenté par un disque incomplètement divisé dont chaque moitié porte une petite griffe; la moitié externe revêtue en dessous de trois petites lamelles transversales, l'interne de quatre paires de lamelles et une lamelle simple; au 4ᵉ orteil huit paires de lamelles sous-digitales et une lamelle simple.

La narine est entourée par la rostrale et quatre scutelles. Plaque rostrale à quatre pans et présentant au milieu une incision longitudinale; dix labiales supérieures et neuf inférieures; mentonnière triangulaire, ayant de chaque côté deux plaques gulaires de forme quadrangulaire entre lesquelles se trouve placée, derrière l'extrémité de la mentonnière, une plaque pentagonale. Deux petites écailles entre les naso-rostrales.

Surface supérieure du corps couverte de petites granulations entremêlées à de tubercules prismatiques et carénés, disposés irrégulièrement en dix-huit à vingt séries longitudinales. Scutelles abdominales petites et imbriquées. Un pli bien distinct séparant la région abdominale des flancs. Queue arrondie, garnie uniformément en dessous de petites scutelles et présentant, en dessus et sur les côtés, six rangées longitudinales de gros tubercules prismatiques et carénés.

Chez le mâle six pores pré-anaux, trois de chaque côté; pas de pores fémoraux.

Parties supérieures d'un brun-grisâtre. Sur les côtés de la tête deux traits bruns parallèles, l'un allant de la narine à la partie supérieure de l'orbite, l'autre de l'extrémité du museau à l'orifice auriculaire traversant l'œil; sur le vertex, derrière les yeux, une tache anguleuse de la même couleur; de chaque côté du dos une série de taches quadrangulaires brunes; enfin sur la partie supérieure de la queue, régulièrement espacées, quelques bandes étroites brunes immédiatement suivies de bandes plus claires. Les tubercules du dos et de la queue d'un brun rougeâtre. En dessous d'un gris jaunâtre.

Long. totale 74 m.; long. de la tête 12 m.; larg. de la tête 7 m.; haut. max. de la tête 6 m.; distance de la narine à l'œil 4 m.; distance de l'œil à l'ouverture auriculaire 4 m.; long. de la queue 37 m.; long. du membre antérieur 11 m.; long. du membre postérieur 14 m.; long. du pollex antérieur 1 1/4 m.; long. du premier double-orteil 1 1/2 m.

Cette espèce se trouve représentée dans nos collections par un individu unique, un mâle adulte, recueilli au *Dondo* en 1869 par Bayão. Indépendamment du double pollex aux membres postérieurs, qu'on serait peut-être disposé à regarder, au premier abord, comme une anomalie individuelle, l'ensemble de ses caractères permet, ce nous semble, de la considérer distincte de toutes les espèces déjà admises dans le genre *Hemidactylus*.

19. Lygodactylus capensis

Hemidactylus capensis, *Smith, Ill. S. Afr. Zool., Rept., pl. 75, fig. 3* ;
Bocage, Jorn. Ac. Sc. Lisb., ı, 1867, p. 219 ; *Peters, Œfv. Vetensk.
Ak. Förh., n.° 7, 1869, p. 657.*
Lygodactylus capensis, *Bouleng., Cat. Liz. B. Mus.,* ı, 1885, p. 160.

Fig. *Smith, Ill. S. Afr. Zool., Rept., pl. 75, fig. 3.*

De quatre localités différentes sont originaires les individus de cette espèce envoyés d'Angola par M. d'Anchieta: *Dombe,* sur le littoral au sud de Benguella, *Capangombe, Caconda* et *Cahata,* dans la zone des hauts-plateaux de l'intérieur. L'aire d'habitation de cette petite espèce est assez étendue ; elle comprend l'Afrique australe et les territoires limitrophes sur les deux côtes, orientale et occidentale.

Chez nos individus du Dombe et de Caconda, tous mâles, nous comptons à peine cinq pores pré-anaux ; mais un mâle de Cahata en a neuf. Celui-ci du reste ressemble parfaitement aux autres.

Le *Lygodactylus capensis* vit dans les bois ; on le trouve sur les troncs d'arbres morts ou décrépits (Anchieta).

20. Pachydactylus Bibronii

Tarentola Bibronii, *Smith, Ill. S. Afr. Zool., Rept., pl.* 50, *fig.* 1.
Homodactylus Bibronii, *Bocage, Jorn. Ac. Sc. Lisb.,* ı, 1867, p. 220.
Pachydactylus Bibronii, *Peters, Œfv. Vetensk. Ak. Förh., n.° 7, 1869,
p.* 657 ; *Bocage, Jorn. Ac. Sc. Lisb.,* xı, 1887, p. 202 ; *Bouleng.,
Cat. Liz. B. Mus.,* ı, 1885, p. 201.

Fig. *Smith., Ill. S. Afr. Zool., Rept., pl.* ʟ, *fig.* 1 ; *Gray, Proc. Zool.
Soc. Lond.,* 1864, *pl.* ıx, *fig.* 2.

Commun et très répandu en Angola, surtout au sud du *Quanza.* Nous avons deux individus de *Loanda* envoyés par Bayão en 1874, et nous devons à M. d'Anchieta un grand nombre d'individus recueillis dans presque toutes les localités qu'il a visitées dans les districts de Benguella et Mossamedes. A Catumbella et au Dombe il est connu sous le nom de *Camungluquira;* à Capangombe, dans l'intérieur de Mossamedes, on l'appelle *Quibando-bando;* à Quissange, *Ongueia-Cocolo.*

Il vit exclusivement dans les habitations (Anchieta).

21. Pachydactylus ocellatus

Gecko ocellatus, *Cuv., R. A.*, ii, *p. 46.*
Pachydactylus ocellatus, *Bocage, Jorn. Ac. Sc. Lisb.*, i, 1867, *p. 220;*
    Peters, Œfv. Vetensk. Ak. Förh., n.° 7, 1869, *p. 657; Bouleng.,*
    Cat. Liz. B. Mus., i, 1885, *p. 205.*

Fig. *Cuvier, R. A.*, ii, *pl. 5, fig. 4.*

Ce petit geckotien, remarquable par les points blancs cerclés de noir
dont son dos est orné, n'a été observé jusqu'à présent en Angola que dans
deux localités du littoral, *Benguella* et *Catumbella;* son habitat doit cependant
comprendre une aire bien plus étendue vers le sud, car il a été découvert
à Damaraland par Wahlberg et est assez répandu dans l'Afrique australe.
A Benguella les indigènes l'appellent *Canomba;* commun sur les murs des
habitations (Anchieta).

22. Rhoptropus afer

Rhoptropus afer, *Peters, Monatsb. Ak. Berl.*, 1869, *p. 59, pl. fig. 2;*
    id., Œfv. Vetensk. Ak. Förh. n.° 7, 1869, *p. 658; Bocage, Jorn.*
    Ac. Sc. Lisb., iv, 1873, *p. 212; Bocage, ibid.,* xi, 1887, *p. 203;*
    Bouleng., Cat. Liz. B. Mus., i, 1885, *p. 217.*

Fig. *Peters, loc. cit., pl.—, fig. 1.*

Cette intéressante espèce, découverte par Wahlberg à *Damaraland*
et décrite par Peters en 1869, a été rencontrée par M. d'Anchieta dans l'intérieur de Mossamedes, à *Capangombe.* MM. Capello et Ivens nous ont aussi
rapporté de leur dernier voyage un individu recueilli sur le littoral de Mossamedes, à *Rio Coroca.*

La description du *R. afer* publiée par M. Boulenger est très exacte;
il faut seulement retrancher dans la caractéristique du genre *Rhoptropus*
donnée par cet auteur les mots: *no praeanal nor femoral pores,* car nous
constatons chez nos males adultes l'existence de six à huit pores pré-anaux.

A juger d'après le nombre d'individus que nous avons reçus de *Capangombe* il n'y doit pas être rare. Ses mœurs nous sont inconnus.

Suivant M. Rochebrune le *R. afer* et le *Colopus Wahlbergii,* Peters,
également découvert à Damaraland, se trouveraient dans la haute Sénégambie, où ils auraient été rencontrés par le dr. Colin (Roch., Faun. Sénég.,
Rept., pp. 71 et 78). Le *C. Wahlbergii* n'a pas encore été observé en Angola.

FAM. AGAMIDAE

23. Agama colonorum

Agama colonorum, *part.*, *Daud.*, *Rept.*, III, *p.* 356; *Bocage, Jorn. Ac. Sc.
Lisb.*, I, 1866, *p.* 42; *Bouleng., Cat. Liz. B. Mus.*, I, 1885, *p.* 356.
A. colonorum, *var.* congica, *Peters, Monatsb. Ak. Berl.*, 1877, *p.* 612;
Boettg., Ber. Senckenb. Ges. Frankf., 1888, *p.* 22; *A. del Prato,
Racc. Zool. dal Cav. G. Corona nel Congo*, 1893, *p.* 9.
A. picticauda, *Peters, Monatsb. Ak. Berl.*, 1877, *pp.* 612 *et* 620.
A. colonorum, *var.* picticauda, *Bocage, Jorn. Ac. Sc. Lisb.*, XI, 1887,
p. 194.

Tête médiocre, étroite, légèrement déprimée, à museau allongé et aigu;
en général une écaille longue et étroite sur le milieu du chanfrein; narines
tubulaires; une occipitale grande entourée d'écailles irrégulières. Dix à onze
labiales supérieures. L'ouverture auriculaire plus grande que l'ouverture
des paupières. Les côtés de la tête et du cou garnis de groupes d'épines.
Des plis profonds de la peau sous la gorge. Dos légèrement convèxe, couvert d'écailles fortement carénées et mucronées, dont les carènes s'inclinent
en dedans vers la ligne médiane; ces écailles sont plus petites que les écailles
dorsales. Une crête cervicale bien distincte formée par des écailles comprimées et triangulaires; pas de crête dorsale. Membres longs et forts; doigts
et orteils longs, le quatrième doigt égal ou un peu plus long que le troisième.
Chez le mâle une série transversale de dix à douze pores au-devant de l'anus.

Coloration variable: la forme typique d'une teinte olivâtre foncée en
dessus, jaunâtre en dessous; le jeune varié en dessus de taches symétriques
d'un brun foncée ou jaunes, cerclées de noirâtre; l'adulte présentant des
taches irrégulières, moins distinctes, sur le dos.

La variété *picticauda* a la moitié basale de la queue, et souvent aussi
la tête et le cou, d'un rouge plus ou moins vif (tirant au jaune dans l'alcool)
et la moitié terminale de la queue d'un noir profond.

Quatre individus de *Cabinda,* adulte et jeunes, rapportés par M. d'Anchieta de son premier voyage en 1864 à la côte de Loango, deux autres
individus envoyés en 1886 de *St. Salvador du Congo* par Monseigneur
Barroso, Évêque d'Himeria, s'adaptent parfaitement par leurs caractères à
la description sommaire qu'il nous a semblé opportun de présenter ci-dessus.

L'un des individus de *St. Salvador* appartient à la variété *picticauda*
rencontrée par Peters dans une collection de reptiles recueillis à *Pungo-
Andongo* par le Major von Homeyer (Peters, loc. cit., *p.* 620).

24. Agama planiceps

Pl. II

Agama planiceps, *Peters, Monatsb. Ak. Berl.*, 1862, *p.* 15; *Œfv. Vetensk.
Ak. Förh., n.° 7, 1869, p.* 658; *Bouleng., Cat. Liz. B. Mus.,* I,
1885, *p.* 358; *Bocage, Jorn. Ac. Sc. Lisb.,* XI, 1887, *pp.* 178 *et* 210.
A. occipitalis, *var.? Bocage, Jorn. Ac. Sc. Lisb.,* I, 1866, *p.* 42.
A. laevigata, *Bocage, Mss., Jorn. Ac. Sc. Lisb.,* XI, 1887, *p.* 178.

Tête plate et large en arrière; narines tubulaires; une ou deux écailles
étroites et longues sur le milieu du chanfrein; une occipitale grande, hexagonale ou octogonale, entourée d'écailles plus petites, symétriques, de formes
variables; des groupes d'épines sur les côtés de la tête et du cou; l'ouverture auriculaire grande, égalant en diamètre l'ouverture palpébrale; des
plis cutanés à la gorge. Dix labiales supérieures; une crête cervicale composée d'écailles basses, triangulaires, comprimées, non éffilées. Dos déprimé,
couvert d'écailles médiocres, lisses et non mucronées chez l'adulte; celles du
cou, de la partie antérieure du dos et de la région lombaire très-petites; les
écailles caudales grandes, fortement carénées et mucronées. Membres longs;
le quatrième doigt un peu plus long que le troisième. Chez le mâle douze
à seize pores pré-anaux en un seul rang; mais quelques individus de notre
collection présentent deux séries de pores.

L'adulte est en dessus d'une coloration uniforme, olivâtre plus ou moins
foncée, à peine variée de quelques petites taches jaunes, qui couvrent des
écailles isolées ou de petits grouppes d'écailles; la tête est en général d'une
teinte plus pâle, qui prend chez quelques individus un ton jaune ou rougeâtre
plus prononcé; de même la queue est tantôt d'un olivâtre pâle, tantôt jaune
ou tirant au rouge, et, dans ce cas, terminée de noir. En dessous d'un jaune
uniforme.

La livrée du jeune est beaucoup plus variée: le dos est couvert sur un
fond olivâtre ou brun-cendré d'un beau dessin symétrique assez compliqué,
composé de taches brunes ou noires et de taches jaunes (dans l'alcool); sur
la tête, entre les yeux, il y a une tache en forme de *Y* renversé et d'autres
taches arrondies ou linéaires disposées simétriquement; sur la région médiane du dos règne une bande jaune, qui partant de la nuque avance plus
ou moins vers la base de la queue; le dessus de celle-ci et les faces externes
des membres sont olivâtres, variées de quelques taches obscures. Chez les
individus plus jeunes la queue présente quelques anneaux noirâtres. Le
dessous de la tête est longitudinalement rayé de brun sur un fond jaunâtre;
les faces inférieures du tronc et de la queue sont de cette dernière couleur.

Quelques-uns de nos individus adultes ont la tête et la moitié de la queue, à compter de la base, d'une teinte rouge, qui doit être remplacée par du jaune par suite de leur immersion dans l'alcool; la moitié terminale de la queue est noire. Chez deux jeunes quelques-unes des taches du dos et des flancs étaient à leur arrivée d'un beau rouge, qui tend à s'éffacer.

Dimensions d'un ♂ adulte; de l'extrémité du museau à l'anus 129 m.; long. de la tête 34 m.; larg. de la tête 28 m.; long. de la queue 195 m.; long. du membre ant. 70 m.; long. du membre post. 92 m.

La femelle est plus petite que le mâle et porte une queue moins grosse à la base et plus distinctement comprimée dans sa dernière moitié.

L'*A. planiceps* est, dans sa forme typique, facile à distinguer de l'*A. colonorum* par sa tête plus large et aplatie, par sa crête cervicale plus basse et moins apparente, par ses écailles dorsales sensiblement plus petites, lisses et non mucronées chez l'adulte; il y a cependant parmi nos individus d'Angola et du Congo quelques-uns ayant ces caractères différentiels moins accusés et par suite se rapprochant davantage de l'*A. colonorum*.

L'*A. planiceps* compte parmi les reptiles les plus communs et les plus répandus en Angola. Il est bien connu des indigènes sous des noms différents suivant les localités : à St. Salvador du Congo on l'appelle *Valla* (Pe Barroso); à Biballa, *Calango;* à Quindumbo, Quissange et Cahata, dans l'intérieur de Benguella, et à Caconda, *Chicucubanda* (Anchieta).

Il habite de préférence les fentes et les cavités des rochers et se trouve en général dans le voisinage des lieux habités (Anchieta).

25. Agama armata

Agama armata, *Peters, Monatsb. Ak. Berl.*, 1854, *p.* 616; *Reise n. Mossamb.*, iii, *Amphibia, p.* 42, *pl.* vii, *fig.* 2; *Bouleng., Cat. Liz. B. Mus.*, i, 1885, *p.* 352; *Bocage, Jorn. Ac. Sc. Lisb.*, xi, 1887, p. 203.

A. aculeata, *Bianconi, Spec. Zool. Mossamb., p.* 27, *pl.* i, *fig.* 2; *Bocage, Jorn. Ac. Sc. Lisb.*, i, 1866, *p.* 43.

Fig. *Peters, Reise n. Mossamb.*, iii, *Amphib., pl.* vii, *fig.* 2.

La description et la figure de l'*A. armata* publiées par le regretté directeur du Muséum de Berlin nous semblent convenir à la plupart des Agames à écaillure hétérogène de notre collection, provenant de plusieurs localités d'Angola. Ces spécimens ressemblent également à deux individus d'*Otjimbingue,* que nous avions reçu dans le temps du Dr. Peters et dont les étiquettes portent le nom d'*A. armata.*

Tête convexe, légèrement déprimée entre les orbites ; museau un peu allongé et conique ; écailles du dessus de la tête, en général, tuberculeuses ; une série de trois écailles plus grandes sur la ligne médiane du museau ; plaque occipitale distincte, grande, héxagonale. Ouverture auriculaire grande, découverte, garnie de tubercules pointus sur les parties supérieure et antérieure de son pourtour. Des bouquets d'épines sur les côtés de la tête et du cou. Onze à treize labiales supérieures. Corps légèrement déprimé, plus élancé chez le mâle, couvert d'écailles imbriquées et carénées, entremêlées d'autres écailles plus larges fortement carénées et mucronées ; celles-ci disposées pour la plupart en trois séries longitudinales bien distinctes de chaque côté de la crète dorsale. Crète nuchale épineuse ; crète dorsale distincte, mais peu relevée. Écailles ventrales lisses ou à carènes effacées. Membres médiocres ; doigts et orteils courts ; le troisième doigt à peine plus long que le quatrième ; les troisième et quatrième orteils presque égaux. Chez le mâle une rangée de douze à quatorze pores pré-anaux.

A juger d'après ce que nous observons chez nos individus conservés en alcool, les couleurs doivent beaucoup varier : nous avons des individus d'une teinte presque uniforme en dessus, grise-olivâtre, olivâtre ou jaunâtre, et plus pâles en dessous ; chez d'autres individus le fond de couleur est olivâtre ou jaunâtre, mais ils portent à la tête et sur le dos des taches symétriques brunes et sur la queue des demi-anneaux de cette couleur ; quelques individus ont le dessous de la tête et la gorge teints de bleu ; deux individus, adulte et jeune, sont partout d'une belle couleur rouge-marron très-foncée[1].

Dimensions d'un ♂ adulte de *Cahata* : long. totale 257 m. ; long. de la tête 24 m. ; larg. de la tête 22 m. ; haut. de la tête 15 m. ; long. de la queue 164 m. ; long. du membre ant. 43 m. ; long. du membre post. 57 m.

Ces dimensions sont bien d'accord avec celles de l'individu de Moçambique décrit par le Dr. Peters[2].

L'*Agama armata* a été observée dans un grand nombre de localités de l'intérieur d'Angola : *Duque de Bragança* (Bayão) ; *Quissange, Cahata, Galanga, Caconda, Cassóco, Rio Cuce, Quando, Biballa, Humbe* (Anchieta).

Canomba serait, suivant M. d'Anchieta, le nom que lui donnent presque partout les indigènes d'Angola.

Nous ignorons la provenance exacte de ces deux individus. Ils faisaient partie d'une petite collection de reptiles que notre regretté ami et collègue José Horta a offert en 1873 au Muséum de Lisbonne à son retour d'Angola, où il avait rempli les fonctions de gouverneur général.

[2] Long. totale 247 m. ; long. de la tête 24.5 m. ; larg. de la tête 21 m. ; haut. de la tête 14 m ; long. de la queue 155 m. ; long. du membre ant. 45 m. ; long. du membre post. 57 m. (Peters, Reise n. Mossamb., III, p. 43.)

*

* · *

Dans une de nos premières publications sur les reptiles d'Afrique occidentale nous avions rapporté à l'*A. aculeata*, Merr., d'après la description de Dumeril et Bibron, un individu recueilli par Bayão au *Duque de Bragança*, mais, en l'examinant de nouveau, nous l'avons reconnu identique aux autres spécimens d'Angola dont les caractères nous semblent s'accorder bien avec ceux de l'*A. armata*.

Nous avons cependant, parmi nos Agames à écaillure hétérogène, quelques individus envoyés par M. d'Anchieta de *Benguella, Catumbella* et *Dombe,* et deux individus récueillis par MM. Capello et Ivens à *Mossamedes* qui diffèrent de tous les autres par un certain nombre de caractères qu'il faut prendre en considération. Leur tête est plus courte, plus large en arrière, plus convèxe avec une dépression plus marquée entre les orbites; le museau plus court et obtus[1]; l'ouverture auriculaire grande et découverte, sans tubercules pointus à ses bords supérieur et antérieur; le corps revêtu d'écailles carénées et imbriquées, entremêlées sur le dos à des écailles plus larges fortement carénées et mucronées, disposées en grouppes symétriques de chaque côté de la crête dorsale, mais assez écartées dans le sens longitudinal de manière à ne pas constituer des rangées continues nettement accusées; la crête nuchale distincte, mais la dorsale presque effacée; les doigts plus courts que chez l'*A. armata,* le troisième sensiblement plus long que le quatrième tant aux membres antérieurs qu'aux postérieurs. Dix à douze pores pré-anaux chez le mâle.

Sous le rapport des couleurs ces individus se font aussi remarquer par des teintes plus gaies, d'un jaune plus ou moins vif; ils portent sur le dos quatre larges bandes transversales noires interrompues sur la ligne médiane par une grande tache arrondie de la couleur du fond; la queue est ornée de demi-anneaux noirs; les parties inférieures d'un jaune uniforme, excepté le dessous de la tête, qui présente quelques lignes longitudinales onduleuses bleuâtres ou noirâtres.

Dimensions d'un mâle adulte: long. totale 173 m; long. de la tête 23 m; larg. de la tête 22 m; haut. de la tête 15 m; long. de la queue 92 m; long. du membre ant. 43 m; long. du membre post. 56 m.

---

[1] Chez ces individus la distance de l'angle antérieur de la fente palpébrale au bout du museau est à peine égale à la distance de l'angle postérieur de la fente palpébrale au *bord antérieur* de l'ouverture auriculaire, tandis que chez l'*A. armata* la première de ces dimensions est égale à la distance de l'angle postérieur de la fente palpébrale au *bord postérieur* de l'ouverture auriculaire.

Ces individus recueillis dans le littoral d'Angola nous semblent donc bien distincts de ceux que nous rapportons à l'*A. armata*, tous provenant des hauts-plateaux de l'intérieur. Doit-on les considérer comme appartenant à l'*A. aculeata* ou à une espèce inédite?

L'*A. aculeata* nous est inconnue; nous n'arrivons pas même à former une idée précise de ses caractères différentiels d'après les descriptions des auteurs que nous avons pu consulter. Ainsi nous croyons plus sage de laisser cette question en suspens.

26. Stellio atricollis

Agama atricollis, *Smith, Ill. S. Afr. Zool., Rept., App. p.* 14; *Bouleng.,*
    Cat. Liz. B. Mus., I, 1885, *p.* 358; *Dollo, Bull. Mus. R. de Belgique,*
    IV, 1886, *p.* 153.
Stellio capensis, *A. Dum., Cat. Meth. Rept. Mus. Paris, p.* 106.
St. nigricollis (lapsu), *Bocage, Jorn. Ac. Sc. Lisb.,* I, 1866, *p.* 43.
St. atricollis, *Bocage, Jorn. Ac. Sc. Lisb.,* VII, 1879, *p.* 95; *Peters, Sitz.*
    Ber. Ges. Nat. Fr. Berl., 1881, *p.* 147.

Tête grosse, très renflée en arrière des machoires, surtout chez le mâle, couverte en dessus d'écailles inégales à carènes plus ou moins effacées, sans plaque occipitale élargie, et présentant sur les joues quelques petites écailles épineuses; corps long et fort; queue longue, dilatée à la base, légèrement comprimée vers l'extrémité; membres longs et forts à doigts allongés et comprimés. Écaillure dorsale hétérogène, composée de petites écailles quadrangulaires faiblement carénées entremêlées à de grosses écailles épineuses; dessous de la tête et du tronc revêtu d'écailles homogènes, égales, disposées régulièrement en rangées transversales. Écailles de la queue grosses, finement dentelées sur les bords, disposées en verticilles plus nettement accusés sur la face inférieure de cet organe. Un pli longitudinal plus ou moins distinct de chaque côté du dos. Le cou surmonté d'une petite crête formée par des écailles carénées et épineuses. Chez le mâle deux, quelquefois trois, rangs d'écailles crypteuses au-devant de l'anus.

L'adulte, dans l'alcool, est sur le dos et la face externe des membres d'une teinte olivâtre tirant au noir par places et faisant ressortir la couleur jaune d'un grand nombre d'écailles tantôt disséminées, tantôt réunies en groupes; chez les vieux mâles, cette couleur jaune prend un ton plus vif et forme une large bande longitudinale sur la ligne médiane du dos. La tête d'un jaune pâle nuancée de bleu en dessus, présente une coloration bleue plus prononcée sur les joues et sur sa face inférieure. La queue d'un marron clair dans sa première moitié, porte en dessus dans sa dernière moitié des anneaux noirs qui altèrnent avec d'autres anneaux plus étroits jaunes. Le dessous du tronc et des membres est d'un jaune sale nuancé de brun et de bleu.

Chez les jeunes, les teintes sont beaucoup plus éffacées; le fond de couleur du dos est noirâtre avec des écailles éparses d'un jaune très-pâle. C'est cette dernière couleur qui domine sur les parties inférieures et la queue. Les écailles du dessus de la tête d'un blanc légèrement grisâtre ou bleuâtre, lisérées de noir. Parmi nos jeunes individus il y en a cependant qui présentent des couleurs plus vives, la teinte roux-marron remplaçant le jaune sur la tête, le dos et la queue.

Tous les individus, adultes et jeunes, présentent de chaque côté du cou, au-devant des membres antérieurs, une large tache noire, d'où vient le nom donné à cette espèce.

	♂ ad.	♀ ad.
De l'extrémité du museau à l'anus	146 m.	134 m.
Longueur de la tête	49 »	36 »
Largeur de la tête	51 »	34 »
Longueur de la queue (incomplète)	110 »	172 »
Longueur du membre antérieur	75 »	51 »
Longueur du membre postérieur	99 »	73 »

Le Muséum de Lisbonne possède une intéressante collection d'individus de cette espèce provenant d'un grand nombre de localités: du *Duque de Bragança*, par Bayão; de *Cassange*, du premier voyage de MM. Capello et Ivens; de *Caconda, Rio Quando, Rio Cuce, Quindumbo, Quissange, Galanga* et *Huilla* par M. d'Anchieta. Von Mechow l'a rencontrée à *Malange* (Peters, loc. cit.). Il faut observer que toutes ces localités appartiennent à la région des hauts-plateaux de l'intérieur d'Angola.

L'habitat de cette espèce est fort étendu: elle vit dans le Natal, à Moçambique, dans d'autres endroits de la côte orientale, et M. Dollo l'a rencontrée dans une collection de reptiles des environs du lac Tanganika.

Sur les couleurs des individus vivants et sur les mœurs de cette espèce M. d'Anchieta nous donne quelques détails intéressants que nous allons reproduire:

«Les écailles de la face supérieure et postérieure de la tête sont d'un vert de chrôme qui varie en intensité par places; sur le reste de la tête elles sont d'un beau bleu de cobalt, mais entremêlées avec quelques écailles brunâtres. Sur le milieu du tronc depuis la nuque jusqu'à la base de la queue il y a quelques rangées longitudinales de grandes écailles d'un vert clair; dans le reste de la surface supérieure du tronc, le fond d'un brun de tabac fait bien ressortir les grandes écailles d'un jaune-safran. La moitié antérieure de la queue est en dessus d'un jaune uniforme ou d'un marron vif; l'autre moitié porte des bandes gris-brun, alternant avec d'autres bandes d'un rouge-terreux. La face externe des membres est variée de marron et de gris-brun.

En dessous le tronc et les membres présentent des écailles disséminées d'un marron moins vif sur un fond brun-pâle. Entre les deux branches de la mâchoire inférieure et sur la région gulaire il y a une grande tache, d'une forme à peu-près triangulaire, d'un bleu de cobalt très-vif. Les yeux sont noirs.

«L'*Ubango,* c'est le nom qui lui donnent les indigènes de *Quissange,* recherche les terrains meubles et établit son domicile dans des trous entre les racines des arbres ou dans les cavités des vieux troncs. Les indigènes prétendent qu'il a la faculté d'émettre des sons, une espèce de chant composé des sons répétés *uh-uh-uh.* Quand on l'agace le bleu de cobalt de la gorge prend une nuance plus pâle, grisâtre. Sa morsure est réputée venimeuse, surtout pour les bœufs, et de même que le *Chicucubanda (Agama planiceps)* et le *Cangala (Gerrhosaurus nigrolineatus)* il est l'objet d'une aversion générale.»

Les individus reçus dernièrement de Galanga portent le nom de *Camungluquira;* ceux de Cassange, *Tchico.*

Le Muséum de Lisbonne a reçu en 1889 un jeune individu de cette espèce rapporté de Moçambique avec quelques autres spécimens de reptiles par M. H. Lima. C'est la première fois, à ce que je crois, que le *St. atricollis* a été observé dans la côte orientale au nord du Natal. Le Dr. Peters ne le comprend pas dans son magnifique ouvrage sur la Faune de Moçambique.

FAM. ZONURIDAE

27. Zonurus cordylus

Lacerta cordylus, *Linn., Syst. Nat., i, p.* 361.
Cordylus griseus, *Smith, Ill. S. Afr. Zool., Rept., pl.* 28, *figs.* 2 *et* 3,
    pl. 30, *fig.* 8.
Zonurus griseus, *Dum. et Bibr., Erp. Gén., v, p.* 350.
Z. cordylus, *Bouleng., Cat. Liz. B. Mus., ii,* 1885, *p.* 256.

Fig. *Smith, Ill. S. Afr. Zool., iii, Rept., pl.* 28, *figs.* 2 *et* 3, *pl.* 30, *fig.* 8.

Le **Z.** *cordylus,* assez répandu dans l'Afrique australe, se trouve représenté dans nos collections d'Angola par deux individus, sans indication précise de localité, don de la Société de Géographie de Lisbonne.

Un troisième individu, un mâle adulte, envoyé en 1882 de *Caconda* par M. d'Anchieta, se fait remarquer par quelques particularités dans l'écaillure de la tête et du tronc, qui méritent d'être signalées : une internasale de forme rhomboïdale en contact par son extrémité postérieure avec l'angle antérieur de la frontale; des pré-frontales séparées; pas de frénale; une grande pré-oculaire s'articulant par son bord antérieur au bord postérieur de la nasale; celle-ci grande, légèrement bombée, portant vers le milieu de sa moitié postérieure l'orifice de la narine; la région gulaire revêtue d'écailles quadrangulaires, lisses, étroites, juxtaposées, différentes de formes et sensiblement plus petites que chez le *Z. cordylus*; vingt-six rangées d'écailles dorsales, composées, les plus étendues, de vingt-quatre écailles chacune; lamelles ventrales disposées en seize séries longitudinales et vingt-sept séries transversales; deux grandes plaques pré-anales séparées sur la ligne médiane par deux petites plaques superposées; six pores pré-anaux. Tous les autres détails de l'écaillure s'accordent bien avec ce qu'on observe chez le *Z. cordylus*[1].

La tête et le corps en dessus variés de brun et de noirâtre sur un fond fauve-pâle; deux séries longitudinales de petites taches irrégulières blanchâtres le long du dos; la queue en dessus cerclée de brun; les parties inférieures blanches lavées de fauve.

Long. totale 152 m.; long. de la tête 23 m.; larg. de la tête 18 m.; long. de la queue, incomplète, 78 m.; long. du membre ant. 28 m.; long. du membre post. 39 m.

L'ensemble de caractères différentiels que cet individu nous présente par rapport au *Z. cordylus*, l'espèce dont il se rapproche davantage, n'est nullement favorable à l'idée de leur identité spécifique; c'est pourquoi nous nous permettons de l'inscrire provisoirement dans nos catalogues sous le nom de *Z. angolensis*.

28. Chamaesaura macrolepis

Mancus macrolepis, *Cope, Proc. Ac. Philad.*, 1862, *p.* 339.
Chamaesaura macrolepis, *Bouleng., Cat. Liz. B. Mus.*, 1885, *p.* 264.

Membres monodactyles, les antérieurs rudimentaires ou nuls, les postérieurs courts. Écailles fortement carénées, disposées longitudinalement en

---

[1] Nous constatons chez nos deux autres individus d'Angola des caractères parfaitement conformes à ceux du *Z. cordylus*: des pré-frontales en contact, interposées à l'internasale et à la frontale; une frénale à peine inférieure en dimensions à la pré-oculaire; la région gulaire revêtue d'écailles rhombiques, carénées, irrégulières et imbriquées; écailles dorsales en vingt-deux à vingt-cinq rangées transversales, dont les plus étendues sont composées de seize à dix-huit écailles; lamelles ventrales en vingt-cinq à vingt-six séries transversales et en douze à quatorze séries longitudinales; deux grandes plaques pré-anales en contact; six pores pré-anaux. Les dimensions à peu-près les mêmes.

vingt-quatre rangs vers le milieu du tronc et en trente huit séries transversales jusqu'à la base de la queue. Un pore fémoral de chaque côté. Brun
en dessus; de chaque côté du dos une raie étroite noire, qui se prolonge
jusqu'à l'extrémité de la queue; régions inférieures d'un blanc jaunâtre.

Deux individus, adulte et jeune, recueillis par M. d'Anchieta à *Caconda*
et deux autres individus semi-adultes reçus dernièrement de *Galanga*. Assez
rare.

Dimensions de l'adulte: long. totale 523 m.; long. de la tête 14 m.;
long. de la queue 414 m.; long. du membre ant. 1 m.; long. du membre
post. 6 m.

Chez l'adulte les membres antérieurs sont difficiles à apercevoir car
ils se trouvent dissimulés sous les écailles; mais chez le jeune ils ont échappé
à toutes nos recherches.

Les indigènes de Galanga l'appelent *Nombo*.

FAM. VARANIDAE

29. Varanus niloticus

Lacerta nilotica, *Linn., Syst. Nat.*, ɪ, *p.* 369.
Varanus niloticus, *Bocage, Jorn. Ac. Sc. Lisb.*, ɪ, 1866, *p.* 42; *ibid.* 1867,
  p. 220; *Bouleng., Cat. Liz. B. Mus.*, ɪɪ, 1885, *p.* 306; *Boettg., Ber.
  Senckenb. Ges. Frankf.*, 1888, *p.* 23; *A. del Prato, Racc. Zool. nel
  Congo del Cav. G. Corona*, 1893, *p.* 9.
Monitor saurus, *Peters, Monatsb. Ak. Berl.*, 1877, *p.* 613; *Bocage, Jorn.
  Ac. Sc. Lisb.*, xɪ, 1887, *p.* 178.

Fig. *Geoffroy St.-Hilaire., Descript. de l'Egypte, Rept.*, pl. ɪɪɪ, *fig.* 1.
  Peters, Reise n. Mossamb., ɪɪɪ, *pl.* ɪv, *fig.* 2 *(la tête).*

Le *Varanus niloticus* est très répandu sur tout le territoire d'Angola
et du Congo, tant sur la zone littorale qu'à l'intérieur. Nous pouvons citer
un grand nombre de localités où il a été rencontré et d'où nous sont parvenus
des exemplaires authentiques: *Mayumba* (G. Capello); *Rio Quilo* et *Cabinda*
(Anchieta); *Duque de Bragança* (Bayão); *Loanda* (Toulson); *Dondo, Rio
Quanza* (Welwitsch); *Catumbella, Quillengues, Rio Cuce, Caconda* et *Humbe*
(Anchieta); *Rio Quango* (Capello et Ivens).

Locengue c'est le nom qui lui donnent presque partout les indigènes
d'Angola. L'individu de Rio Quango, provenant du voyage de MM. Capello
et Ivens, porte sur l'étiquette le nom indigène *Sangoé*.

Le Varan de l'Afrique tropicale serait, suivant le Dr. Peters, spécifiquement distinct du Varan du Nil par ses couleurs plus vives et par les dimensions relatives de ses écailles nuchales, plus grandes que les dorsales. N'ayant à notre disposition des exemplaires authentiques du Varan du Nil, il nous est impossible de vérifier l'exactitude des observations de l'ancien directeur du Muséum de Berlin, et nous nous sommes décidé à suivre l'exemple de la plupart des herpétologistes, qui placent l'un et l'autre sous le nom le plus ancien.

30. Varanus albigularis

Tupinambis albigularis, *Daud., Rept.*, III, *p.* 72, *pl.* XXXII.
Varanus ocellatus, *Rüpp.?, Bocage, Jorn. Ac. Sc. Lisb.*, I, 1867, *p.* 220; *ibid.*, III, 1870, *p.* 68.
Monitor albigularis, *Peters, Monatsb. Ak. Berl.*, 1870, *p.* 109.
Varanus albigularis, *Bouleng., Cat. Liz. B. Mus.*, II, 1885, *p.* 307.

Fig. *Smith, Ill. S. Afr. Zool., Rept., pl.* II; *Peters, Reise n. Mossamb.*, III, *pl.* IV, *fig.* 3 *(la tête).*

Les caractères différentiels de cette espèce par rapport au *V. ocellatus*, Rüpp., ont été signalés par Peters en 1870. L'un et l'autre ont les narines très rapprochées des orbites; mais chez le *V. albigularis* les écailles du dos et de la nuque sont relativement plus petites, et ces dernières inférieures en dimensions aux écailles qui recouvrent l'occiput, tout au contraire de ce que l'on observe chez le *V. ocellatus*. La présence sur la tête du *V. albigularis* d'une raie temporale noire ou noirâtre, qui ne se montre pas chez le *V. ocellatus*, doit encore aider à les distinguer.

Ces caractères ne se font pas remarquer avec une égale netteté chez tous nos individus; il y en a, au contraire, dont les écailles occipitales ne sont pas sensiblement supérieures en dimensions à celles de la nuque et qui ne présentent pas aucun vestige de la raie temporale; mais les écailles du dos ne nous semblent pas aussi grosses qu'elles devraient l'être s'il s'agissait d'individus du *V. ocellatus* de la même taille.

Ce *Varanus* est assez commun en Angola et connu des colons portugais sous le nom de *Tatú*. Le Muséum de Lisbonne a reçu de M. d'Anchieta des individus recueillis par lui en plusieurs localités: *Baie de Lobito, Catumbella, Benguella, Rio Chimba, Biballa, Quindumbo* et *Quissange.*

FAM. AMPHISBAENIDAE

31. Monopeltis capensis

Monopeltis capensis, *Smith, Ill. S. Afr. Zool., Rept., pl.* 67; *Bocage, Jorn. Ac. Sc. Lisb.*, IV, 1873, *p.* 216; *Bouleng., Cat. Liz. B. Mus.*, II, 1885, *p.* 455, *pl.* XXIV, *fig.* 1.

Fig. *Smith, Ill. S. Afr. Zool., Rept., pl.* 67.

Cette espèce n'a été rencontrée que dans la partie la plus méridionale de nos possessions d'Angola; tous nos individus nous viennent du *Humbe* par M. d'Anchieta.

Le *M. capensis* y est assez abondant; il vit dans le sol humide à une profondeur de quinze à vingt centimètres (Anchieta).

32. Monopeltis Anchietae

Pl. VIII, figs. 1, 1 a–c

Lepidosternon (Phractogonus) Anchietae, *Bocage, Jorn. Ac. Sc. Lisb.,* IV, 1873, *p.* 247, *figs.* 1–4.
Monopeltis Anchietae, *Bouleng., Cat. Liz. B. Mus.,* II, 1885, *p.* 458.

Museau déprimé, à bord tranchant; tête couverte en dessus par deux grandes plaques, l'antérieure emboîtant le bout du museau, la postérieure, plus étroite et transversale, s'articulant de chaque côté à une petite oculaire et bordée en arrière par deux rangées de plaques quadrangulaires.

Narines percées dans une plaque nasale distincte. Une plaque rostrale trapézoïdale séparant les nasales, étroites et allongées; trois labiales supérieures, les deux premières égales, la troisième la plus grande; mentonnière médiocre, trapézoïdale, suivie de deux labiales petites et d'une troisième énorme. Yeux nuls. Compartiments pectoraux au nombre de six; ceux de la première paire les plus longs, étroits à leur extrémité antérieure, plus larges successivement en arrière et tronqués aux deux bouts; ceux de la deuxième paire, en forme d'équerre, placés antérieurement sur la même ligne que les précédents, mais n'allant pas aussi loin en arrière; enfin les compartiments latéraux encore plus courts que ceux de la deuxième paire. Pas de pores à la région pré anale. Sillons latéraux du tronc bien distincts.

Queue cylindrique, comme le tronc, autour de laquelle on compte dix verticilles; ceux du tronc au nombre de cent quatre-vingt-dix-neuf.

De l'extrémité du museau à celle de la queue 280 m.; long. de la queue 18 m.; de la tête 10 m.; diamètre du tronc 10 m.

Parties supérieures et latérales d'un brun cendré; la tête en dessus d'une teinte jaunâtre. En dessous d'un blanc-jaunâtre uniforme, sur les intervalles des verticilles un trait brun plus ou moins distinct.

Un seul individu recueilli au *Humbe* par M. Anchieta en 1873.

*

* *

A ces deux espèces de *Monopeltis*, les seules que nous ayons jusqu'à présent reçues d'Angola, nous avons encore à ajouter pour mémoire deux espèces d'Angola et deux du Congo, qui nous sont inconnues:

1. Monopeltis Welwitschii

Dalophia Welwitschii, *Gray, Proc. Zool. Soc. Lond.*, 1865, *p.* 454, *fig.* 7 et 8.

Monopeltis Welwitschii, *Bouleng., Cat. Liz. B. Mus.*, ii, *p.* 456, *pl.* xxiv, *fig.* 2.

Deux individus adultes de *Pungo-Andongo* par Welwitsch (Muséum Britannique).

2. Monopeltis scalper

Phractogonus scalper, *Günth., Proc. Zool. Soc. Lond.*, 1876, *p.* 678, *fig.*

Monopeltis scalper, *Bouleng., Cat. Liz. B. Mus.*, ii, *p.* 457, *pl.* xxiv, *fig.* 4.

Un individu adulte d'Angola, sans indication de la localité, du voyage de Cameron (Muséum Britannique).

3. Monopeltis Guentheri

Monopeltis Guentheri, *Bouleng., Cat. Liz. B. Mus.*, *p.* 456, *pl.* xxiv, *fig.* 3.

Cinq individus, adultes et jeunes, du *Congo* (Muséum Britannique).

4. Monopeltis Boulengeri

M. Boulengeri, *Boettg., Ber. Senckenb. Ges. Frankf.*, 1887, *p.* 24, *taf.* i, *figs.* 1 a–d.

Un individu de *Kinshassa* près de *Stanley Pool*, Congo Supérieur, du voyage de P. Hesse (Muséum de Francfort).

FAM. LACERTIDAE

33. Nucras tessellata

Lacerta tessellata, *Smith, Mag. N. H.*, II, 1838, *p.* 92.
L. taeniolata, *Smith, loc. cit., p.* 93.
Nucras tessellata, *Bouleng., Cat. Liz. B. Mus.*, III, 1887, *p.* 52.

Fig. *Steindachner, Sitzb. Ak. Wien,* LXXXVI, 1882, *p.* 83, *pl.* — *(Eremias holubi).*

M. d'Anchieta a rencontré cette espèce dans deux localités différentes, *Maconjo* et *Caconda,* d'où il nous a envoyé quelques individus.

Tous ces individus appartiennent à la variété *taeniolata,* distincte de la forme typique non seulement par son système de coloration, le dos rayé longitudinalement de blanc et de brun-noirâtre, mais aussi par ses formes plus sveltes.

34. Ichnotropis capensis

Algyra capensis, *Smith, Mag. N. H.*, II, 1838, *p.* 94.
Tropidosaura capensis, *Bianconi, Spec. Zool. Mossamb., p.* 61.
T. Dumerilii, *Smith, Ill. S. Afr. Zool., Rept., App. p.* 7.
Ichnotropis macrolepidota, *Peters, Monatsb. Ak. Berl.*, 1854, *p.* 617.
I. bivittata, *Bocage, Jorn. Ac. Sc. Lisb.*, I, *p.* 43.
I. Dumerilii, *Bocage, Jorn. Ac. Sc. Lisb.*, I, 1866, *p.* 43.
I. capensis, *Bouleng., Cat. Liz. B. Mus.*, III, 1887, *p.* 78.

Fig. *Peters, Reise n. Mossamb., Rept., pl.* VIII, *fig.* 1.

Vit dans l'Afrique méridionale, d'où il se répand vers l'est et l'ouest du continent africain. En Angola l'*Ichnotropis capensis* paraît affectionner surtout les hauts-plateaux de l'intérieur: nous l'avons reçu du *Duque de Bragança,* par Bayão; de *Lobango,* dans l'intérieur de Mossamedes, par M. F. Newton; de *Caconda, Quindumbo, Cahata* et *Galanga,* par M. d'Anchieta. Son nom indigène dans ces deux dernières localités est — *Cangala,* qu'il partage avec d'autres sauriens.

La plupart de nos individus d'Angola portent de chaque côté du tronc deux raies claires ou blanches, bien distinctes sur le fond noir des flancs, qui manquent ou ne se font pas remarquer aussi nettement chez d'autres individus d'Angola, ni chez ceux de Moçambique de notre collection.

35. Eremias lugubris

Lacerta lugubris, *Smith, Mag. N. H.*, ii, 1838, *p.* 93.
Eremias lugubris, *Dum. et Bibr., Erp. Gén.*, v, *p.* 309; *Bocage, Jorn.
Ac. Sc. Lisb.*, i, 1867, *p.* 221; *Bouleng., Cat. Liz. B. Mus.*, iii,
1887, *p.* 84.

Fig. *Smith, Ill. S. Afr. Zool., Rept., pl.* 46, *fig.* 2, *pl.* 48, *fig.* 5.

Deux espèces à peine du genre *Eremias*, l'*E. lugubris* et l'*E. namaquensis*, ont été observées jusqu'à présent en Angola. Ces espèces, propres
à l'Afrique méridionale, se trouvent abondamment sur le littoral de Benguella
et Mossamedes et ont été recueillies à *Capangombe* sur les contreforts de la
chaîne des montagnes de Chela; mais elles semblent devenir beaucoup plus
rares dans les hauts-plateaux de l'intérieur. *Benguella, Catumbella, Dombe,
Capangombe, Maconjo* et *Quissange,* telles sont les localités inscriptes sur
les étiquettes de nos individus.

A Benguella et Catumbella l'*E. lugubris* porte, aussi bien que son congénère, l'*E. namaquensis,* le nom de *Cangala.*

Vit dans les terrains incultes et cultivés; on le rencontre au-dessous
des meules de céréales ou de fourrages, en général par petites associations
de deux ou trois individus, rarement isolé (Anchieta).

36. Eremias namaquensis

Eremias namaquensis, *Dum. et Bibr., Erp. Gén.*, v, *p.* 307; *Bouleng.,
Cat. Liz. B. Mus.*, iii, 1887, *p.* 91.
E. benguellensis, *Bocage, Jorn. Ac. Sc. Lisb.*, i, 1867, *p.* 229.
Eremias sp.?, *Bocage, Jorn. Ac. Sc. Lisb.*, xi, 1887, *p.* 203.

Fig. *Smith, Ill. S. Afr. Zool., Rept., pl.* 54, *fig.* 2; *pl.* 58, *fig.* 6.

La deuxième espèce d'*Eremias* d'Angola, que nous avions d'abord
regardée comme une espèce nouvelle, *E. benguellensis,* est bien certaine-
ment l'*E. namaquensis,* décrite et figurée par Smith.

Elle a en Angola à peu-près la même aire d'habitation que l'*E. lugubris.*
La plupart des individus de notre collection nous viennent de *Benguella,
Catumbella* et *Capangombe* par M. d'Anchieta, de l'intérieur de *Mossamedes*
par MM. Capello et Ivens. Dans les nombreux envois de *Caconda* par
M d'Anchieta nous n'avons pu rencontrer qu'un seul individu de cette
espèce, un jeune, ce qui nous autorise à supposer qu'elle y est rare.

37. Scapteira reticulata

Scapteira reticulata, *Bocage, Ann. & Mag. N. H.*, xx, 1867, *p.* 225;
Bouleng., Cat. Liz. B. Mus., iii, *p.* 112.
Eremias serripes, *Peters, Œfv. Vetensk. Ak. Förh.*, 1869, *p.* 659.
Scapteira serripes, *Bouleng., Cat. Liz. B. Mus.*, iii, *p.* 111.

Tête étroite à museau long et acuminé. Narines circonscrites par trois plaques renflées, dont l'inférieure ne touche pas à la rostrale et la supérieure est en contact avec celle du côté opposé; l'internasale séparée de la frontale par les naso-frontales; deux sus-oculaires, bordées de granulations en dehors et en arrière et précédées.d'une large plaque et de quatre ou cinq petites écailles; interpariétale petite, rhomboïdale; pas d'occipitale; sous-oculaire placée au-dessus de la septième et huitième labiales ou de la sixième, septième et huitième labiales[1]; bord antérieur de l'ouverture auriculaire garni de trois ou quatre petits lobules. Collier libre, composé de huit à dix plaques. Les écailles qui recouvrent le cou et les épaules sont petites, granuleuses, juxtaposées; celles du dos plus grandes, légèrement imbriquées et carénées. Écailles ventrales quadrilatérales, lisses, disposées en vingt-huit à trente séries transversales, dont les plus étendues se composent de dix-huit lamelles. Une écaille plus grande que les autres occupe le centre de la région pré-anale. Vingt à vingt-deux pores fémoraux. Doigts lisses en des sous, denticulés sur les bords. Écailles du dessus de la queue fortement carénées.

Fauve en dessus, orné de réticulations brunes; parties inférieures blanches.

Long. totale 150 m.; long. de la tête 14 m.; long. de la queue 99 m.; long. du membre ant. 19 m.; long. du membre post. 36 m.

Tous nos individus de cette espèce ont été recueillis en 1867 par M. d'Anchieta à *Rio Coroca* sur la zone littorale. Les indigènes l'appellent *Cocolo*.

L'espèce découverte par Wahlberg à Damaraland et décrite en 1869 par le dr. Peters sous le nom d'*Eremias serripes* est parfaitement identique à la *Scapteira reticulata,* comme M. Boulenger a pu le constater, en comparant les spécimens des deux types qui se trouvent dans les collections de Muséum de Berlin. (V. Boulenger, loc. cit.)

---

[1] Dans la diagnose de cette espèce publiée dans les *Annals and Magasine of Natural History* (loc. cit.) la position de la sous-oculaire a été inéxactement indiquée, par un *lapsus calami* ou par une erreur de traduction, comme se trouvant entre les septième et huitième labiales, tandis qu'elle se trouve réellement au-dessus de ces labiales.

38. Pachyrhynchus Anchietae

Pl. III, figs. 1, 1 a-b

Pachyrhynchus Anchietae, *Bocage, Ann. & Mag. N. H.*, xx, 1867,
p. 226; *Strauch, Mél. Biol. Ac. St. Petersb.*, vi, 1867, p. 408; *La-
taste, Ann. Mus. Genov.*, 1885, p. 126.
Aporosaura Anchietae, *Bouleng., Cat. Liz. B. Mus.*, iii, 1887, p. 117.

Caract. du genre: Tête large et aplatie; museau très déprimé, large,
à bords tranchants, dépassant de beaucoup les bords de la mâchoire inférieure. Écaillure de la tête normale; pas d'occipitale. Narines sur la face
supérieure du museau, circonscrites par trois plaques. Paupière inférieure
écailleuse. Pas de collier pectoral libre, à peine marqué par un pli de peau.
Dos recouvert de granulations extrêmement petites; écailles ventrales médiocres, lisses, faiblement imbriquées, quadrangulaires. Doigts comprimés
dentelés sur les bords, armés d'ongles longs et aigus. Queue large et aplatie
à la base, le reste arrondi.

Caract. spécif.: Rostrale large et déprimée formant avec les sept pré-
mières labiales le bord saillant du museau. Une internasale quadrangulaire
séparée de la rostrale par les nasales. Deux pré-frontales en contact. Frontale allongée, hexagonale, plus étroite en arrière, suivie des deux fronto-
pariétales, derrière lesquels se trouvent les pariétales entièrement séparées
par l'interpariétale. Trois grandes sus-oculaires, dont les deux premières
touchent à la frontale; une petite plaque triangulaire entre ces plaques. Sept
surciliaires; les deux premières et la dernière les plus grandes. Un groupe
de granulations couvre l'espace compris entre la pariétale et la troisième sus-
oculaire. Neuf labiales supérieures; une sous-oculaire allongée au dessus des
cinquième, sixième et septième labiales. Trois paires de gulaires en contact.
Ouverture auriculaire étroite sans denticulations à son bord antérieur. La
gorge et la face inférieure du cou garnies d'écailles petites, quadrangulaires,
lisses; les écailles de la région pectorale beaucoup plus grandes, inégales, de
forme hexagonale; sur la partie antérieure du ventre des écailles fort petites,
qui vont en augmentant de dimensions d'avant en arrière; celles du bas-ventre
les plus grandes, faiblement imbriquées et disposées en séries transversales.
Écailles pré-anales égales, à peine supérieures en dimensions à celles du
ventre. Les écailles de la portion aplatie de la queue ressemblent aux dorsales,
à peine un peu plus grandes; celles de sa portion arrondie quadrangulaires,
longues, faiblement carénées. Les membres sont revêtus de petites écailles
quadrangulaires et de granulations à l'exception de la moitié antérieure de
leurs faces internes, qui est garnie de grandes écailles de formes variables.

3

En dessus d'un beau jaune d'or; une petite tache allongée noire sur la nuque derrière les pariétales; une strie noire, légèrement sinueuse sur le milieu du dos depuis un point qui correspond à l'insertion des membres antérieurs jusqu'au premier tiers de la queue; le dos et les flancs ornés d'un joli dessin formé de lignes noires. La face externe des membres présente aussi quelques traits noirs. La tête est aussi variée de noir; au-dessous de l'œil une série de points noirs forment une tache allongée qui va de la quatrième à la dernière labiale. De chaque côté de la queue une ligne sinueuse noire depuis l'insertion de la cuisse. Les parties inférieures sont d'une teinte uniforme blanc-jaunâtre.

Dimensions : long. totale 112 m.; long. de la tête 17 m.; larg. de la tête 11 m.; long. de la tête et du tronc réunis 55 m.; long. de la queue 57 m.; long. du membre ant. 21 m.; long. du membre post. 42 m.

L'exemplaire unique que nous possédons de ce curieux lacertien, type de l'espèce, a été découvert en 1867 par M. Anchieta à *Rio Coroca*, dans le littoral de Mossamedes. Il doit être bien rare et d'un habitat fort restreint en Angola, car depuis cette époque notre zélé naturaliste n'a pu le rencontrer dans aucune des nombreuses localités qu'il a parcouru et qu'il parcourt encore dans ce moment. Ses mœurs nous sont inconnues.

*
* *

Suivant M. Boulenger une autre espèce non moins curieuse de cette famille, l'*Holaspis Guentheri*, aurait été observée au Gabon et au Congo (Bouleng., Cat. Liz. B. Mus., iii, p. 118). Nous connaissions à peine la description et la figure publiées par Gray d'après un individu dont on ignorait la provenance exacte (Proc. Z. S. Lond., 1863, p. 153, pl. xx, fig. 1); les diagnoses publiées par M. Boulenger, que nous allons transcrire, la font mieux connaître.

Caract. génér.: Pas de fronto-pariétales; une interpariétale s'articulant à la frontale; une occipitale. La narine placée entre deux plaques, au dessus de la première labiale. Paupière inférieure écailleuse. Un collier distinct. Deux séries d'écailles larges et lisses sur le milieu du cou, du dos et de la queue. Écailles abdominales lisses. Doigts déprimés et à bords dentelés sur leur première moitié, comprimés vers l'extrémité; lamelles sous-digitales lisses. Pores fémoraux. Queue très déprimée, festonnée sur les bords.

Caract. spécif.: Tête et corps très déprimés; museau long et pointu. Fronto-nasale touchant à la rostrale; interpariétale plus grande que la frontale, en contact avec l'occipitale, qui est trapézoïdale; quatre sus-oculaires; une sous-oculaire placée entre les quatrième et cinquième labiales; tempes couvertes d'écailles granuleuses, plates et lisses; pas de denticulations au bord de l'ouverture auriculaire. Trois paires de gulaires en contact. Collier formé par neuf petites plaques. Les écailles latérales du dos allongées, quadrangulaires et carénées; six rangées de plaques abdominales. Une grande plaque pré-anale. Treize pores fémoraux. En dessus brun avec trois raies longitudinales blanchâtres de chaque côté du dos.

Long. totale 74 m.; long. de la tête 10 m.; long. de la queue (reproduite) 36 m.; long. du membre ant. 13 m.; long. du membre post. 18 m.

Habit. *Serra Leoa, Gabon, Congo.*

FAM. GERRHOSAURIDAE

39. Gerrhosaurus nigrolineatus

Gerrhosaurus nigrolineatus, *Hallow., Proc. Ac. Philad.,* 1857, p, 49;
Bocage, Jorn. Ac. Sc. Lisb., i, 1866, p. 43; *ibid.,* xi, 1887, *p.* 210;
Peters, Monatsb. Ak. Berl., 1877, p. 613; *ibid.,* 1881, *p.* 147;
Bouleng., Cat. Liz. B. Mus., iii, 1887, *p.* 122; Boettg., Ber. Senckenb. Frankf., 1888, *p.* 25; A. del Prato, Racc. Zool. nel Congo del Cav. Corona, p. 9.
G. multilineatus, *Bocage, Jorn. Ac. Sc. Lisb.,* i, 1866, *p.* 61; Peters, Sitz. Ber. Ges. Nat. Fr. Berl., 1881, *p.* 147.

Tête courte et conique, tronc allongé, membres courts, queue très longue. Narine circonscrite par trois plaques; internasale ne touchant pas à la frontale; pré-frontales en contact; frontale héxagonale à bords latéraux concaves; fronto-pariétales un peu plus grandes que les pré-frontales. Six labiales supérieures, la quatrième au-dessous de l'œil. Ouverture auriculaire triangulaire, précédée d'une plaque étroite et allongée. Écailles dorsales carénées en vingt-quatre à vingt-huit rangées longitudinales; plaques ventrales en huit séries. Chez le mâle quatorze à vingt pores fémoraux.

En dessus brun-rougeâtre ou olivâtre; de chaque côté du dos une raie jaune bordée de noir depuis la tête jusqu'à la base de la queue; dos d'une teinte uniforme ou varié de taches noires et quelquefois orné de lignes longitudinales noires (var. *multilineata*). Quelques individus portent sur le milieu du dos une raie jaune plus étroite que les latérales, remplacée chez d'autres individus par une série de taches jaunes. Les flancs, exceptionellement d'une teinte brune uniforme, présentent chez les individus jeunes plusieurs traits perpendiculaires noirs bordés en arrière de jaune et chez les adultes des taches jaunes superposées. En dessous d'un jaune pâle uniforme, quelquefois nuancé de bleuâtre; la gorge d'une teinte plus vive.

Un de nos individus provenant de *Cabinda* est d'un brun-noirâtre à reflets métalliques, laissant encore apercevoir les deux raies dorsales d'une teinte plus claire et bordées de noir. Chez deux individus de *Galanga*, pris en janvier, les flancs sont couverts d'une belle couleur rouge de brique.

Dimensions: long. totale 530 m.; de la tête 32 m.; de la queue 340 m.; du membre ant. 39 m.; du membre post. 73 m.

Le *G. nigrolineatus* est très répandu en Angola et au Congo; assez commun partout. M. d'Anchieta l'a rapporté de *Cabinda* et de *Molembo;* M. P. Hesse du *Povo Nemeláo* près de *Banana;* M. Bayão du *Dondo* et du *Duque de Bragança;* M. d'Anchieta de *Rio Dande, Catumbella, Capangombe, Huilla, Quillengues, Caconda, Quissange, Cahata, Quindumbo* et *Galanga;* von Mechow de *Malange* (var. *multilineatus*). M. Boulenger cite trois individus provenant d'autres localités d'Angola: *Ambriz, Carangigo* et *Benguella*. Ces individus font partie des collections du Muséum Britannique.

Presque partout les indigènes d'Angola l'appellent *Cangala* ou *Cangalanjamba*. Il recherche les terrains couverts de végétation; des trous plus ou moins profonds, creusés près des arbres et sous leurs racines, leur servent d'habitation. Sa morsure est considérée à tort comme pouvant donner la mort à l'homme et aux animaux (Anchieta).

40. Gerrhosaurus validus

Gerrhosaurus validus (Sund), *Smith, Ill. S. Afr. Zool., Rept., App. p.* 9; *Peters, Œfv. Vetensk. Akad. Förh.,* 1869, *p.* 659; *Bouleng., Cat. Liz. B. Mus.,* III, 1887, *p.* 121.

G. robustus, *Peters, Monatsb. Ak. Berl.,* 1854, *p.* 618; *Reise n. Mossamb.,* III, *p.* 58; *Bocage, Jorn. Ac. Sc. Lisb.,* XI, 1887, *p.* 203.

Fig. *Peters, Reise n. Mossamb.,* III, *pl.* IX.

Cette espèce, découverte dans l'Afrique méridionale par Sundevall et rencontrée par le Dr. Peters à Moçambique, se répand du pays des Damaras, où elle a été observée par Wahlberg, dans la partie méridionale de nos possessions d'Angola. M. d'Anchieta, l'infatigable naturaliste à qui nous devons presque tout ce que l'on connaît actuellement de la faune d'Angola, nous a envoyé trois individus de cette espèce pris dans l'intérieur du district de Mossamedes, deux à *Rio Chimba*, un à *Quillengues*. Un quatrième individu, un jeune, en mauvais état, faisait partie d'une collection de reptiles rapportée par MM. Capello et Ivens de leur second voyage d'exploration; cet individu a été recueilli par ces voyageurs pendant leur trajet de *Mossamedes* à *Huilla*.

Nom indigène à Quillengues *Combe* (Anchieta).

41. Caitia africana

Caitia africana, *Gray, Ann. N. H.,* i, 1838, *p.* 389 ; *Smith, Ill. S. Afr.*
  Zool., Rept., pl. 76, *fig.* 1.
Tetradactylus africanus, *Bouleng., Cat. B. Mus.,* iii, 1887, *p.* 125, *pl.* iv,
  fig. 3, 3 a–b.

Fig. *Smith, Ill. S. Afr. Zool., pl.* 76, *fig.* 1.

Parmi nos nombreux reptiles d'Angola se trouve à peine un individu
de cette espèce recueilli par M. d'Anchieta sur les bords du *Quando* dans
l'intérieur de Benguella. Elle vit dans l'Afrique méridionale et, plus particulièrement, d'après A. Smith, dans les districts orientaux de la Colonie
du Cap et au Natal.

M. Boulenger inscrit cette espèce dans son *Catalogue of the Lizards
in the British Museum* sous le nom de *Tetradactylus africanus* accordant la
préférence au nom générique de Merrem comme étant le plus ancien; mais
le mot *Tetradactylus* ayant une signification précise tout-à-fait en désaccord
avec les caractères de ce Lacertien, nous aimons mieux lui conserver le
nom qui lui avait été imposé par un des plus laborieux naturalistes de notre
époque.

42. Cordylosaurus trivittatus

Gerrhosaurus trivittatus, *Peters, Monatsb. Ak. Berl.,* 1862, *p.* 18; *id.*
  OEfv. Vet. Ak. Förh, 1869, *p.* 659.
Cordylosaurus trivirgatus, *Bocage, Jorn. Ac. Sc. Lisboa,* i, 1867, *p.* 222.
Cordylosaurus trivittatus, *Bouleng., Cat. Liz. B. Mus.,* iii, 1887, *p.* 126.

Fig. *Gray, Proc. Zool. Soc. Lond ,* 1865, *pl.* xxxviii, *fig.* 2 *(Cyclo-
  saurus trivirgatus).*

La principale aire d'habitation de cette espèce est le pays des Damaras
et des Grands Namaquois; mais elle se répand dans la partie méridionale de
notre province d'Angola.

Nos exemplaires ont été recueillis par M. d'Anchieta au *Dombe,* à *Rio
Coroca* et à *Catumbella,* dans la zone littorale; M. Boulenger cite un individu
de la collection de Muséum Britannique rapporté de *Benguella* par Monteiro
(Bouleng., loc. cit.)

Nom indigène au Dombe *Humbo-humbo* (Anchieta).

FAM. SCINCIDAE

43. Mabuia Bayonii

Pl. III, figs. 2, 2 a–d

Euprepes Gravenhorstii, *Bocage, Jorn. Ac. Sc. Lisb.*, I, 1866, *p.* 21.
E. Bayonii, *Bocage, Jorn. Ac. Sc. Lisb.*, IV, 1872, *p.* 75.
Mabuia Bayonii, *Bouleng., Cat. Liz. B. Mus.*, III, 1887, *p.* 201.

Corps lacertiforme, déprimé; tête courte à museau obtus. Nasale et fréno-nasale triangulaires; supéro-nasales étroites, contigües; internasale rhomboïdale, aussi longue que large, touchant à la frontale par son extrémité postérieure; pré-frontales séparées; frontale plus étroite en arrière, à extrémité postérieure arrondie; fronto-pariétales représentées par une seule plaque; les pariétales séparées par l'interpariétale; quatre sus-oculaires, quelquefois trois par suite de la fusion des première et deuxième en une seule plaque; quatre surciliaires, dont la première dépasse en longueur les trois autres réunies; sous-oculaire placée entre la quatrième et la cinquième, ou entre la cinquième et la sixième labiales, et superposée entièrement à la première des deux par sa moitié ou par ses deux tiers antérieurs. Ouverture auriculaire ovalaire garnie sur le bord antérieur de trois ou quatre lobules pointus bien développés. Trente-deux à trente-quatre rangées longitudinales d'écailles; celles du dos et des flancs à cinq et à sept carènes. Queue modérement élargie et déprimée à la base, plus longue de moitié que la tête et le tronc réunis. Scutelles sous-digitales et écailles des paumes et des plantes des pieds tuberculeuses, les tubercules d'un brun foncé.

Les parties supérieures d'un brun olivâtre uniforme ou varié de petites taches noires disposées en séries longitudinales; les flancs ornés de deux bandes longitudinales blanchâtres, la supérieure moins distincte naissant sur la région temporale, l'inférieure plus marquée commençant un peu en avant et au-dessus de l'œil, et finissant toutes deux presque en même temps à la hauteur de l'insertion du membre postérieur; l'espace entre ces deux bandes est de la couleur du dos. Chez les individus dont le dos est orné de taches noires les deux raies sur les flancs sont d'un blanc éclatant, toutes deux lisérées de noir, et l'espace compris entre elles nuancé de cette couleur. La face inférieure du corps et de la queue d'un blanc jaunâtre.

Long. tot. 187 m.; de la tête 16 m.; de la queue 119 m.; du membre ant. 19 m.; du membre post. 30 m.

La variété à dos uniforme sans taches nous vient du *Duque de Bragança* par M. Bayão. L'autre variété a été recueillie au *Duque de Bragança* (Bayão); à *St. Salvador du Congo* (Pᵉ Barroso); à *Huilla, Caconda* et *Cahata* (Anchieta); à *Cassange* (Capello et Ivens).

A St. Salvador du Congo les indigènes l'appelent *Ɖiachila* (Pᵉ Barroso).

Nous avions d'abord rapporté à l'*E. Gravenhorstii*, D. et B., les premiers individus reçus du *Duque de Bragança* en nous appuyant seulement sur la description de l'espèce de Madagascar dans l'*Erpétologie Générale;* ce n'est que plus tard que nous nous sommes décidé à les décrire sous un nom nouveau, en nous conformant à l'avis de nos regrettés amis A. Dumeril et Peters, qui avaient comparé nos spécimens d'Angola à ceux de l'*E. Gravenhorstii* faisant partie des collections des Musées de Paris et de Berlin. Maintenant nous avons pu comparer nos individus à deux spécimens de Madagascar et nous arrivons avec M. Boulenger à cette conclusion qu'ils leur ressemblent, tant sous le rapport de l'écaillure comme sous le rapport des couleurs, *M. Bayonii* différant à peine de *M. Gravenhorstii* par le plus grand développement des lobules de l'ouverture auriculaire et peut-être aussi par des membres proportionellement plus courts.

44. Mabuia Perrotetii

Euprepes Perrotetii, *Dum. et Bibr., Erp. Gén.,* v, *p.* 669; *Bocage, Jorn. Ac. Sc. Lisb.,* i, 1866, *p.* 44; *ibid.,* iv, 1872, *p.* 79; *Peters, Monatsb. Ak. Berl.,* 1877, *pp.* 614 *et* 620.

Mabuia Perrotetii, *Bouleng., Cat. Liz. B. Mus.,* iii, 1887, *p.* 168.

Le Dr. Peters comprend cette espèce dans une liste de reptiles rapportés de *Pungo-Andongo* par le Major von Homeyer, ce qui nous permet de lui accorder une place dans la faune d'Angola.

Au nord du Zaïre on l'a rencontrée à *Chinchoxo* (Peters, loc. cit. p. 614); mais elle appartient plus particulièrement à l'Afrique occidentale et semble assez commune dans nos possessions de la Guinée, *Bissau* et *Cacheu,* d'où nous avons reçu plusieurs individus.

Cette espèce est remarquable par sa grande taille et par ses formes trapues. Nos individus de la Guinée présentent des teintes plus variées que celles généralement signalées par les auteurs : le dessus de la tête et le dos d'un brun-roux ; le dos rayé longitudinalement de noir sur les intervalles des rangées d'écailles ; une raie jaune sur la ligne de séparation du dos et des flancs depuis la région temporale jusqu'à l'origine de la queue ; une petite raie de la même couleur au-dessous de l'œil ; les flancs ornés de taches jaunes sur un fond brun-grisâtre ; les régions inférieures d'un blanc-jaunâtre.

45. Mabuia maculilabris

Pl. IV, fig. 2, 2 a – b

Euprepis maculilabris, *Gray, Cat. Liz. B. Mus.*, 1845, *p.* 114.
Euprepes Anchietae, *Bocage, Jorn. Ac. Sc. Lisb.*, I, 1866, *p.* 62; *ibid.*, IV, 1872, *p.* 80.
E. notabilis, *Peters, Sitz. Ber. Ges. Nat. Fr. Berl.*, 1879, *p.* 36.
Mabuia maculilabris, *Bouleng., Cat. Liz. B. Mus.*, III, 1887, *p.* 164, *pl.* IX, *fig.* 2; *Boettg., Ber. Senckenb. Ges. Frankf.*, 1888, *p.* 26.

Fig. *Bouleng., op. cit.*, III, 1887, *pl.* IX, *fig.* 2, 2 *a.*

La *M. maculilabris* habite le Congo et les districts septentrionaux de notre colonie d'Angola. En 1863 M. d'Anchieta nous a rapporté un individu en mauvais état de *Cabinda;* plus tard, en 1874, M. Bayão nous a envoyé un autre du *Dondo,* sur les bords du Quanza. On l'a rencontré à *Pungo-Andongo* (Peters, loc. cit.). Quelques individus recueillis à *Ambriz* par M. Rich font partie des collections du Muséum Britannique (Boulenger, loc. cit.).

Cette espèce habite l'Afrique occidentale et est assez commune dans les îles du Prince et de St. Thomé, d'où nous avons reçu plusieurs individus. Elle appartiendrait aussi à la faune de l'Afrique orientale, si, comme le croit M. Boulenger, l'*Euprepres angasijanus,* Peters, des îles Comores, lui est identique (Boulenger, loc. cit.).

46. Mabuia Raddonii

Euprepis Raddonii, *Gray, Cat. Liz. B. Mus.*, 1845. *p.* 112.
Euprepes Blandingii. *Hallowel, Proc. Ac. Philad.*, 1845, *p.* 58; *Bocage, Jorn. Ac. Sc. Lisb.*, I, 1866. *p.* 80; *ibid.*, IV, 1872, *p.* 80; *Peters, Monatsb. Ak. Berl.*, 1877, *p.* 614.
E. gracilis, *Bocage, Jorn. Ac. Sc. Lisb.*, IV, 1872, *p.* 77.
Mabuia Raddonii, *Bouleng., Cat. Liz. B. Mus.*, III, 1887, *p.* 165; *Boettg., Ber. Senckenb. Ges. Frankf.*, 1888, *p.* 27; *A. del Prato, Racc. Zool. nel Congo del Cav. G. Corona, p.* 9.

Fig. *Bouleng., Cat. Liz. B. Mus.*, III, 1887, *pl.* X, *fig.* 1.

Cette espèce se trouve représentée au Muséum de Lisbonne par deux individus d'Angola, l'un donné par M. H. Capello sans indication précise de la localité, l'autre envoyé de *Caconda* par M. d'Anchieta. Hesse l'a rencontrée à *Banana*, dans le Bas-Congo (Boettg., loc. cit.); elle vit aussi à *Chinchoxo*, côte de Loango (Peters, loc. cit.).

Son aire d'habitation est fort étendue, de la Sénégambie à Benguella. Deux individus de *Bissau*, que nous avions d'abord considérés comme appartenant à une espèce nouvelle sous le nom d'*E. gracilis*, ne diffèrent en réalité de ceux d'Angola.

47. Mabuia sulcata

Euprepes sulcatus, *Peters, Monatsb. Ak. Berl.*, 1867, *p.* 20.
E. olivaceus, *Peters, Monatsb. Ak. Berl.*, 1862, *p.* 21 ; *Bocage, Jorn. Ac. Sc. Lisb.*, IV, 1872, *p.* 80.
Mabuia sulcata, *Bouleng., Cat. Rept. B. Mus.*, III, 1887, *p.* 206.

Cette espèce se trouve représentée dans nos collections par deux variétés provenant des mêmes localités : l'une d'une teinte uniforme brun-olivâtre en dessus et d'un blanc-fauve en dessous avec de nombreuses taches noires sur la tête, les lèvres et la gorge; l'autre avec six larges bandes dorsales brunes sur un fond olivâtre, d'un blanc-jaunâtre en dessous, la gorge variée de noir. A l'exception de deux individus envoyés par M. d'Anchieta de *Rio Cuce*, près de *Caconda*, tous les autres ont été recueillis par lui à *Capangombe* (*Rio Chimba* et *Biballa*).

48. Mabuia striata

Tropidolepisma striatum, *Peters, Monatsb. Ac. Berl.*, 1844, *p.* 36.
Euprepes punctatissimus, *Smith, Ill. S. Afr. Zool., Rept.*, pl. XXXI, *fig.* 1 ; *Bocage, Jorn. Ac. Sc. Lisb.*, I, 1866, *p.* 44 ; *ibid.*, IV, 1872, *p.* 80.
E. striatus. *Peters, Reis. n. Mossamb.*, III, *p.* 67.
Mabuia striata, *Bouleng., Cat. Rept. B. Mus.*, III, 1887, *p.* 204.

Fig. *Smith, Ill. S. Afr. Zool., Rept.*, pl. XXXI, *fig.* 1.

Assez commune en Angola au nord et au sud du Quanza.

Le Muséum de Lisbonne possède des individus du *Duque de Bragança* par Bayão, de *Rio Quando* par MM. Capello et Ivens, de *Caconda, Galanga, Rio Cuce, Huilla, Gambos* et *Humbe* par M. d'Anchieta.

Cette espèce est fort répandue dans l'Afrique australe; sur la côte orientale elle a été observée à Mozambique, au Zanzibar et dans quelques autres localités.

Nos individus de *Caconda, Galanga* et *Rio Quando* se rapprochent par leurs couleurs et par leur écaillure (trente-huit à quarante rangs longitudinaux vers le milieu du tronc) de *M. Wahlbergii* (Peters), dont les caractères différentiels par rapport à *M. striata,* signalés par les auteurs, nous semblent insuffisants (Peters, OEfv. Vet. Ak. Förh., 1869, p. 661).

Connue des indigènes de Galanga sous le nom de *Buio* (Anchieta).

49. Mabuia occidentalis

Euprepes occidentalis, *Peters, Monatsb. Ak. Berl.,* 1867, p. 20; *Bocage, Jorn. Ac. Sc. Lisb.,* IV, 1872. p. 80.

E. vittatus, *var.* australis, *Peters, Monatsb. Ak. Berl.,* 1862, p. 19.

Mabuia occidentalis, *Bouleng., Cat. Liz. B. Mus.,* III, 1887, p. 196.

Nous possédons à peine deux individus de cette espèce envoyés en 1867 par M. d'Anchieta de *Rio Coroca,* au sud de Mossamedes. Son habitat semble être circonscrit au sud-ouest de l'Afrique, les pays des Damaras et des Herreros, et à la partie la plus méridionale de notre colonie d'Angola. Les indigènes de Mossamedes l'appellent *Caranga* (Anchieta).

Les dimensions de nos deux individus sont bien d'accord avec celles constatées par M. Boulenger sur des individus déposés au Muséum Britannique.

De l'extrémité du museau à l'anus 99 m.; long. de la tête 23 m.; larg. de la tête 18 m.; long. de la queue 155 m.; du membre ant. 30 m.; du membre post. 45 m.

50. Mabuia Petersi

Pl. IV, figs. 1, 1 a–d

Euprepes quinquetaeniatus, *Bocage, Jorn. Ac. Sc. Lisb.,* I, 1867, p. 44.

E. Petersi, *Bocage, Jorn. Ac. Sc. Lisb.,* IV, 1872, p. 74; *Peters, Monatsb. Ak. Berl.,* 1877, p. 620.

Mabuia Bocagii, *Bouleng., Cat. Liz. B. Mus.,* III, 1887, p. 203.

Corps déprimé; tête courte; museau obtus. Nasale triangulaire; narine située en avant de la perpendiculaire à la suture de la rostrale avec la première labiale; supéro-nasales étroites, en contact; internasale articulée à la frontale, séparant les deux pré-frontales; fronto-pariétales distinctes; frontale en contact avec les deuxième et troisième sus-oculaires et à peu-

près de la longueur des fronto-pariétale et inter-pariétales réunies ; quatre
sus-oculaires et cinq surciliaires dont la deuxième est la plus longue ; les
pariétales en contact derrière l'interpariétale ; sous-oculaire placée entre les
cinquième et sixième labiales et superposée à la cinquième par sa moitié
antérieure. Ouverture auriculaire ovalaire, garnie à son bord antérieur de
quatre à cinq lobules forts et pointus. Écailles en trente-huit rangs longitudinaux sur le milieu du tronc ; celles du dos à cinq carènes fort relevées.
Scutelles digitales tricarénées ; paumes et plantes des pieds couvertes de
tubercules épineux. Queue aplatie à la base, dépassant en longueur la tête
et le tronc réunis.

Parties supérieures d'une teinte brune olivâtre, pointillées de noir ; cinq
bandes longitudinales jaunes lisérées de noir, trois sur le dos, commençant
derrière la tête et se réunissant vers la base de la queue, deux sur les flancs,
une de chaque côté, ayant leur origine au-dessous de l'œil et finissant sur la
queue. En dessous d'un jaunâtre uniforme.

Dimensions : De l'extrémité du museau à l'anus 73 m. ; long. de la
tête 14 m. ; larg. de la tête 10 m. ; long. de la queue 78 m. ; du membre ant.
21 m. ; du membre post. 30 m.

Cette espèce habite le territoire d'Angola, au nord du Quanza, et l'intérieur de Benguella ; nos individus nous viennent du *Duque de Bragança* et
Dondo par Bayão, de *Quibula* par M. d'Anchieta. M. Boulenger cite un individu de *Pungo Andongo*, provenant du voyage de Welwitsch, qui existe au
Muséum Britannique. Cette espèce se trouvait également parmi les reptiles
rapportés de cette localité par le major von Homeyer, dont le Dr. Peters
a publié la liste (Peters, loc. cit.).

51. Mabuia varia

Euprepes Olivieri, *Smith, Ill. S. Afr. Zool., Rept., pl.* xxxi, *figs.* 3–5 ;
    Bocage, *Jorn. Ac. Sc. Lisb.,* i, 1867, *p.* 223.
E. varius, *Peters, Monatsb. Ak. Berl.,* 1867, *p.* 20 ; *Reise n. Mossamb.,*
    iii, *p.* 68.
E. damarensis, *Peters, OEfc. Vetensk. Ak. Förh.,* 1869, *p.* 657.
E. angolensis, *Bocage, Jorn. Ac. Sc. Lisb.,* iv, 1872, *p.* 78.
Mabuia varia, *Bouleng., Cat. Liz. B. Mus.,* iii, 1887, *p.* 202.

Fig. *Smith, loc. cit., pl.* xxxi, *figs.* 3–5.

Fort répandue en Angola : *Dondo* (Bayão) ; *Ambaca, Bibálla, Caconda,
Quissange* et *Cahata* (Anchieta). Elle se trouve également dans le pays des
Damaras, au Natal et à Tette, dans la province de Moçambique.

Nos individus de *Quissange* et *Cahata,* dans l'intérieur de Benguella, se font remarquer par une taille plus forte et par des couleurs plus foncées. Ces individus portent sur les flancs une large bande noire non interrompue, à peine variée de quelques points blancs, qui part de chaque côté de l'extrémité du museau, traverse l'œil et termine sur les côtés de la queue ; le dos est longitudinalement marqué de lignes noires, plus ou moins interrompues, sur les intervalles des écailles et varié de quelques petits points noirs et blancs ; les écailles dorsales portent trois carènes bien marquées teintes de noir ; celles qui occupent la ligne médiane de la face supérieure de la queue sont fort élargies et portent cinq à sept carènes et même davantage. L'écaillure de la tête est d'accord avec ce que l'on observe chez la *M. varia,* à laquelle nous rapportons ces individus comme représentants d'une variété locale.

A Quissange cette espèce porte le nom de *Icacenene.* Elle fréquente les terrains cultivés (Anchieta).

52. Mabuia punctulata

Euprepes punctulatus. *Bocage, Jorn. Ac. Sc. Lisb.,* iv, 1872, *p.* 76.
Mabuia punctulata, *Bouleng., Cat. Rept. B. Mus.,* iii, 1887, *p.* 204.

Corps allongé, légèrement déprimé ; tête médiocre à museau court et obtus. Un disque transparent à la paupière inférieure. Narine située un peu en avant de la suture de la rostrale avec la première labiale. Une naso-frénale s'articulant avec le bord supérieur de la première labiale ; supero-nasales en contact ; internasale aussi longue que large, pentagonale, s'articulant à la frontale par son bord postérieur fort étroit ; celle-ci en forme de fer de lance, dépassant en longueur les fronto-pariétales et la pariétale réunies ; quatre sus-oculaires, dont la deuxième est beaucoup plus grande que les autres ; cinq surciliaires, la deuxième la plus longue ; fronto-pariétales distinctes, plus grandes que l'interpariétale, derrière lesquelles les pariétales se trouvent en contact ; deux plaques nuchales ; sous-oculaire située entre les cinquième et sixième labiales, ou entre les quatrième et cinquième, recouvrant par sa moitié antérieure la labiale qui la précède. Ouverture auriculaire ovalaire, garnie à son bord antérieur de trois lobules triangulaires bien développés. Écailles dorsales à cinq carènes fort distinctes, disposées en trente à trente-deux rangs longitudinaux. Doigts allongés ; paumes et plantes des pieds et scutelles sous-digitales épineuses.

Teinte générale en dessus vert-olivâtre ou brun-clair ; en dessous d'un blanc teint légèrement de jaune ou de verdâtre. Deux raies étroites claires sur les côtés du corps, la supérieure allant de la région temporale jusqu'à la moitié antérieure de la queue, l'inférieure commençant sur la première frénale et finissant vers l'origine du membre postérieur. Le dos et les flancs variés de petites taches noires disposées en séries régulières. Quelques individus présentent sur la ligne dorsale une raie claire, moins distincte mais plus large que celles des flancs.

Sous le rapport des couleurs cette espèce ressemble surtout à *M. acutilabris,* mais celle-ci est parfaitement caractérisée par la conformation spéciale du museau, par la forme de la sous-oculaire, qui n'arrive pas jusqu'au bord de la mâchoire, et par le nombre des carènes des écailles dorsales, trois au lieu de cinq.

Dimensions: De l'extrémité du museau à l'anus 51 m.; long. de la tête 11 m.; larg. de la tête 8 m.; long. de la queue 73 m.

La *M. punctulata* a été découverte par M. d'Anchieta à *Rio Coroca* sur le littoral de Mossamedes. C'est le seul endroit d'où nous l'ayons reçue.

Son nom indigène est *Cocola.*

53. Mabuia chimbana

Euprepes affinis, *Bocage, Jorn. Ac. Sc. Lisb.,* IV, 1872, *p.* 77.
Mabuia chimbana, *Bouleng., Cat. Rept. B. Mus.,* III, 1887, *p.* 204.

Ressemble beaucoup à *M. punctulata* par l'écaillure de la tête et par sa conformation générale; mais elle nous paraît bien distincte par le nombre de ses rangs d'écailles dorsales, qui est de trente-six à trente-huit au lieu de trente à trente-deux, et par son système de coloration. En dessus d'un beau vert-bronze avec quelques points noirs irrégulièrement distribués sur le dos; une raie peu marquée d'une couleur moins foncée s'étend sur le haut des flancs de la région temporale à la base de la queue; pas de raie longitudinale sur le bas des flancs; ceux-ci et les côtés du cou très distinctement tachetés de noir et pointillés de blanc. En dessous d'un blanc-verdâtre, qui prend sur la face inférieure de la queue et des membres une teinte saumonée. Les écailles dorsales portent, comme chez *M. punctulata,* cinq carènes bien relevées; sur le bord antérieur de l'ouverture auriculaire se trouvent implantées trois écailles lancéolées.

Dimensions: Du bout du museau à l'anus 52 m.; long. de la tête 11 m.; larg. de la tête 8 m.; long. de la queue 75 m.

Les premiers individus envoyés par M. d'Anchieta ont été pris à *Rio Chimba,* dans l'intérieur de Mossamedes. Plus tard cette espèce nous est parvenue, dans d'autres envois de notre voyageur, de *Capangombe* et *Maconjo,* et dernièrement il nous a envoyé un individu de *Quindumbo,* dans l'intérieur de Benguella.

54. Mabuia acutilabris

Euprepes acutilabris, *Peters, Monatsb. Ak. Berl.*, 1862, *p.* 19; *ibid.*,
1877, *p.* 614; *Bocage, Jorn. Ac. Sc. Lisb.*, IV, 1872, *p.* 80; *Bouleng.,*
Cat. Liz. B. Mus., III, 1887, *p.* 208.
E. damaranus, *Steindachner, Sitzb. Ak. Wien.* 1870, *pl.*, III, *figs.*, 1–3.

Fig. *Steindachner, loc. cit., pl.* III, *figs.* 1–3.

Cette espèce est bien caractérisée par la forme de son museau fortement déprimé et à bords aigus. Elle a été observée jusqu'ici au Congo, en
Angola et dans les pays limitrophes au sud de notre colonie, les pays des
Damaras et des Herreros. Nos individus d'Angola nous viennent du *Duque*
de Bragança par M. Bayão, de *Benguella, Catumbella* et *Rio Coroca* par
M. d'Anchieta. Les indigènes de cette dernière localité l'appelent *Cocola,*
nom qui lui est commun avec quelques autres de ses congénères.

Au nord du Zaïre on l'a recueillie à *Chinchoxo* (Peters, Monatsb. Ak.
Berl., 1877, p. 614).

Le Muséum Britannique possède des individus d'*Angola* et de *Benguella*
par Monteiro et de *Carangigo* par Welwitsch (Bouleng., loc. cit.).

55. Mabuia binotata

Euprepes binotatus, *Bocage, Jorn. Ac. Sc. Lisb.*, I, 1867, *p.* 230. *pl.* III,
figs. 3, 3 *a-b.*
Mabuia quinquetaeniata, *(part.), Bouleng., Cat. Rept. B. Mus.*, III, 1887,
p. 198.

Fig. *Bocage, Jorn. Ac. Sc. Lisb.*, I, 1867, *p.* 230, *pl.* III, *figs.* 3, 3 *a-b.*

Corps lacertiforme, trapu; tête pyramidale à museau étroit, légèrement
acuminé; paupière inférieure à disque transparent. Nasales médiocres; la
narine située au dessus de la moitié antérieure de la première labiale; une
petite fréno-nasale; supéro-nasales allongées en contact; internasale aussi
longue que large n'aboutissant pas à la frontale; fronto-nasales en contact;
frontale moins longue que les interpariétales et pariétales réunies, en contact
avec les deuxième et troisième sus-oculaires; fronto-pariétales distinctes;
pariétales séparées, en général, par l'interpariétale; deux nuchales; quatre
sus-oculaires et cinq surciliaires, dont la deuxième est la plus grande;
sous-oculaire à bord inférieur plus court que le supérieur, recouvrant par

son extrémité antérieure le tiers ou la moitié postérieure de la cinquième labiale. Ouverture auriculaire ovale garnie à son bord antérieur de trois à quatre petits lobules arrondis. Écailles grandes à trois carènes bien distinctes sur le dos et les flancs, disposées en trente-six rangées longitudinales. Écailles sous-digitales tuberculeuses. Formes moins lourdes, tête proportionellement plus longue et à museau plus étroit que chez la *M. Perrotetii;* membres forts à doigts courts.

Les jeunes sont plus foncés en couleur que les adultes ; ils sont d'un brun-rougeâtre en dessus et présentent des séries longitudinales de points brun-foncé, plus ou moins confluents, sur les lignes qui séparent les rangées d'écailles ; en dessous d'un blanc teint de jaunâtre ; sur les côtés de la tête et du cou, depuis l'angle antérieur de l'œil jusqu'à l'insertion du membre antérieur, une large bande continue noire variée de quelques rares points blancs. L'adulte diffère du jeune en ce que les parties supérieures présentent une coloration plus pâle et uniforme d'un gris légèrement teint de brun, les séries de points brun-foncé du jeune-âge ayant tout-à-fait disparu ; la bande noire sur les côtés de la tête et du cou est chez lui plus marquée et sans points blancs.

Dimensions d'un individu adulte : Long. totale 330 m. ; de l'extrémité du museau à l'anus 135 m. ; long. de la tête 30 m. ; larg. de la tête 24 m. ; long. de la queue 195 m. ; long. du membre ant. 42 m. ; long. du membre post. 56 m.

Nos individus de cette espèce ont été recueillis par M. d'Anchietta à *Benguella, Catumbella* et *Dombe,* sur le littoral, et à *Capangombe,* dans l'intérieur de Mossamedes. Elle est commune dans ces localités et connue des indigènes sous le nom de *Bandahulo.*

*
* *

M. Boulenger (loc. cit.) se prononce en faveur de l'identité de *M. binotata,* d'Angola, *M. margaritifer,* de Moçambique, et *M. quinquetaemiata,* d'Egypte, ce dernier nom devant remplacer les deux autres par droit d'ancienneté ; mais nous éprouvons quelque difficulté à accepter une telle assimilation.

Nous avons pu comparer nos individus de tout âge à trois individus, un jeune et deux adultes, de *M. quinquetaemiata,* le premier provenant de l'Egypte sans indication précise de la localité, les autres d'*Abydos,* Haute Egypte, par M. le Dr. Schweinfurth, et nous avons remarqué entre ces individus et les nôtres quelques différences qui ne sont pas à dédaigner : D'abord la forme de la sous-oculaire, laquelle ne présente pas chez les individus d'Egypte le rétrécissement qui existe bien marqué dans sa moitié antérieure chez les individus d'Angola ; ensuite le système de coloration tout-à-fait distinct chez les jeunes des deux provenances, ceux d'Egypte portant cinq bandes claires sur le dos, dont pas un de nos jeunes individus d'Angola ne présente le moindre vestige. En comparant les adultes nous remarquons encore que, chez nos individus d'Angola, la gorge et la face inférieure du cou ne sont pas tachetées de noir, comme c'est le cas des individus adultes d'Egypte.

M. margaritifer, Peters[1], manque à nos collections. A juger d'après la description et la figure de Peters, publiées dans son grand ouvrage sur la faune de Moçambique, elle se rapprocherait davantage de *M. binotata;* mais il y a encore une différence à constater, le nombre des rangées d'écailles, qui serait de quarante-deux à quarante-quatre suivant le Dr. Peters chez l'espèce de Moçambique, tandis qu'il est en général de trente-six et ne dépasse jamais trente-huit chez les individus d'Angola.

Telles sont les considérations qui nous portent à maintenir le nom que nous avions proposé en 1867 pour les individus recueillis en Angola.

56. Lygosoma Ivensii

Pl. V, fig. 1, 1 a–b

Euprepes Ivensii, *Bocage, Jorn. Ac. Sc. Lisb.,* vii, 1879, *p.* 97.
Mabuia Ivensii, *Bouleng., Cat. Rept. B. Mus.,* iii, 1887, *p.* 197.

Corps allongé, cyclotétragonal; membres courts; queue un peu plus longue que le double de la longueur du corps; tête médiocre à museau court et obtus. Un petit disque transparent à la paupière inférieure. Rostrale emboîtant l'extrémité du museau et présentant en dessus deux bords concaves qui reçoivent les nasales; celles-ci en contact, les narines s'ouvrant près de l'angle supérieur-postérieur; supéro-nasales étroites, en contact; fréno-nasale étroite touchant par son extrémité supérieure à la supéro-nasale et par son extrémité inférieure à la suture de la rostrale avec la première labiale; internasale sub-triangulaire, séparée de la frontale par les pré-frontales[2]; frontale un peu plus longue que les fronto-pariétales et interpariétales réunies, en contact avec la première ou avec la première et la deuxième sus-oculaires; pariétales, en général, séparées par l'interpariétale; deux plaques

---

[1] Peters, *Monatsb. Ak. Berl.,* 1854, *p.* 618; *Reise. n. Mossamb,* iii, *Amphib., p.* 64.
[2] Chez un de nos individus, celui représenté par la fig. 1 de la Pl. V, l'internasale est divisée et les pré-frontales se trouvent séparées par une petite plaque intermédiaire.

nuchales. Quatre sus-oculaires et quatre surciliaires, dont la première est la plus grande et égale aux trois autres réunies. Sous-oculaire située entre la quatrième et la cinquième labiales, surmontant à peine la quatrième labiale par un petit prolongement de son bord antérieur. Ouverture auriculaire ovalaire, garnie à son bord antérieur de deux ou trois lobules triangulaires. Trente-deux rangs d'écailles vers le milieu du tronc ; celles du dos à trois carènes bien distinctes, celles des flancs lisses ou à carènes effacées. Scutelles sous-digitales tri-carénées ; les écailles des paumes et des plantes des pieds tuberculeuses.

En dessus et sur les côtés brun-olivâtre foncé, orné de cinq raies longitudinales jaunes lisérées de noir, l'une plus large sur le milieu du dos, de la nuque à la base de la queue, deux plus étroites de chaque côté, dont la supérieure suit la ligne qui sépare le dos des flancs et l'inférieure s'étend de l'ouverture auriculaire au tiers antérieur de la queue ; les espaces compris entre ces raies sont marqués de lignes longitudinales noires qui séparent les rangs d'écailles. Les parties inférieures d'un blanc-bleuâtre uniforme.

Dimensions : De l'extrémité du museau à l'anus 92 m. ; long. de la tête 15 m. ; larg. de la tête 10 m. ; long. de la queue 200 m. ; long. du membre ant. 21 m. ; long. du membre post. 30 m.

Cette intéressante espèce vit sur les hauts-plateaux de l'intérieur d'Angola : nos premiers individus nous ont été envoyés en 1878 par MM. Capello et Ivens, qui les avaient recueillis sur les bords du *Quanza* et du *Quando*, où ils sont connus des indigènes sous le nom de *Muntalandonga* ; en 1885 nous avons reçu de M. d'Anchieta un individu provenant du *Quando*.

57. Lygosoma Sundevallii

Eumeces (Riopa) Sundevallii, *Smith, Ill. S. Afr. Zool., Rept., App. p. 11*; *Peters, Reise n. Mossamb., Zool.,* III, *p. 75, pl.* XI, *fig. 2.*

E. reticulatus, *Peters, Monatsb. Ak. Berl.,* 1862, *p. 23*; *Bocage, Jorn. Ac. Sc. Lisb.,* VII, 1879, *p. 88.*

E. afer, *Peters, Monatsb. Ak. Berl.,* 1854, *p. 619.*

Mochlus punctatus, *Günth., Proc. Zool. Soc.,* 1864, *p. 308.*

M. afer, *Bocage, Jorn. Ac. Sc. Lisb.,* I, 1867, *p. 222, pl.* III, *fig. 2.*

Lygosoma Sundevallii, *Bouleng., Cat. Liz. B. Mus.,* III, 1887, *p. 307.*

Fig. *Bocage, Jorn. Ac. Sc. Lisb.,* I, *pl.* III, *fig. 2*; *Peters, Reise n. Mossamb.,* III, *pl.* XI, *fig. 2.*

Le *Lygosoma Sundevallii* a été rencontré par M. d'Anchieta presque exclusivement dans la zone littorale au sud du Quanza ; à l'exception de quelques individus recueillis par ce naturaliste à *Huilla* et *Capangombe*, tous nos exemplaires d'Angola sont originaires de *Benguella* et *Catumbella, Mossamedes* et *Rio Coroca*. Les noms indigènes varient suivant les localités : *Humbohumbo* (Benguella), *Xicolocolo* (Mossamedes).

Parmi les variétés de couleur de cette espèce, celle d'un brun-roux uniforme est la plus commune.

Relativement à ses mœurs M. d'Anchieta nous informe que cet animal vit sous le sol dans des trous, d'où il ne sort ordinairement que la nuit.

58. Lygosoma (Eumecia) Anchietae[1]

Pl. VI, fig. 1, 1 a–f

Eumecia Anchietae, *Bocage, Jorn. Ac. Sc. Lisb.*, iii, 1870, *p.* 67, *pl.* i.
Lygosoma Anchietae, *Bouleng., Cat. Liz. B. Mus.*, iii, 1887, *p.* 316.

Corps très long, cyclotétragonal ; membres très courts à doigts rudimentaires, deux au membre antérieur et trois au postérieur. Queue mesurant une fois et demi la longueur de la tête et du tronc réunis. Tête médiocre à museau obtus. Nasales triangulaires, séparées par les supéro-nasales en contact derrière la rostrale. Une internasale grande, rhomboïdale, précédant deux pré-frontales bien développées et en contact. Frontale grande, allongée, lanceolée, à extrémité postérieure arrondie. Une interpariétale ressemblant à la frontale, mais de moitié plus petite. Deux pariétales grandes et oblongues en contact derrière l'interpariétale, bordées en arrière de deux plaques étroites. Une naso-frénale étroite et deux frénales quadrangulaires à bord supérieur arrondi, la postérieure dépassant l'antérieure en dimensions. Quatre sus-oculaires, dont la première est la plus grande, et cinq surciliaires, les deux premières les plus grandes. Labiales supérieures sept, la cinquième au dessous de l'œil. Orifice auriculaire grand, ovalaire, caché en partie par deux ou trois lobules pointus implantés sur son bord antérieur. Corps revêtu d'écailles héxagonales, disposées en vingt-quatre séries longitudinales vers le milieu du tronc ; celles du dos à deux carènes effacées chez l'adulte, à peine distinctes chez les individus jeunes.

En dessus d'un brun-roux ; les flancs d'une teinte plus pâle, olivâtre ; en dessous d'un blanc-jaunâtre ou bleuâtre uniforme. Le dos et la face

---

[1] Sous-genre *Eumecia*. Caractères : Membres très courts, doigts rudimentaires. Un disque transparent à la paupière inférieure. Narines ouvertes dans la plaque nasale. Préfrontaux bien développés, en contact. Deux supéronasales. Deux fronto-pariétales. Dents maxillaires obtus.

supérieure de la queue sont ornés de trois bandes longitudinales claires, dont la médiane est beaucoup plus large que les latérales ; ces bandes commencent à une certaine distance de la tête et terminent vers l'extrémité de la queue ; les espaces compris entre ces bandes sont variés de taches trapezoïdales noires, lisérées de blanc chez quelques individus. Sur les flancs, au-dessous de la bande latérale, une série de taches noires ou noirâtres, de forme irrégulière, plus distinctes sur la première moitié du tronc. La tête présente en dessus, sur un fond brun-roux, un joli dessin noir liséré de blanc dont les figures de la Pl. VI donnent une idée exacte ; de chaque côté de la tête un trait flexueux noir bordé de blanc s'étend de la région frénale à l'angle de la mâchoire en passant au-dessous de l'œil ; plus en arrière quelques taches allongées dans le sens vertical marquent sur le cou le commencement de la rangée de taches latérales.

Chez un individu adulte, de *Caconda,* les taches du dos sont presque entièrement effacées et celles des flancs ont disparu, de sorte que le dos de l'animal d'un brun-roux presque uniforme ne présente bien distinctes que les trois bandes claires longitudinales.

Dimensions d'un de nos plus grands individus : Long. totale 530 m. ; de l'extrémité du museau à la base de la queue 215 m. ; long. de la queue 315 m. ; long. de la tête 20 m. ; larg. de la tête 13 m. ; membre ant. 8 m. ; membre post. 15 m.

Cette espèce paraît habiter exclusivement les hauts-plateaux de l'intérieur d'Angola. Tous nos exemplaires ont été recueillis par M. d'Anchieta à *Huilla, Caconda* et *Galanga.*

Nom indigène *Sonjolo* (Anchieta).

59. Ablepharus cabindae

Pl. V, fig. 3, 3 a-c

Ablepharus cabindae, *Bocage, Jorn. Ac. Sc. Lisb.,* i, 1866, *p.* 64 ; *ibid.,* xi, 1887, *p.* 179 ; *Peters, Monatsb. Ak. Berl.,* 1877, *p.* 614 ; *Bouleng., Cat. Liz. B. Mus.,* iii, 1887, *p.* 352 ; *Boettg., Ber. Senckenb. Ges. Frankf.,* 1888, *p.* 29.
Panaspis aeneus, *Cope, Proc. Ac. Philad.,* 1868, *p.* 317.
Ablepharus aeneus, *Bouleng., loc. cit., p.* 352.

Cercle palpébral complet. Rostrale en contact avec l'internasale, qui touche par son extrémité postérieure à la frontale ; celle-ci grande, en losange ; deux fronto-pariétales, plus grandes que l'interpariétale ; pariétales en contact derrière l'interpariétale ; deux plaques nuchales ; quatre sus-oculaires, souvent trois d'un seul ou des deux côtés par suite de la réunion des première et deuxième sus-oculaires en une seule plaque ; quatre, quelquefois cinq, surciliaires ; la sous-oculaire placée entre la quatrième et la cinquième labiales. Écailles lisses, héxagonales. plus larges en travers. disposées en vingt-quatre rangs longitudinaux ; celles du dessus du cou plus larges que celles du dos. Queue plus longue que le corps ; membres bien développés. penta-dactyles. Parties supérieures d'une teinte brune cuivrée. plus ou moins foncée, uniformes, pointillées de noir ou marquées sur le dos de stries longitudinales noires ; sur la ligne de séparation du dos et des flancs une raie blanchâtre lisérée de noir ; les flancs en général d'une couleur plus foncée et limités en dessous par une autre raie blanchâtre souvent indistincte. Parties inférieures blanches, légèrement teintes de bleu sur le ventre et de roussâtre sur la face inférieure de la queue.

Dimensions d'un individu adulte : De l'extrémité du museau à l'anus 40 m. ; long. de la tête 8 m. ; larg. de la tête 5 m. ; long. du membre ant. 9 m. ; long. du membre post. 12 m. ; long. de la queue 65 m.

Cette jolie espèce, découverte à Cabinda en 1865 par M. d'Anchieta, se trouve assez répandue au Congo, tant sur la côte que sur les bords du Zaïre. Nous l'avons reçue également de *St. Salvador* par le R. Pe Barroso, et M. d'Anchieta nous en a envoyé quelques individus recueillis au *Dombe* et à *Capangombe*. M. Boulenger cite sous le nom d'*Ablepharus aeneus* deux individus rapportés d'Angola par Monteiro et faisant partie de la collection du Muséum Britannique (loc cit.). Dans l'intérieur de *Benguella*, à *Caconda* et à *Cahata*, M. d'Anchieta a rencontré une autre espèce d'*Ablepharus*, l'*A. Wahlbergii*, Smith, considérée jusqu'ici comme appartenant aux régions de l'est et du sudest de l'Afrique.

60. Ablepharus Wahlbergii

Pl. V, fig. 2, 2 a-c

Cryptoblepharus Wahlbergii, *Smith, Ill. S. Afr. Zool., Rept., App. p.* 10.

Ablepharus Wahlbergii, *Peters, Monatsb. Ak. Berl.,* 1854, *p.* 619; *Peters, Reise n. Mossamb., Rept., p.* 77, *pl.* xi, *fig.* 3 ; *Bouleng., Cat. Liz. B. Mus.,* iii, 1887, *p.* 350.

L'*A. Wahlbergii* a été découvert par M. d'Anchieta dans les hauts-plateaux de l'intérieur d'Angola, à *Caconda* et à *Cahata*. Son congénère, l'*A. cabindae,* habite au contraire la zone littorale et se répand vers l'inté-rieur, mais sans atteindre les grandes altitudes.

61. Sepsina angolensis

Sepsina angolensis, *Bocage, Jorn. Ac. Sc. Lisb.*, I, 1866, *p.* 63, *pl.* I, *figs.* 1, 1 *a–d; Peters, Sitz. Ges. Nat. Fr. Berl.*, 1881, *p.* 147; *Bouleng., Cat. Liz. B. Mus.*, III, 1887, *p.* 421.
S. Hessei, *Boettg., Ber. Senckenb. Nat. Ges. Frankf.*, 1888, *p.* 31, *pl.* I, *figs.* 3, 3 *a–c, pl.* II, *fig.* 2.
S. grammica, *Cope, Proc. Ac. Philad.*, 1868, *p.* 318.

Fig. *Bocage, Jorn. Ac. Sc. Lisb.*, I, 1866, *pl.* I, *fig.* 1, 1 *a-d.*

Tête à museau obtus, peu saillant ; paupière inférieure transparente ; ouverture auriculaire petite, elliptique ; narine circonscrite par la rostrale, la supéro-nasale, la naso-frénale et la première labiale ; internasale grande, en losange, à angles légèrement arrondis ; frontale plus longue que large, retrécie en avant, à bord postérieur concave ; interpariétale modérée, triangulaire ; pariétales étroites, allongées, en contact derrière l'interpariétale ; quatre sus-oculaires, dont la première est la plus grande ; quatre à cinq surciliaires ; sous-oculaire placée entre la troisième et la quatrième labiales. Écailles disposées en vingt-deux à vingt-quatre séries longitudinales. Membres courts, tridactyles ; ceux du devant très courts, égalant à peine la moitié ou le tiers des membres postérieurs, à doigts rudimentaires, à peine indiqués par les ongles dont ils sont armés ; aux membres postérieurs les doigts sont un peu plus développés, celui du milieu le plus long. Queue plus courte que le corps.

En dessus brun ; chez quelques individus les écailles présentent une bordure plus foncée, ce qui leur donne un aspect réticulé ; chez d'autres individus le fond de couleur est d'un brun uniforme et les écailles portent au milieu de petites taches brunes, qui forment souvent des lignes non interrompues de cette couleur. Les parties inférieures sont blanches légèrement teintes de jaunâtre.

Dimensions prises sur un individu adulte et complet : Long. totale 148 m. ; long. de la tête 11 m. ; larg. de la tête 8 m. ; de l'extrémité du museau à l'anus 80 m. ; long. de la queue 68 m. ; long. du membre ant. 4,5. ; long. du membre post. 10 m.

La *Sepsina angolensis*, découverte en 1867 par Bayão au *Duque de Bragança*, dans l'intérieur d'Angola, a été successivement rencontrée par M. d'Anchieta dans plusieurs autres localités plus ou moins éloignées du littoral : *Capangombe, Huilla, Caconda, Quissange, Quindumbo* et *Cahata*. Nous avons aussi dans nos collections un individu recueilli à *Malange.* Le major von Mechow l'a rencontrée dans la région du *Quango*. Dans la zone littorale M. d'Anchieta a découvert une autre espèce, la *S. Copei*.

La *S. Hessei*, récemment décrite et figurée par M. Boettger, d'après des individus recueillis sur les bords du Zaïre et à Stanley-Pool, nous semble identique à la *S. angolensis*. En comparant la description et les figures de cet auteur à nos individus d'Angola nous constatons l'accord le plus complet entre les caractères des deux espèces.

Il nous est également impossible de considérer la *S. grammica*, Cope, du sudouest d'Afrique,.distincte de la *S. angolensis;* le seul caractère différentiel signalé par Cope, la moindre longueur des membres antérieurs par rapport aux membres postérieurs, $\frac{1}{3}$ au lieu de $\frac{1}{2}$, nous semble un caractère difficile de bien constater et, en tout cas, insuffisant.

62. Sepsina Copei

Pl. VII, fig. 1, 1 a-c

Sepsina Copei, *Bocage, Jorn. Ac. Sc. Lisb.,* IV, 1873, *p.* 212.
S. Copii, *Bouleng., Cat. Liz. B. Mus.,* III, *p.* 421.

Cette espèce ressemble à la *S. angolensis* par l'écaillure de la tête et du corps, par la forme et les dimensions relatives du tronc et de la queue; mais elle en diffère par la conformation des membres postérieurs, sensiblement plus longs et plus grêles que chez l'autre espèce, et terminant par trois doigts dont les deux externes sont beaucoup plus développés et diversement proportionnés, car le 3º doigt est plus long que le 2ᵉ, tandis que le doigt du milieu chez la *S. angolensis* est le plus long des trois. Les individus adultes sont en dessus d'un brun-rougeâtre avec une série de points noirs sur le milieu de chaque rangée d'écailles; en dessous, d'un blanc teint légèrement de roux.

Chez la plupart de nos individus la queue est de nouvelle formation; voici les dimensions d'un de ceux qui l'ont complète : Long. totale 125 m. ; du bout du museau à l'anus 63 m. ; long. de la tête 9 m. ; larg. de la tête 6 m. ; long. de la queue 61 m. ; long. du membre ant. 4 m. ; long. du membre post. 11 m.

La *S. Copei* paraît avoir en Angola une aire d'habitation plus circonscrite que celle de la *S. angolensis* et, au lieu de choisir de préférence les hauts-plateaux de l'intérieur, ne pas s'éloigner beaucoup de la zone littorale. En effet cette espèce se trouve représentée au Muséum de Lisbonne par des individus du *Dombe* et *Biballa* (Anchieta), de *Loanda* (Bayão), de *Novo Redondo* (Botelho). Le Muséum Britannique possède un individu rapporté de *Benguella* par Monteiro,

Les *S. angolensis* et *S. Copei* sont presque partout connues des indigènes sous le nom de *Humbo-humbo;* elles ont des mœurs souterraines, se conservant pendant le jour enfoncées sous le sol et sortant la nuit. Elles se trouvent surtout dans les terrains cultivés (Anchieta).

63. Sepsina (Dumerilia) Bayonii

Pl. VII, fig. 2, 2 a–d

Dumerilia Bayonii, *Bocage, Jorn. Ac. Sc. Lisb.,* I, 1866, *p.* 63; *ibid.,* VIII, 1882, *p.* 299.

Scincodipus congicus, *Peters, Monatsb. Ak. Berl.,* 1875, *p.* 551, *pl. figs.* 1–5; *ibid.,* 1877, *p.* 614.

Sepsina Bayonii, *Bouleng., Cat. Liz. B. Mus.,* III, 1887, *p.* 422.

Fig. *Peters, Monatsb. Ak. Berl.,* 1875, *pl. figs.* 1–5.

Museau aminci en coin, un peu saillant; narines situées entre quatre plaques, la rostrale, la supéro-nasale, la première labiale et la fréno-nasale; yeux petits; la paupière inférieure squameuse; ouverture auriculaire petite; frontale fort élargie en arrière, à bord postérieur concave, égalant à peu-près en dimensions l'internasale; interpariétale grande, triangulaire; pariétales étroites, en contact derrière l'interpariétale; trois sus-oculaires, dont la première est la plus grande; cinq surciliaires; sous-oculaire précédée de trois labiales. Écailles dorsales en vingt à vingt-deux rangées longitudinales. Pas de membres antérieurs, les postérieurs médiocres en forme de stilets simples et aplatis.

D'un roux-olivâtre, plus clair sur les flancs et les parties inférieures, avec un grand nombre de lignes brunes occupant le centre de chaque rangée d'écailles, plus effacées sur le dessous du corps et de la queue.

Dimensions: Du bout du museau à l'anus 72 m.; long. de la tête 8 m.; larg. de la tête 5,5 m.; long. de la queue 43 m.; long. du membre post. 5 m.

Le Muséum de Lisbonne possède trois individus de cette curieuse espèce: l'individu type, découvert par Bayão à Loanda, et deux individus rapportés par Welwitsch de son voyage à Angola, sans aucune indication précise de la localité où ils on été recueillis. Le Muséum Britannique possède également quatre individus, deux d'*Ambriz* par M. Rich, un de *Carangigo* par Welwitsch, un d'*Angola* par M. Cameron (V. Boulenger, loc. cit.). Le Dr. Peters fait mention d'un individu provenant de *Chinchoxo,* sur la côte de Loango, décrit et figuré par lui sous le nom de *Scincodipus congicus* (Peters, Monatsb. Ak. Berl., 1877, p. 614). L'habitat de l'espèce est donc, pour le moment, restreint à la région littorale d'Angola et du Congo.

Notre première description, faite d'après un individu dont l'état de conservation laissait beaucoup à désirer, contenait quelques inéxatitudes que nous avons pu corriger plus tard par l'examen des deux individus provenant du voyage de Welwitsch.

64. Typhlacontias punctatissimus[1]

Pl. VII, fig. 3, 3 a–b

Typhlacontias punctatissimus, *Bocage, Jorn. Ac. Sc. Lisb.*, IV. 1873, p. 213; *ibid.* XI, 1887, p. 203; *Bouleng., Cat. Liz. B. Mus.*, III, 1887, p. 429.

Museau emboité dans une large rostrale à bord rond et tranchant, qui avance sur la mâchoire inférieure; l'extrémité de celle-ci également enveloppée par une grande plaque triangulaire; yeux fort petits sans paupières; pas d'orifice auriculaire; deux petites supéro-nasales; une internasale et une pré-frontale en bandes transversales; frontale à bords antérieur et postérieur convexes et terminant en pointe de chaque côté; interpariétale énorme, triangulaire; pariétales étroites et allongées en contact derrière l'interpariétale; une sus-oculaire et deux post-oculaires; quatre labiales, dont la deuxième touche à l'œil. Écailles lisses en dix-huit séries longitudinales. Pas de membres. Queue courte, mesurant à peu-près le quatrième de la longueur du corps (tête et tronc réunis).

Teinte générale gris-perle; une série longitudinale de petits points noirs sur le milieu de chaque rangée d'écailles, plus accentuée sur les flancs et le ventre. Les écailles de la tête variées de noir ou sans taches.

Dimensions: Du bout du museau à l'anus 92 m.; long. de la tête 8 m.; larg. de la tête 6 m.; long. de la queue 24 m.

Trois individus de cette rare espèce font partie de nos collections d'Angola. Deux de ces individus nous ont été envoyés en 1867 de *Rio Coroca* par M. d'Anchieta et nous ont servi à l'établissement du genre et de l'espèce; le troisième individu plus grand et en meilleur état de conservation, nous a été rapporté en 1884 de la même localité par MM. Capello et Ivens.

Suivant M. d'Anchieta cette espèce, dont le nom indigène est *Cavungi*, vit à *Rio Coroca* sous le sol humide.

---

[1] Caractères génériques: Yeux à découvert sans aucun vestige de cercle palpebral; pas de membres. Narines latérales percées dans la rostrale, à sillon postérieur légèrement courbe; pas d'ouverture auriculaire; pas de pores pré-anaux. Dents coniques, petites et nombreuses; palais non denté; langue squameuse, faiblement échancrée à la pointe.

FAM. ANELYTROPIDAE

65. Feylinia Currori

Feylinia Currori, *Gray, Cat. Liz. B. Mus.*, 1845, *p.* 129 ; *Bocage, Jorn.*
  Ac. Sc. Lisb., iv, 1873, *p.* 214 ; *ibid.*, xi, 1887, *p.* 179 ; *Peters,*
  Monatsb. Ak. Berl., 1877, *p.* 614 ; *Bouleng., Cat. Liz. B. Mus.*, iii,
  1877, *p.* 431 ; *Boettg., Ber. Senckenb. Ges. Frankf.*, 1888, *p.* 33.
Acontias elegans, *Hallow., Proc. Ac. Philad.*, 1852, *p.* 64.
Anelytrops elegans, *A. Dum., Rev. et Mag. Zool.*, 1856, *p.* 420 ; *Bocage,*
  Jorn. Ac. Sc. Lisb., i, 1866, *p.* 45.
Sphenorhina elegans, *Hallow., Proc. Ac. Philad.*, 1857, *p.* 214.

Fig. *A. Dum., Rev. et Mag. Zool.*, 1856, *pl.* xxii, *fig.* 1.

Nos individus d'Angola et du Congo ressemblent parfaitement aux types
de l'espèce, également d'Angola, nommée par Gray et dont M. Boulenger
a publié récemment une description plus complète. Ils ont, comme ceux-ci,
la tête petite à museau court et obtus ; le dessus de la tête recouvert de trois
plaques impaires, plus larges que longues et dont la dernière dépasse les
autres en grandeur ; une oculaire recouvrant l'œil et circonscrite par cinq
plaques, une sus-oculaire, une pré-oculaire, deux post-oculaires et la troisième
labiale ; une plaque frénale précédant la pré-oculaire ; un nombre impair de
rangées d'écailles vers le milieu du tronc, vingt-cinq chez trois individus
adultes, vingt-trois chez un d'âge moyen ; la queue mesurant $1/3$ de la longueur
totale, obtuse à son extrémité.

Le nombre impair des rangées d'écailles sur le tronc est considéré par
M. Boulenger comme un des caractères différentiels du genre *Feylinia*, ce
qui ne nous semble pas rigoureusement exact.

M. Boettger a constaté chez les individus rapportés de *Banana* par Hesse
la présence de rangées longitudinales d'écailles en nombre pair : vingt, vingt-
quatre et vingt-six.

Chez un individu de Liberia, type de son *Acontias elegans*, Hallowell
avait trouvé vingt rangées d'écailles et vingt-deux chez l'individu du Gabon
décrit plus tard par lui sous le nom de *Sphenorhina elegans*, tandis que
A. Dumeril comptait vingt-trois séries chez un individu provenant aussi du
Gabon et se croyait autorisé à ajouter que — la disposition des écailles chez
l'*Anelytrops elegans* implique nécessairement la présence d'un nombre impair
de rangées longitudinales.

Or, d'après ce que nous avons pu observer chez un certain nombre
d'individus de diverses provenances, nous pensons que le nombre des ran-

gées d'écailles est, en général, impair immédiatement derrière la tête, pair un peu plus en arrière sur la première moitié du tronc, impair de nouveau vers le milieu de celui-ci. Ainsi chez deux individus adultes du *Congo* et chez un adulte d'*Angola* nous comptons 25-26-25 séries d'écailles ; chez un individu semi-adulte d'Angola 23-24-23 ; un individu jeune de *Maiumba* nous présente 21-22-21 rangées d'écailles ; un individu du Gabon, 23-22-21.

Tous ces individus se montrent parfaitement indentiques quant à la conformation et à l'écaillure de la tête et aux proportions du corps et de la queue ; ils diffèrent à peine sous le rapport de la taille, qui varie avec l'âge, et du nombre des rangées d'écailles.

D'un autre côté en les comparant à l'*Acontias elegans* et *Sphenorhina elegans,* Hallowell, et à l'*Anelytrops elegans,* A. Dumeril, que nous connaissons par les descriptions de ces auteurs, nous n'arrivons pas à découvrir dans ces descriptions rien qui nous autorise à considérer ces espèces distinctes de la *Feylinia Currori,* Gray.

Sous le rapport des couleurs nos individus se ressemblent : ils sont presque tous d'un brun-olivâtre, plus foncé chez les jeunes, avec les bords des écailles du tronc et de la queue d'une teinte plus pâle ; seulement l'adulte d'Angola est d'un brun-cendré pâle avec les écailles bordées de gris et les lèvres jaunâtres.

Nos deux individus du Congo, l'un de *Cabinda,* l'autre de *Molembo,* sont les plus grands ; le premier est long de 390 m. ; la queue y entrant pour un tiers, et il a 19 à 20 m. de diamètre ; le second est un peu plus court et moins gros.

*
*   *

M. Boettger, ayant examiné deux individus recueillis par P. Hesse à *Massabi,* les considère comme appartenant à une espèce inédite, voisine mais distincte de la *F. Currori.* Les caractères différentiels de cette nouvelle espèce, *F. macrolepis,* seraient d'après M. Boettger : l'absence de la plaque frénale ; la position de l'oculaire en contact avec la deuxième labiale et séparée de la troisième par la post-oculaire inférieure, tandis que chez la *F. Currori* l'oculaire se trouve en contact avec la troisième labiale ; le nombre plus réduit des rangées longitudinales d'écailles, à peine dix-huit. Les couleurs de ces individus n'ont rien de particulier. Ils ont à peine 92 m. et 100 m. de longueur totale, ce qui nous les fait supposer fort jeunes (Boettg., Zool. Ant., 10, Jahrg., p. 650 ; Ber. Senckenb. Ges. Frankf., 1888, p. 35, tab. II, fig. 4 a–c, *la tête*).

Nous avons aussi rencontré parmi les reptiles récoltés par M. Francisco Newton dans l'*Ile du Prince* quelques individus dont les caractères ne s'accordent pas bien avec ceux de la *F. Currori.* Leur tête est plus allongée et le museau plus étroit; les trois plaques médianes du dessus de la tête sont à peu-près égales en dimensions et presque aussi larges que longues; leur corps est recouvert d'un nombre plus élevé de rangées longitudinales d'écailles, 29-30-29 et 28-30-28; leur queue est relativement plus courte, un quart au lieu d'un tiers de la longueur totale. Ces individus nous semblent devoir constituer, tout au moins, une variété distincte de la *F. Currori*, sous le nom de *var. polylepis* (Bocage, Jorn. Ac. Sc. Lisb., XI, 1887, pp. 180 et 198).

FAM. CHAMAELEONTIDAE

66. Chamaeleon dilepis

Chamaeleo dilepis, *Leach in Bowdich, Ashantee, p.* 493; *Bocage, Jorn. Ac. Sc. Lisb.*, I, 1866, *pp.* 42 *et* 59; *Peters, Monatsb. Ak. Berl.*, 1877, *p.* 612; *Bouleng., Cat. Liz. B. Mus.*, III, 1887, *p.* 450; *Boettg., Ber. Senckenb. Ges. Frankf..* 1888, *p.* 40.
Ch. Capellii, *Bocage, Jorn. Ac. Sc. Lisb.*, I, 1866, *p.* 59.

Fig. *Bouleng., loc. cit., pl.* XXXIX, *fig.* 6.

Le *Ch. dilepis* est réellement bien caractérisé par son casque plat et ses grands lobes occipitaux; mais en comparant les nombreux spécimens que le Muséum de Lisbonne possède de cette espèce on s'aperçoit bien vite que ces individus sont loin de présenter une parfaite uniformité dans la conformation du casque et des lobes occipitaux: le casque est en arrière large et arrondi ou étroit et terminant en pointe; les lobes occipitaux tantôt se prolongent en ligne droite à partir de l'extrémité du casque, de sorte qu'ils se trouvent en contact sur une certaine étendue, tantôt s'écartent brusquement en s'infléchissant vers l'un et l'autre côté sans rien perdre de leur développement.

Dans une de nos premières publications sur les reptiles d'Afrique occidentale nous avions signalé la découverte à Cabinda, par M. d'Anchieta, d'un Caméléon qui nous semblait devoir constituer une variété du *Ch. dilepis*, assez distincte par ses lobes occipitaux beaucoup moins développés, mais libres et mobiles. A cette exception près, il ressemble sous le rapport de l'écaillure et des couleurs au *Ch. dilepis*.

Cette variété, que nous avions nommée *Ch. quilensis*, de l'endroit où elle avait été rencontrée, a été dernièrement portée au rang d'espèce, sous le nom de *Ch. parvilobus*, par M. Boulenger dans le 3e volume de son *Catalogue of the Lizards*. Sans attacher une grande importance à la distinction entre espèces et variétés, distinction qui laisse beaucoup à l'arbitraire, nous accorderons volontiers le rang d'espèce au Caméléon à petits lobes occipitaux, mais en lui maintenant le nom que nous lui avions imposé.

Le *Ch. dilepis* est une des espèces les plus largement répandues sur l'Afrique tropicale. Le Muséum de Lisbonne possède une intéressante série d'individus recueillis en diverses localités d'Angola et du Congo : *Cabinda, St. Salvador du Congo, Benguella, Novo Redondo, Duque de Bragança, Quissange, Quindumbo, Cahata, Quibula, Mossamedes, Ihuilla, Gambos, Lubango.*

Dans la plupart de ces localités il est connu des indigènes, d'après M. d'Anchieta, sous le nom de *Longairo.* Les indigènes de St. Salvador du Congo l'appellent *Lunguenhe* (Pe Barroso).

67. Chamaeleon quilensis

Pl. VIII, fig. 3

Chamaeleo dilepis, *var.* quilensis. *Bocage, Jorn. Ac. Sc. Lisb.*, 1866, 1, *p.* 59.

Ch. parvilobus, *Bouleng., Cat. Liz. B. Mus.*, III, 1887, *p.* 449, *pl.* 39, *fig.* 5 ; *Boettg., Ber. Senckenb. Ges. Frankf.*, 1887, *p.* 182 ; *Boettg., ibid.*, 1888, *p.* 39.

Le type de l'espèce a été rapporté de *Rio Quilo* par M. d'Anchieta en 1865. Plusieurs individus, adultes et jeunes, de *Maiumba* par M. G. Capello, un jeune individu recueilli à *St. Salvador du Congo* par le R. Pe Barroso, un individu adulte rapporté par M. C. Borja de son voyage à l'*Ogouvé* en 1885, font actuellement partie de nos collections.

Le Muséum Britannique possède des individus provenant de *Camarões, Gabon, Natal* et *Afrique méridionale* (Boulenger, loc. cit.).

Suivant M. Boettger on doit encore comprendre dans l'habitat de cette espèce *Massabi,* sur la côte de Loango, le *Congo,* les pays des *Ovambos,* des *Herreros* et des *Damaras, Griqualand,* le *Natal* et le *Transvaal* (Boettg., Ber. Senckenb. Ges., 1888, p. 40).

Parmi nos Caméléons d'*Angola* nous avons quelques-uns dont les lobes occipitaux ne se présentent pas aussi développés que chez nos spécimens bien caractérisés du *Ch. dilepis,* quoique ayant des dimensions supérieures à celles des lobes occipitaux du *Ch. quilensis.* Par l'ensemble de leurs caractères ces individus se rapprochent davantage de la première de ces espèces ; mais, à la rigueur, on pourrait les considérer comme formes intermédiaires aux deux types spécifiques. Ces individus nous viennent de *Benguella, Mossamedes* et *Dombe.*

68. Chamaeleon gracilis

Chamaeleo gracilis, *Hallow., Journ. Ac. Philad.*, 1842, p. 324, pl. 18;
A. Dum., Arch. Mus. Paris, x, p. 173; *Bocage, Jorn. Ac. Sc. Lisb.*,
1866, 1, pp. 41 et 219; *Bouleng., Cat. Liz. B. Mus.*, III, 1887,
p. 448; *Peters, Monatsb. Ak. Berl.*, 1877, pp. 612 et 620; *Boettg.,
Ber. Senckenb. Ges. Frankf.*, 1888, p. 36; *A. del Prato, Racc. Zool.
nel Congo dal Cav. G. Corona.*
Ch. senegalensis, *Günth., Proc. Zool. Soc. Lond.*, 1864, p. 480 *(note).*
? Ch. senegalensis, *Peters, Sitz. Ber. Ges. Nat. Fr. Berl.*, 1881, p. 147.

Fig. *Bouleng., op. cit., pl. xxxix, fig. 4 (la tête).*

Le *Ch. gracilis* atteint une taille non inférieure à celle du *Ch. dilepis*
et il est loin de mériter le nom qui lui a été imposé par Hallowell. Des écailles
sensiblement plus grosses et, comme l'a justement remarqué M. Boulenger,
la présence d'un rudiment de lobes occipitaux de chaque côté du casque
aident à le bien distinguer du *Ch. senegalensis*, qui n'a jamais été observé
en Angola par M. d'Anchieta et dont l'habitat dans l'Afrique occidentale est
beaucoup plus restreint.

En Angola l'aire de dispersion du *Ch. gracilis* paraît avoir pour limite
méridionale la rivière Quanza : tous nos individus d'une provenance authentique ont été recueillis à *Ambaca, Duque de Bragança*, le pays du *Muata-
Yamvo* et *Dondo*; des individus de *Pungo-Andongo, Duque de Bragança*
et *Dondo* font partie des collections du British-Museum (Boulenger, loc. cit.);
Peters fait mention d'individus rapportés de *Chinchoxo* par Buchoblz et de
Pungo-Andongo par von Homeyer (Peters, loc. cit.); enfin Hesse l'a rencontrée
à *Cabinda* et *Banana* (Boettger, loc. cit.).

Le *Ch. gracilis* reçoit des indigènes le même nom que le *Ch. dilepis*
et les autres Caméléons d'Angola, *Longairo*. Partout ces animaux inspirent
une crainte superstitieuse et sont regardés comme *fétiche:* la poudre provenant d'un de ces animaux torréfiés est considérée comme un poison énergique.

*
*   *

Trois jeunes individus rapportés du *Quango* par le Major von Mechow,
que le Dr. Peters cite sous le nom de *Ch. senegalensis*, seraient, s'ils étaient
reconnus comme lui appartenant réellement, la seule preuve matérielle de
l'existence de cette espèce dans les limites géographiques des possessions
portugaises d'Angola (Peters, loc. cit.).

69. Chamaeleon namaquensis

Chamaeleo namaquensis, *Smith, Ill. S. Afr. Quart. Journ., n.º 5*, 1837, p. 17; *Ann. et Mag. N. H.*, xx, 1867, p. 228; *Bocage, Jorn. Ac. Sc. Lisb.*, iii, 1870, p. 68; *Bouleng., Cat. Liz. B. Mus.*, iii, 1887, p. 462.

Ch tuberculiferus, *Günth., Proc. Zool. Soc. Lond.*, 1864, p. 480 *(note).*

Fig. *A. Dum., Arch. Mus. Paris*, vi, *pl.* xxxii, *fig.* 3 *bis.*

M. d'Anchieta n'a pu nous procurer qu'un seul individu de cette curieuse espèce, capturé par lui à Mossamedes en 1867. Le Muséum Britannique possède également un individu rapporté de cette localité par Welwitsch (Boulenger, loc. cit., p. 463).

Ce Caméléon habite le pays des Damaras et des Grands Namaquois, d'où il se répand vers la partie la plus méridionale d'Angola.

Les indigènes de Mossamedes l'appelent *Lunguena* (Anchieta).

70. Chamaeleon Anchietae

Pl. VIII, fig. 2

Chamaeleo Anchietae, *Bocage, Jorn. Ac. Sc. Lisb.*, iv, 1872, p. 72, *fig. de la tête; Bouleng., Cat. Liz. B. Mus.*, iii, 1887, p. 452.

Casque relevé en arrière et surmonté d'une carène médiane curviligne, constituée par une série d'écailles comprimées; arêtes surciliaires ne se réunissant pas à leur extrémité antérieure et s'arrêtant brusquement en arrière sur la face latérale de l'occiput sans remonter vers l'extrémité du casque; ligne dorsale non dentelée, garnie d'un double rang de petites écailles quadrangulaires; depuis l'extrémité du menton jusqu'à l'anus une crête dentelée, composée de tubercules coniques, dont les plus forts se trouvent sous la gorge; peau recouverte partout de très-petites granulations égales, arrondies et bombées, à l'exception des bords libres des lèvres, qui sont garnis par un double rang de petites plaques quadrangulaires.

D'un gris jaunâtre ou bleuâtre avec quelques taches noires plus ou moins effacées (dans l'alcool). Les jeunes présentent une coloration uniforme bleu d'ardoise, plus foncée sur la tête et le dos, plus claire et d'un ton brunâtre sur le ventre. Les dentelures de la crête médiane inférieure tranchent par leur teinte jaune sur la coloration foncée de tout le corps. Le dessous des doigts est également jaunâtre.

Le *Ch. Anchietae* paraît être de petite taille. Le plus grand de nos individus ne dépasse pas 210 m. en longueur totale ; sa tête mesure 31 m. et la queue 79 m.

Cette espèce habite les hauts-plateaux de l'intérieur de Mossamedes, à *Huilla* et *Lobango.* Ce sont les seuls endroits d'où nous ayons reçu par MM. d'Anchieta et Newton les seuls spécimens de cette espèce jusqu'à présent parvenus en Europe.

ORDO OPHIDIA

FAM. TYPHLOPIDAE

71. Typhlops congicus

Typhlops (Onychocephalus) congicus, *Boettg., Zool. Anzeig.,* 1887, p. 650; *Ber. Senckenb. Ges. Frankf.,* 1888, p. 44, pl. ı, fig. 5.
Typhlops congicus, *Bouleng., Cat. Snak. B. Mus.,* ı, 1893, p. 40.

Fig. *Boettg., Ber. Senckenb. Ges. Frankf.,* 1888, pl. ı, *fig.* 5.

Ce *Typhlops* découvert par Hesse à *Povo Netonna,* près de *Banana* dans le Bas-Congo, nous est inconnu. D'après M. Boettger il serait voisin du *T. Hallowellii,* de la Côte d'Or, mais bien distinct de cette espèce par le nombre de ses labiales, quatre au lieu de trois, et par la présence d'une sus-oculaire moins étroite. A ces caractères différentiels il faudrait ajouter que son corps est plus étroit par rapport à sa longueur : 1:28 au lieu de 1:19.

Par sa taille et par ses couleurs il ressemblerait au *T. mucruso,* Peters, mais il n'a pas comme celui-ci des yeux distincts et une rostrale à bord tranchant.

72. Typhlops Anchietae

Typhlops (Onychocephalus) Anchietae, *Bocage, Jorn. Ac. Sc. Lisb.,* xı, 1886, p. 172.
Onychocephalus Anchietae, *Matschie, Zool. Jaarb.,* v, 1890, p. 608.
Typhlops Anchietae, *Bouleng., Cat. Snak. B. Mus.,* ı, 1893, p. 40.

Corps cylindrique, de la même longueur partout. Tête bombée en dessus ; museau saillant, à bord un peu obtus. Yeux indistincts. Narines inférieures. Rostrale large, bombée, rétrécie en bas, arrondie au sommet. Nasale bien développée, saillante, à bord postérieur légèrement concave, tronquée au sommet; le sillon nasal part de la rostrale et décrit une courbe assez prononcée en dehors avant de terminer dans la narine. Pré-oculaire moins haute et un peu plus étroite que la nasale et l'oculaire. Quatre labiales supérieures; la première touchant à la rostrale et à la nasale, la deuxième à la pré-oculaire, les troisième et quatrième à l'oculaire. Écailles sur-céphaliques beaucoup plus grandes que les écailles dorsales. Queue courte, grosse, un peu courbe, terminée par une petite épine, égale en longueur à la moitié de son diamètre à la base. Le corps est revêtu de trente à trente-deux rangées longitudinales d'écailles; celles de la queue disposées en huit séries transversales. Rapport du diamètre à la longueur du corps 1 : 24.

D'un jaune-paille avec les bords des écailes d'une teinte plus rembrunie; la tête et l'extrémité de la queue d'un jaune plus vif.

Long. totale 119 m.; long. de la tête 4 m.; long. de la queue 3 m.; larg. de la queue 5 m.; diamètre du tronc 5 m.

Distinct du *T. Hallowellii* par la disposition spéciale du sillon nasal, qui commence sur la partie inférieure du bord latéral de la rostrale et décrit une courbe à forte convexité en dehors avant de terminer dans la narine. Le nombre des labiales, quatre au lieu de trois, et le nombre des rangées d'écailles, 32–30 au lieu de 28, aident également à éviter toute confusion. D'après la description et la figure du *T. Hallowellii*, publiées par Jan[1], la conformation de la tête serait encore différente chez les deux espèces, car chez l'espèce d'Angola la tête est plus bombée en dessus et la rostrale, la nasale et la pré-oculaire, plus convexes au centre, rappellent, quoique à un moindre degré, une disposition analogue signalée par le Dr. Peters chez le *T. Fornasini*, disposition que avait valu à celui-ci le nom de *T. trilobus*[2].

Le Muséum de Lisbonne possède un seul individu de cette espèce recueilli à *Huilla* en 1871 par M. d'Anchieta.

73. Typhlops Boulengeri

Typhlops Boulengeri, *Bocage, Jorn. Ac. Sc. Lisb.*, 2ᵉ sér. iii, 1893, p. 117.

Corps cylindrique, à peine un peu plus étroit vers la tête. Museau proéminent, obtus. Yeux distincts. Narines inférieures. Rostrale rétrécie en dessous, plus large et à bords latéraux légèrement convexes en dessus, tronquée en arrière au niveau des yeux; nasale plus étroite que l'oculaire, semi-divisée,

---

[1] Jan, *Typhlopiens, p.* 29; *Icon. Gén.*, iv pl., iv et v, *fig.* 6.
[2] Peters, *Reise n. Mossamb., Amphib.*, p. 94, tab. xv, *fig.* 3.

le sillon nasal partant du milieu de la première labiale; pré-oculaire plus étroite et plus courte que la nasale et l'oculaire, mesurant en largeur deux tiers de celle-ci, en contact par son bord inférieur avec les deuxième et troisième labiales. Pré-frontale très large, fort supérieure en dimensions, de même que les sus-oculaires, aux autres écailles du corps. Quatre labiales supérieures. Écailles disposées en vingt-huit rangées longitudinales derrière la tête et en vingt-six rangées vers le milieu du tronc; celles du dos sensiblement plus larges que les autres. Queue plus courte que large, terminant par une petite épine. Le diamètre du tronc compris vingt-neuf fois dans sa longueur.

Rayé longitudinalement de noir sur un fond vert-pâle. Les raies noires occupent les intervalles des rangées d'écailles; elles sont assez épaisses sur le dos, laissant à peine à découvert un petit espace vert-clair au centre de chaque écaille, mais deviennent plus minces sur les flancs et sont remplacées par des lignes ponctuées sur les régions inférieures. Chez quelques individus le milieu de la face ventrale est d'une teinte verdâtre uniforme.

Dimensions d'un de nos plus grands individus : Long. totale 260 m. ; long. de la tête 7 m. ; long. de la queue 5 m. ; larg. de la queue 9 m. ; diamètre du tronc 9 m.

Ce *Typhlops* remarquable par la forme de sa rostrale, les fortes dimensions de ses écailles sur-céphaliques et sa coloration d'un vert-pâle, a été découvert récemment par M. d'Anchieta, à *Quindumbo*, dans l'intérieur de Benguella.

74. Typhlops punctatus

Acontias punctatus, *Leach, in Bowditch Miss. Ashantee*, 1819, *p.* 493.

Typhlops Eschrichtii, *Schleg., Abbild.*, 1844, *p.* 37, *pl.* xxxii, *figs.* 13 et 16; *Jan, Icon. Gén., livr.* 1, *pls.* v et vi, *fig.* 4.

T. (Aspidorhynchus) Eschrichtii, *Boettg., Ber. Senckenb. Ges. Frankf.*, 1888, *p.* 42.

T. punctatus, *Bouleng., Cat. Snak. B. Mus.*, i, 1893, *p.* 42.

Fig. *Schleg., Abbild. Amph.*, 1837–1844, *p.* 37, *pl.* xxxii, *figs.* 13–16; *Jan, Icon. Gén., livr.* 5, *pl.* v, *fig.* 2.

M. Boulenger a reconnu dans l'individu type de l'*Acontias punctatus*, Leach, qui fait partie des collections du Muséum Britannique, le *Typhlops Eschrichtii*, Schleg., auquel le savant herpétologiste du Muséum de Londres rapporte comme variétés un certain nombre d'espèces ayant cours dans la science, mais dont les caractères différentiels se réduisent à de légères différences dans le nombre des rangées d'écailles ou dans la distribution des couleurs. Non moins de sept espèces se trouvent ainsi dépossédées de leur rang : *Onychocephalus congestus*, Dum. et Bibr. ; *Onychophis Barrowii*, Gray; *Onychocephalus liberiensis*, Hallowel; *Onychocephalus Kraussii*, Jan; *Onychocephalus lineolatus*, Jan; *Onychocephalus nigro-lineatus*, Hallowel; *Onychocephalus angolensis*, Bocage.

Nous partageons cette manière de voir, qui est le résultat de la comparaison directe, entre eux et avec l'espèce typique, des représentants de ces prétendues espèces.

Deux des variétés admises par M. Boulenger se trouvent représentées dans nos collections par des individus d'Angola et du Congo :

I. Var. *lineolata*.
Typhlops lineolatus, Jan, Icon. Gén., ix, pl. i, fig. 4.

Un individu du *Congo* par M. d'Anchieta; un individu de *St. Salvador du Congo*, don de Monseigneur l'Évêque d'Himeria. Ce dernier porte sur l'étiquette le nom indigène *Quizengle*.

II. Var. *intermedia*.
Typhlops liberiensis, var. *intermedia*, Jan, Icon. Gén., v, pls. v et vi, fig. 2.
Onychocephalus angolensis, Bocage, Jorn. Ac. Sc. Lisb., i, pp. 46 et 65.

Un individu du *Duque de Bragança* par Bayão; plusieurs individus de *St. Salvador du Congo* par Monseigneur l'Évêque d'Himeria; un individu de *Cassange* provenant du premier voyage de MM. Capello et Ivens en 1878. Les indigènes de Cassange l'appelent *Chico-Chico*.

75. Typhlops humbo

Typhlops (Onychocephalus) humbo, *Bocage, Jorn. Ac. Sc. Lisb.*, xi, 1886, *p.* 171.
T. humbo, *Bouleng., Cat. Snak. B. Mus.*, i, 1893, *p.* 46.

Corps cylindrique, plus étroit vers la tête, légèrement déprimé. Tête aplatie; museau très proéminent à bord tranchant. Yeux visibles. Narines inférieures, en contact avec le bord tranchant du museau. Rostrale grande et large, atteignant en arrière le niveau des yeux, en ovale allongée en dessus, à bords latéraux parallèles et à bord postérieur arrondi, à peine un peu rétrécie dans sa portion inférieure, qui est plus large que longue. Nasale aussi large que l'oculaire, mais remontant plus haut sur la tête, semi-divisée par le sillon nasal qui part de la ligne qui sépare la première de la deuxième labiale; pré-oculaire plus étroite que l'oculaire, recouvrant par son extrémité supérieure, qui termine en pointe, la moitié antérieure de l'œil, et s'articulant en bas avec la deuxième labiale ou avec les deuxième et troisième labiales. Quatre labiales supérieures. Écailles surcéphaliques égales ou à peine supérieures en dimensions aux autres écailles du corps. Queue courte et mucronée, légèrement courbe. Trente-six à trente-huit séries longitudinales d'écailles vers le milieu du tronc. Rapport du diamètre à la longueur totale du corps 1 : 33.

En dessus d'un brun-olivâtre uniforme ou varié de quelques petites taches plus pâles, jaunâtres; en dessous jaune-orangé. La ligne de séparation des deux couleurs sur les flancs est fort irrégulière.

Long. totale 775 m.; long. de la tête 19 m.; larg. de la tête 15 m.; long. de la queue 9 m.; larg. de la queue 17 m.; diamètre du tronc 22 m.

Nous avons reçu à plusieurs reprises, en 1886 et 1890, quelques individus de cette espèce de *Quissange*, dans l'intérieur de Benguella, par M. d'Anchieta.

M. Boulenger cite deux spécimens de *Mpwapwa*, dans l'Afrique centrale, à deux-cents milles de la côte orientale, qui font partie des collections du Muséum Britannique [1].

Les indigènes de Quissange donnent à ce *Typhlops* le nom que nous lui avons imposé, nom qui signifie, suivant M. d'Anchieta, «grosse aiguille».

76. Typhlops mucruso

Onychocephalus mucruso, *Peters, Monatsb. Ak. Berl.*, 1854, p. 621.
Typhlops mucruso, *Peters, Reise n. Mossamb.*, III, *p.* 95, *pl.* XIII, *fig.* 3;
    Bouleng., Cat. Snak. B. Mus., I, 1893. *p.* 46.

Fig. *Peters, loc. cit., pl.* XIII, *fig.* 3.

Nous n'avons pu rencontrer jusqu'à présent le *T. mucruso* parmi les nombreux spécimens de *Typhlopidae* que nous avons reçus d'Angola; mais, suivant M. Boulenger, le Muséum Britannique en possède un individu rapporté de cette colonie portugaise par le Lieutenant Cameron [2].

Le *T. Petersii*, Bocage, que M. Boulenger considère identique au *T. mucruso*, nous semble suffisamment distinct de cette espèce par sa taille, beaucoup plus petite, par quelques détails de l'écaillure de la tête et par son système de coloration.

---

[1] Bouleng., *Cat. Snak. B. Mus.*, I, 1893, p. 46.
[2] Boulenger, *op. cit.*, p. 47.

77. Typhlops Petersii

Onychocephalus Petersii, *Bocage, Jorn. Ac. Sc. Lisb.*, IV, 1873, p. 249.

Corps cylindrique. Tête légèrement aplatie ; museau très saillant à bord tranchant. Yeux distincts. Narines inférieures. Rostrale en ovale allongée, arrondie à son sommet, qui atteint le niveau des yeux, un peu rétrécie en bas ; sa portion inférieure plus large que longue. Nasale large en bas, haute, terminant en dessus en pointe et arrivant presque à toucher celle du côté opposé, légèrement échancrée à son bord postérieur ; le sillon nasal part de la première labiale, marche parallèlement au bord de la rostrale et s'arrête à la narine, qui est située au-dessous du bord tranchant du museau et à une petite distance du bord de la rostrale. Pré-oculaire moitié plus étroite que la nasale, plus courte que l'oculaire. Celle-ci aussi large que la nasale, recouvrant l'œil. Écailles surcéphaliques beaucoup plus grandes que les écailles du corps ; les dorsales plus larges que les autres. Quatre labiales supérieures : la première en contact avec la rostrale et la nasale, la deuxième touchant à la nasale et à la pré-oculaire, la troisième et la quatrième à l'oculaire. Écailles du tronc en trente-six à trente-huit rangées longitudinales. Queue très courte, terminée par une épine, revêtue de huit à neuf séries transversales d'écailles. Rapport du diamètre à la longueur 1 : 28.

Jaune-pâle ou gris-perle ; en dessus varié de petites taches transversales noires disposées sur les rangées longitudinales d'écailles et tantôt rapprochées entre elles, tantôt plus espacées ; les bords latéraux des écailles finement lisérées de noir ; en dessous d'une teinte uniforme.

Long. totale 280 m. ; long. de la tête 9 m. ; long. de la queue 6 m. ; larg. de la queue 9 m. ; diamètre du tronc 10 m.

Un individu de *Biballa* et plusieurs individus, identiques au premier, de *Caconda* par M. d'Anchieta. Celui de Biballa porte le nom de *Cumbicuri*.

Nous avions rapporté à cette espèce un individu, d'une taille plus forte et provenant également de *Biballa*[1], qui se rapproche en effet de nos autres spécimens par sa conformation générale, mais qui nous présente, après un examen plus détaillé, quelques particularités dans l'écaillure de la tête dignes d'être prises en considération : la portion supérieure de la rostrale est fort étendue en arrière de manière à dépasser le niveau des yeux et à se trouver en contact avec les deux sus-oculaires ; la pré-frontale manque ; les autres écailles surcéphaliques sont petites et étroites, à peine égales à celles du tronc ; la pré-orbitaire, étroite et pointue à ses deux extrémités couvre la moitié antérieure de l'œil.

V. Bocage, *Jorn. Ac. Sc. Lisb.*, IV, 1873, p. 25.

Il diffère aussi sous le rapport des couleurs : il est jaune-orangé vif, d'une teinte uniforme en dessous, tacheté irrégulièrement de brun-noirâtre en dessus, ces taches résultant de la confluence de petites taches transversales noirâtres disposées sur les rangées d'écailles ; les bords latéraux des écailles noires ou noirâtres.

Les dimensions de cet individu sont supérieures à celles des autres spécimens : Long. totale 315 m. ; long. de la tête 10 m. ; long. de la queue 5 m. ; larg. de la queue 13 m. ; diamètre du tronc 14 m. Rapport du diamètre à la longueur du corps 1 : 22.

Nous avions d'abord remarqué chez cet individu sa ressemblance sous certains rapports avec le *T. riparius,* Peters, que M. Boulenger considère comme une simple variété du *T. mucruso ;* mais aujourd'hui les détails qu'un examen plus attentif de l'écaillure de la tête nous a fait constater ne nous semblent pas de nature à favoriser l'idée d'un tel rapprochement. Si les particularités que nous avons signalées ne constituent pas un cas singulier et anormal, ce qui nous semble difficile d'admettre, cet individu appartiendrait à une espèce inédite.

78. Typhlops hottentotus

Corps cylindrique, plus gros en arrière. Tête légèrement déprimée ; museau proéminent à bord tranchant. Yeux distincts. Narines inférieures. Rostrale ovale, large, rétrécie en bas, atteignant par son sommet arrondi le niveau des yeux ; sa portion inférieure plus large que longue. Nasale moins large que l'oculaire, s'articulant en bas avec les première et deuxième labiales, semi-divisée, le sillon partant de la première labiale ; pré-oculaire un peu moins haute et moitié plus étroite que l'oculaire, échancrée à son bord postérieur, s'articulant par son bord inférieur à la deuxième labiale ; oculaire assez large recouvrant l'œil. Les écailles surcéphaliques médiocres, à peine plus larges que les dorsales. Quatre labiales supérieures : la première en contact avec la nasale, la deuxième touchant à la nasale et à la pré-oculaire, les troisième et quatrième en rapport seulement avec l'oculaire. Queue courte, ayant en longueur deux tiers à peu-près de son diamètre à la base, terminée par une épine revêtue de neuf à dix rangées transversales d'écailles. Trente-six séries longitudinales d'écailles. Le diamètre du corps compris trente fois dans sa longueur.

En dessus brun-olivâtre foncé, presque noir, chaque écaille marquée d'un petit trait transversal plus clair ; en dessous jaune ; quelques petites taches jaunes disséminées irrégulièrement sur le dos et les flancs ; des taches brun-olivâtre sur le fond jaune des régions inférieures. Les plaques céphaliques ornées d'un étroit liséré jaunâtre.

Long. totale 328 m. ; long. de la tête 9 m. ; long. de la queue 6 m. ; diamètre du tronc 11 m.

Voisin du *T. Schlegelii,* Bianconi, mais distinct de cette espèce par la conformation de son museau, moins saillant, et par quelques particularités de l'écaillure de la tête : la rostrale plus rétrécie en arrière ; la pré-oculaire plus étroite et en contact par son extrémité inférieure, non pas avec les deuxième et troisième labiales, mais seulement avec la deuxième ; l'oculaire sensiblement plus large que la nasale. Il en diffère aussi par un nombre inférieur de rangées d'écailles, trente-six au lieu de quarante-deux.

Le Muséum de Lisbonne possède un seul individu de cette espèce envoyé par M. d'Anchieta du *Humbe,* sur le bord droit du Cunene.

79. Typhlops anomalus

Onychocephalus anomalus, *Bocage, Jorn. Ac. Sc. Lisb.,* ɪv, 1873, p. 248.
Typhlops anomalus, *Bouleng., Cat. Snak. B. Mus.,* ɪ, 1893, p. 47.

Corps étroit et déprimé près de la tête, épais et cylindrique dans le reste de sa longueur. Yeux visibles. Narines inférieures en contact avec les bords latéraux de la rostrale. Museau très proéminent et incliné en bas. Rostrale à bord tranchant, ovale et très large en dessus, dépassant par son bord postérieur le niveau des yeux, plus étroite en dessous, se rétrécissant en face des narines. Écailles surcéphaliques plus grandes que les autres écailles. Nasale semi-divisée, le sillon nasal partant du bord latéral de la rostrale. Pré-oculaire beaucoup plus étroite que l'oculaire, en contact par son bord inférieur avec les première et deuxième labiales ou avec les première, deuxième et troisième labiales. Quatre labiales supérieures. Queue courte, garnie à l'extrémité d'une épine aigüe. Le diamètre du corps compris trente à trente six fois dans sa longueur. Séries d'écailles trente à trente-deux.

En dessus d'une teinte brune uniforme ou avec le centre des écailles un peu plus clair ; en dessous d'un jaune plus ou moins vif ; le bout du museau et de la queue de cette couleur.

Long. totale 540 m. ; long. de la tête 11 m. ; long. de la queue 10 m. ; diamètre du corps 15 m.

La description originale de cette espèce, publiée en 1873[1], a été faite d'après quelques individus de *Biballa* et *Huilla,* dont le plus grand était à peine long de 180 m. à 190 m. ; ce n'est que plus tard que nous avons reçu de *Caconda* et d'autres endroits de l'intérieur de Benguella des individus atteignant des dimensions supérieures à 50 centimètres.

Habitat. : *Biballa, Huilla, Caconda, Quibula, Cahata, Quindumbo.*

Les indigènes de l'intérieur de Benguella l'appellent *Gimbolobolo* ou *Chimbolobolo* (Anchieta).

---

[1] *Jorn. Ac. Sc. Lisb.,* 1873, ɪv, p. 248.

FAM. GLAUCONIIDAE

80. Stenostoma scutifrons

Stenostoma scutifrons, *Peters, Monatsb. Ak. Berl.*, 1854, *p.* 621 ; *ibid.*,
    1865, *p.* 261, *pl. — fig.* 5 ; *Reise n. Mossamb.*, III, 1892, p. 104,
    pl. XV, *fig.* 4 ; *Bocage, Jorn. Ac. Sc. Lisb.*, IV, 1873, *p.* 251.
St. nigricans, *Bocage, Jorn. Ac. Sc. Lisb.*, I, 1866, *p.* 224.
Glauconia scutifrons, *Bouleng., Cat. Snak. B. Mus.*, I, 1893, *p.* 68.

Fig. *Peters, Reise n. Mossamb.*, III, *pl.* XV, *fig.* 4.

Cette espèce se trouve largement répandue en Angola, surtout dans
.es hauts-plateaux de l'intérieur. Le Muséum de Lisbonne possède à peine
quelques individus provenant de deux localités du littoral, *Novo Redondo*,
par M. Botelho, et *Catumbella*, par M. d'Anchieta ; tous les autres, assez nombreux, ont été recueillis à *Duque de Bragança* (Bayão), *Huilla* (Welwitsch),
Biballa, Capangombe, Caconda et *Cahata* (Anchieta).

Les couleurs de nos individus varient du brun-noir au brun-roussâtre ;
chez quelques-uns les dimensions atteignent des chiffres bien supérieures
à ceux indiqués par M. Boulenger d'après deux individus de Benguella[1] :
Long. totale 196 m. ; long. de la queue 13 m. ; diamètre du tronc 3 m.
La longueur du corps est égale à soixante-cinq fois le diamètre du tronc
et à quinze fois la longueur de la queue.

81. Stenostoma rostratum

Stenostoma rostratum, *Bocage, Jorn. Ac. Sc. Lisb.*, XI, 1886, *p.* 173.
Glauconia rostrata, *Bouleng., Ann. et Mag. N. H.* (6), VI, 1890, p. 92 ;
    Cat. Snak. B. Mus., I, 1893, p. 62.

Museau proéminent, un peu incliné en bas et à bord aigu. Rostrale
grande, ovale, large en dessus, dépassant le niveau des yeux par son sommet
tronqué, rétrécie en bas. Yeux distincts. Nasale complètement divisée, moins
large que l'oculaire ; celle-ci recouvrant le bord de la mâchoire entre deux

---

[1] Long. totale de l'individu décrit par M. Boulenger (loc. cit.) : 170 m.
    Dimensions de l'individu de Moçambique décrit par Peters (loc. cit.) : Long. totale
175 m. ; long. de la queue 11 m. ; diamètre du corps 2,3.

labiales. Une sus-oculaire. Queue courbe et mucronée revètue de vingt séries transversales d'écailles. Quatorze rangées longitudinales d'écailles vers le milieu du tronc. Le diamètre du corps compris soixante-quatre fois dans sa longueur.

Teinte générale d'un brun-clair avec les bords des écailles plus pâles. Long. totale 192 m.; long. de la tète 3 m.; long. de la queue 12 m.; diamètre du tronc 3 m.

Un seul individu envoyé du *Humbe* par M. d'Anchieta, type de l'espèce. Le Muséum Britannique possède également un individu rapporté d'Angola par le Lieutenant Cameron (Bouleng., loc. cit.).

FAM. PYTHONIDAE

82. Python natalensis

Python natalensis, *Smith, Ill. S. Afr. Quart. Journ.,* 1833, *p.* 64; *Ill. S. Afr. Zool., Rept., pl.* IX; *Dum. et Bibr., Erp. Gén.,* VI, *p.* 409; *Peters, Reise n. Mossamb.,* III, 1882, *p.* 105; *Bocage, Jorn. Ac. Sc. Lisb.,* XII, 1887, *p.* 88.

P. Sebae, *Bocage, Jorn. Ac. Sc. Lisb.,* I, 1866–1867, *pp.* 47 *et* 225; *Bouleng., Cat. Snak. B. Mus.,* I, 1893, *p.* 86.

Fig. *Smith, Ill. S. Afr. Zool., Rept., pl.* IX; *Jan, Icon. Gén., livr.* 8, *pl.* IV.

Les caractères de nos individus d'Angola sont bien ceux du Python décrit et figuré par Smith sous le nom de *P. natalensis :* les frontales sont chez eux remplacées par plusieurs petites plaques irrégulières ; les internasales sont plus longues que les pré-frontales ; le cercle orbitaire est composé de onze à treize pièces, parmi lesquelles nous comptons trois sus-oculaires.

Sans prétendre trancher la question si le *P. natalensis* doit être considéré comme une espèce à part ou comme une simple variété du *P. Sebae*, nous tenons à constater que le Python découvert par Smith dans l'Afrique australe existe en Angola avec les caractères dont cet auteur s'est servi pour établir le *P. natalensis*.

Plusieurs individus de cette provenance font partie de nos collections : quelques-uns recueillis à Benguella et à *Maconjo*, dans l'intérieur de Mossamedes, par M. d'Anchieta; d'autres envoyés de Loanda, sans aucune indication précise de localité, par Bayão et Toulson; un du *Giraul*, don de M. J. A. Pinto.

Une peau de ce Python, envoyée d'Angola en 1866 par M. P. de Balsemão, a plus de trois mètres de longueur; nos individus en alcool sont beaucoup plus petits.

83. Python Anchietae

Pl. IX, figs. 1, 1 a–c

Python Anchietae, *Bocage, Jorn. Ac. Sc. Lisb.*, xii, 1887, *p.* 87 ; *Bouleng.,*
    Cat. Snak. B. Mus., i, 1893, *p.* 88.

Tête bien distincte du tronc ; cou étroit et long. Rostrale un peu plus
haute que large, remontant sur le museau par son extrémité supérieure ;
une paire d'internasales et de pré-frontales, les premières plus longues
mais plus étroites que les secondes, les unes et les autres séparées sur
la ligne médiane par une ou deux séries de très petites écailles ; le reste
de la partie supérieure de la tête revêtu d'écailles petites et variant peu
en dimensions ; de chaque côté du museau, derrière la nasale, cinq ou six
écailles plus grosses en deux rangs superposés. Cercle orbitaire complet
composé de treize à quinze plaques. Quatorze labiales supérieures, dont
les cinq premières creusées d'une fossette ; quinze à seize labiales inférieures, trois ou quatre, à compter de la neuvième, présentant un enfoncement
bien distinct. Écailles du tronc disposées en 55 à 59 rangées longitudinales.
Plaques abdominales 253 à 267 ; sous-caudales 46 à 48, les deux ou trois
premières simples, les autres doubles.

Le dessus de la tête est orné d'une grande tache triangulaire brun-
roussâtre, limitée par trois bandes blanches bordées de noir des deux côtés ;
derrière les yeux, sur la ligne médiane et plus rapprochée de la base de cet
espace triangulaire une tache blanche cerclée de noir. Le dos et les flancs
sont variés sur un fond brun-roux de bandes et de taches blanches bordées
de noir, les bandes étant disposées de manière à circonscrire de grands
espaces brun-roux dont le centre est occupé par les taches. La face inférieure
de la tête et du corps d'un jaune sale avec quelques taches irrégulières
brunes de chaque côté.

Le plus grand de nos individus, un jeune mâle, est long de 1.140 m. ;
la queue a à peine 120 m. ; le diamètre du tronc, assez étroit dans son tiers
antérieur, atteint vers le milieu du corps le maximum de 42 m.

Un seul caractère, le nombre des labiales supérieures à fossettes, suffit
à bien distinguer le *P. Anchietae* de ses congénères africains, le *P. Sebae*
et le *P. natalensis* ayant à peine deux et le *P. regius* quatre, tandis que
ce nombre s'élève à cinq chez l'espèce découverte par M. d'Anchieta.

Nous possédons trois individus, les seuls connus, de cette intéressante
espèce, tous trois envoyés de *Catumbella* par M. d'Anchieta. Son habitat
semble donc, pour le moment, restreint à une partie fort limitée de la zone
littorale.

84. Calabaria Reinhardti

Eryx Reinhardti, *Schleg., Bijdr. tot. de Dierk.*, ı, 1848, *p.* 2, *pl.* —
Calabaria fusca, *Gray, Proc. Zool. Soc. Lond.*, 1858, *p.* 155, *pl.* xıv.
Rhoptrura Reinhardti, *Peters, Monatsb. Ak. Berl.*, 1858, *p.* 340.
Rhoptrura Petiti, *Sauvage, Bull. Soc. Zool. de France*, 1884, *p.* 202,
  pl. vı, *fig.* 4.
Calabaria Reinhardti, *Bouleng., Cat. Snak. B. Mus.*, ı, 1893, *p.* 92.

Fig. *Gray, Proc. Zool. Soc. Lond.*, 1858, *pl.* xıv (Calabaria fusca).

Un individu de cette espèce, recueilli à *Maiumba*, dans la côte de Loango,
par Petit, a été examiné par M. Sauvage, qui publia sa description sous le
nom de *Rhoptrura Petiti* (Sauvage, loc. cit.). C'est jusqu'à présent, la seule
preuve matérielle de l'existence de cette espèce au sud du Gabon. Elle a été
rencontrée en plusieurs localités de la côte occidentale et à l'île Fernão do Pó.

FAM. COLUBRIDAE

AGLYPHA

85. Mizodon olivaceus

Coronella olivacea, *Peters, Monatsb. Ak. Berl.*, 1854, *p.* 622; *Bocage,
  Jorn. Ac. Sc. Lisb.*, ı, 1866, *p.* 66; *Mocquard, Bull. Soc. Phil.*, xı,
  1887, *p.* 66.
C. (Mizodon) olivacea, *Peters, Monatsb. Ak. Berl.*, 1877, *p.* 614; *Boettg.,
  Ber. Senckenb. Nat. Ges. Frankf.*, 1888, *p.* 48.
Neusterophis atratus, *Peters, Monatsb. Ak. Berl.*, 1877, *p.* 614, *pl.* —
  fig. 1; *Günth., Proc. Zool. Soc. Lond.*, 1888, *p.* 51.
Tropidonotus olivaceus, *Bouleng., Cat. Snak. B. Mus.*, ı, 1893, *p.* 227.

Fig. *Peters, Reise n. Mossamb.*, ııı, *p.* 114, *pl.* xvıı, *fig.* 1; *Jan, Icon.
  Gén., livr.* 16, *pl.* ıv, *fig.* 4 (Enicognatus punctato-striatus).

Le *M. olivaceus* est très répandu dans l'Afrique tropicale. A la côte
occidentale il habite le Congo et cette portion du territoire d'Angola limitée
au sud par le Quanza. On l'a rencontré à *Chinchoxo* (Peters), à *Banana*

(Boettger), au *Bas-Congo* (Anchieta et Neves Ferreira), à *Brazzaville* (Mocquard), à *Pungo-Andongo* (Anchieta) et à *Malange* (Peters). Dans l'Afrique orientale sa présence a été signalée au *Zanzibar*, au *Zambeze*, à *Quelimane* et à *Angoche*.

Nos individus d'Angola et du Congo diffèrent à peine entre eux quant aux couleurs.

Un individu adulte du Bas-Congo, recueilli par Mr. d'Anchieta, est en dessus d'un brun-noirâtre uniforme, qui prend sur le bas des flancs une teinte plus foncée et tirant davantage au noir; cette même couleur couvre, plus ou moins, les extrémités latérales des gastrostèges; la partie centrale de celles-ci est d'un blanc-jaunâtre pâle et leurs bords libres sont lisérés de noirâtre.

Chez un autre individu du Congo et chez deux individus de Pungo-Andongo, tous les trois jeunes, le dos, brun-roux ou brun-olivâtre, présente une large raie médiane de la même nuance, mais d'un ton plus foncé et lisérée de noir; une série de points blancs ou jaunâtres accompagne le bord externe de ce liséré noir, et deux autres séries parallèles de points de la même couleur se font remarquer, plus ou moins distinctes, sur les flancs; la portion médiane des gastrostèges est d'un blanc-jaunâtre, leurs extrémités latérales et leurs bords libres noirâtres.

86. Mizodon fuliginoides

Coronella fuliginoides, *Günth., Cat. Snak. B. Mus.*, 1858, *p.* 39;
   Mocquard, Bull. Soc. Phil., 1889, *p.* 145.
C. longicauda, *Mocquard, Bull. Soc. Phil.*, xi, 1887, *p.* 184.
Meizodon longicauda, *Günth., Ann. et Mag. N. H.*, xii, 1863, *p.* 352,
   pl. v, *fig.* A; *Bocage, Jorn. Ac. Sc. Lisb.*, x, 1887, *p.* 184.
Tropidonotus fuliginoides, *Bouleng., Cat. Snak. B. Mus.*, i, 1893,
   p. 217.

Fig. *Günth., Ann. et Mag. N. H.*, xii, 1863, *pl.* v, *fig.* A.

D'une taille plus élancée et à queue relativement plus longue que le *M. olivaceus*. Rostrale plus large que haute, remontant à peine sur le museau. Internasales plus petites que les pré-frontales; frontale à bord antérieur droit et terminant en pointe en arrière; pariétales plus longues que la frontale, à extrémité postérieure arrondie. Narines placées entre deux plaques; une frénale carrée; une pré-oculaire assez développée en hauteur; trois post-oculaires, dont l'inférieure est la plus petite. Huit labiales, les quatrième et cinquième en contact avec l'œil, les sixième et septième les plus hautes.

Temporales 1 + 2 ; la temporale du premier rang en contact avec les sixième et septième labiales, la deuxième post-oculaire et la pariétale. Deux paires de sous-mentales, celles de la deuxième paire les plus allongées. Écailles lisses, rhomboïdales, disposées en 17 rangées longitudinales. Gastrostèges 128 à 132 ; anale simple ; 57 paires d'urostèges chez l'un de nos individus, 27 chez l'autre (leurs queues sont incomplètes).

En dessus brun-roux ou brun-olivâtre avec une bande noire sur la nuque, suivie, après un espace plus étroit jaune, de deux ou trois bandes noires, plus ou moins distinctes, séparées également par des espaces jaunes ; de chaque côté du dos une série de petites taches fauves, régulièrement espacées, suit la ligne de séparation du dos et des flancs et finit à une distance variable de la base de la queue. En dessous d'un blanc-jaunâtre avec un liséré noir sur les bords des gastrostèges et des urostèges ; les extrémités latérales des gastrostèges couvertes d'une teinte noirâtre qui se répand sur le bas des flancs.

Le plus grand de nos individus a 390 m. de l'extrémité du museau à l'extrémité de la queue (incomplète) ; celle-ci n'a que 106 m.

Cette espèce se trouve représentée dans nos collections par deux individus du Bas-Congo, que nous devons à l'obligeance de M. J. B. d'Abreu Gouveia. Elle a été rencontrée à *Loudinia-Niari,* dans le Congo français, par M. Brussaux (Mocquard, loc. cit.).

On ne l'a pas encore observée dans les territoires d'Angola. M. Boulenger fait mention d'individus de Fernão do Pó et de plusieurs localités de l'Afrique occidentale qui existent dans les collections du Muséum Britannique (Bouleng., loc. cit.).

87. Helicops bicolor

Limnophis bicolor, *Günth., Ann. et Mag. N. H.,* xv, 1865, *p.* 96, *pl.* ii, *fig.* C ; *Bocage, Jorn. Ac. Sc. Lisb.,* i, 1866, *pp.* 47 et 68 ; *ibid.,* vii, 1879, *p.* 96.
Helicops bicolor, *Bouleng., Cat. Snak. B. Mus.,* i, 1893, *p.* 274.

Fig. *Günth., Ann. et Mag. N. H.,* xv, 1865, *pl.* ii, *fig.* C.

Par sa conformation et par l'ensemble de ses caractères le *Limnophis bicolor,* Günther, nous semble bien à sa place dans le genre *Helicops,* quoiqu'il s'y trouve associé à une espèce asiatique et à plusieurs espèces américaines ; il est cependant distinct de ses congénères par une disposition particulière qu'il présente dans l'écaillure de la tête : la pariétale descend sur la face latérale de la tête et vient s'articuler à la sixième labiale de façon à empêcher tout contact entre la temporale du premier rang et les post-oculaires.

Corps fort et cylindrique; tête peu distincte du tronc; queue courte. Rostrale basse remontant à peine sur le museau; internasale unique, triangulaire; pré-frontales modérées, un peu plus grandes que l'internasale; frontale plus courte que les pariétales, ayant en longueur le double de sa largeur, à angle postérieur droit; frénale pentagonale; une pré et deux postoculaires; pariétale s'articulant par son bord latéral à la sixième labiale; temporales 1 + 2; huit labiales supérieures, dont les troisième et quatrième touchent à l'œil; cinq labiales inférieures en contact avec les sous-mentales antérieures; celles-ci plus courtes que les postérieures. Écailles lisses en 19 séries longitudinales. Gastrostèges 132 à 148; anale double; urostèges 45 à 52.

En dessus d'un brun-olivâtre ou brun-fuligineux; le dos est orné chez quelques individus de deux bandes longitudinales plus pâles d'un brun-roux. En dessous jaune-pâle. Les lèvres, en général, de cette couleur avec les bords des labiales bruns.

Long. tot. 760 m.; queue 130 m.

Cette espèce habite exclusivement la zone des hauts-plateaux; découverte au *Duque de Bragança* par Bayão en 1864, M. d'Anchieta l'a successivement rencontrée à *Huilla, Caconda, Quindumbo* et *Cahata*.

Les indigènes des deux dernières localités l'appellent *Joé* ou *Jaué*. Un exemplaire du *Luango,* affluent du *Quanza,* provenant du premier voyage de MM. Capello et Ivens, porte le nom indigène *Muzuzo*.

La description originale du Dr. Günther a été faite d'après deux des individus envoyés par Bayão en 1864 du Duque de Bragança.

88. Hydraethiops melanogaster

Hydraethiops melanogaster, *Günth., Ann. et Mag. N. H.,* ix, 1872, *p.* 28, *pl.* iii, *fig.* G; *Bouleng., Cat. Snak. B. Mus.,* i, 1893, *p.* 281.
Helicops lineofasciatus, *Sauvage, Bull. Soc. Phil.,* 1884, *p.* 203. *pl.* vi, *fig.* 3; *A. del Prato, Racc. Zool. nel Congo dal Cav. G. Corona, p.* 10.

Fig. *Günth., Ann. et Mag. N. H.,* ix, 1872, *pl.* iii, *fig.* G.

L'*H. melanogaster* manque à nos collections. Son existence au Congo a été signalée par M. Sauvage d'après un individu pris à *Maiumba* par Petit; plus récemment il a été rapporté des environs de *Banana* par M. Corona (A. del Prato, loc. cit.). Il habite surtout la côte occidentale au nord du Gabon et ne s'est jamais laissé voir au sud du Zaïre dans les territoires d'Angola.

89. Boodon lineatus

Boaedon lineatum, *Dum. et Bibr., Erp. Gén.*, vii, *p.* 363; *Bocage, Jorn.*
    Ac. Sc. Lisb., i, 1866, *p.* 49; *ibid.*, i, 1867, *p.* 227.
B. quadrivittatum, *Hallow. Proc. Ac. Philad.*, 1857, *p.* 54.
B. quadrilineatum, *A. Dum., Arch. Mus. Paris*, x, 1859, *p.* 193, *pl.* xvii,
    fig. 4; *Bocage, Jorn. Ac. Sc. Lisb.*, vii, 1879, *p.* 89; *Mocquard.,*
    Bull. Soc. Phil., i, 1889, *p.* 145.
B. geometricus, *Peters, Monatsb. Ak. Berl.*, 1877, *pp.* 615 *et* 620.
Alopecion variegatum, *Bocage, Jorn. Ac. Sc. Lisb.*, i, 1867, *p.* 230,
    pl. iii, *figs.* 4, 4 a–b; *Günth., Zool. Rec.*, 1867, *p.* 141.
Boodon lineatus, *Boettg., Ber. Senckenb. Ges. Frankf.*, 1888, *p.* 69;
    Bouleng., Cat. Snak. B. Mus., 1893, p. 332.
B. bipraeocularis, *Günth., Ann. et Mag. N. H.*, i, 1888, *p.* 330, *pl.* xviii,
    fig. B.

Fig. *Jan, Icon. Gén., livr.* 36, *pl.* ii, *fig.* 2.

M. Boulenger attribue au *B. lineatus,* Dum. et Bibr., une aire géographique fort étendue, qui comprend les régions tropicale et australe du vaste continent africain, et relègue dans la synonimie de cette espèce, sans même leur accorder le rang de variétés, quelques espèces admises par d'autres auteurs en égard à certaines particularités de coloration et d'écaillure. Les nombreux exemplaires du Muséum Britannique, considérés par cet auteur comme appartenant à cette espèce, sont distribués en plusieurs groupes d'après le nombre de leurs rangées d'écailles, qui varie de vingt-cinq à trente et un, sans attention à leurs autres caractères ni à leur habitat.

Nous admettons volontiers avec M. Boulenger que le *Lycodon geometricus* figuré par Smith, le *Boaedon capense*, Dum. et Bibr., le *B. quadrivittatum,* Hallowell, le *B. bipraeocularis,* Günth., l'*Alopecion variegatum,* nob., ne soient pas spécifiquement distincts du *B. lineatus;* mais l'éxamen des matériaux réunis au Muséum de Lisbonne nous amène à reconnaitre, parmi les individus appartenant à cette espèce, quelques représentants de variétés bien caractérisées par leurs facies et ayant une aire d'habitation plus ou moins distincte.

N'ayant à nous occuper ici que des échantillons d'Angola et du Congo, c'est par rapport à eux que nous allons présenter le résultat de nos observations.

Nos individus du Congo et de la zone littorale d'Angola au nord du Quanza ressemblent tout-à-fait à ceux de la Guinée; ils représentent la forme typique du *B. lineatus :*

Corps épais chez l'adulte, tête distincte du tronc, cou étroit. Rostrale plus large que haute; internasales plus petites que les pré-frontales; frontale à peine inférieure ou égale en longueur aux pariétales ; pré-oculaire unique ou divisée en travers, remontant sur le front et touchant presque toujours à la frontale ; frénale plus ou moins allongée, tronquée à son extrémité postérieure, n'arrivant jamais au contact de l'œil ; deux post-oculaires, très rarement trois ; temporales 1 + 2, exceptionellement 1 + 3 ; huit labiales supérieures, deux ou trois, plus souvent deux, faisant partie de l'orbite ; trois ou quatre labiales inférieures en contact avec la première gulaire, qui est toujours plus longue que la deuxième. Écailles en 27 à 31 rangées, plus rarement 25. Plus de 200 abdominales ; l'anale indivise ; plaques caudales 49 à 63 paires.

L'adulte est d'un brun-roussâtre ou brun-fauve uniforme en dessus ; blanc-jaunâtre en dessous. De chaque côté de la tête deux raies jaunâtres lisérées de brun, l'une s'étendant de la narine à l'angle de la mâchoire en passant sous l'œil, l'autre partant de la base de la rostrale, montent le long de cette plaque, vers le sommet de laquelle une petite raie l'unit à sa congénère, et se dirigent en arrière par dessus l'œil, terminant sur la région temporale. Chez quelques individus ces deux raies, après un court intervalle, se prolongent plus ou moins en arrière sur le cou et les flancs.

Les jeunes se font remarquer, en général, par des couleurs plus foncées et par la présence des deux raies latérales sur le cou et les flancs ; ils ressemblent parfaitement à l'individu de l'Afrique occidentale figuré par Jan (Icon. Gén., livr. 36, pl. II, fig. 2). Aucun de ces individus ne présente le mode de coloration de l'individu jeune de Moçambique figuré par Jan et type de la var. *variegatus* de cet auteur [1] (Icon. Gén., livr. 36, pl. II, fig. 4).

L'adulte atteint et dépasse un mètre en longueur, la queue y entrant pour un peu plus d'un huitième.

Habitat : *Landana* (Neves Ferreira) ; *Molembo* (Anchieta) ; *Loanda* (Welwitsch) ; *Dondo* (Bayão).

*

*   *

Nos individus des hauts-plateaux d'Angola diffèrent des précédents par leurs formes plus élancées, leur corps ne paraissant pas atteindre la même épaisseur. Leur tête est plus allongée et moins distincte du tronc ; l'écaillure de la tête a les mêmes caractères et présente les mêmes variations que la forme typique, mais leur mode de coloration est bien distinct. Chez l'adulte les parties supérieures sont d'un brun-noirâtre ou gris-brun-foncé à reflets violacés ; les parties inférieures blanches ou jaunâtres ; de chaque côté de la tête deux lignes blanches ou jaunâtres, beaucoup plus étroites que les

---

[1] Deux jeunes individus de Moçambique de notre collection reproduisent exactement la fig. de Jan.

raies de la forme typique, l'inférieure commençant au-dessous des nasales, suivant le bord supérieur des nasales et s'arrêtant à l'angle de la mâchoire, la supérieure partant du bord inférieur de la rostrale, accompagnant le bord latéral de cette plaque sans se réunir à sa congénère et terminant en arrière, en traversant l'œil, dans la région temporale. Le jeune porte exactement la même livrée que l'adulte; il a des couleurs plus foncées, d'un cendré-noirâtre glacé de violacé, qui prend par l'action prolongée de l'alcool des tons bruns.

Les dimensions sont à peu-près les mêmes que celles de la forme typique.

Habitat.: *Duque de Bragança* (Bayão); *St. Salvador du Congo* (P⁶ Barroso); *Ambaca, Quissange, Cahata, Galanga, Caconda, Biballa, Huilla, Gambos* et *Humbe* (Anchieta). Nom indigène à Cahata, *Onjo*.

Ces individus nous semblent devoir constituer une variété distincte sous le nom de var. *angolensis*.

*
*   *

D'autres individus, ceux-ci recueillis par M. d'Anchieta dans la zone littorale au sud du Quanza, se font remarquer par quelques particularités dans le mode de coloration et aussi dans l'écaillure de la tête. Ils ont tous une seule pré-oculaire, rabatue sur le dessus de la tête, en contact avec la frontale et terminant en bas en pointe aiguë; la frénale rentre toujours dans l'orbite et touche à l'œil par son extrémité postérieure, resserrée entre la pré-oculaire et la troisième labiale, qui fait également partie de l'orbite. A ces caractères il faut ajouter quelques détails de coloration: la tête, sur un fond brun-roux plus ou moins pâle, présente de chaque côté deux lignes étroites jaunes ou jaunâtres ayant la même disposition que chez la var. *angolensis;* le corps, de la même couleur en dessus, est orné latéralement d'un dessin composé de lignes jaunes formant de grandes mailles de formes variées. Chez les individus jeunes ce dessin se prolonge fort en arrière; les individus plus âgés l'ont plus circonscrit à la partie antérieure du corps; il tend probablement à disparaître avec le progrès de l'âge. Séries d'écailles 29. Plaques ventrales **233** à **237**; anale indivise; plaques sous-caudales **55** à **59**.

Le plus grand de nos individus est long de 771 m.; la queue 120 m.

Habitat: *Loanda* (Toulson); *Novo Redondo* (Botelho); *Benguella, Catumbella, Dombe, Capangombe* (Anchieta).

Nous avions d'abord rapporté ces individus au genre *Alopecion*, Dum. et Bibr., sous le nom d'*A. variegatum,* et notre ami le Dr. Günther avait partagé notre manière de voir; mais nous les considérons maintenant comme une variété du *B. lineatus* sous le nom de var. *lineolata*.

Les exemplaires de Benguella portent le nom indigène *Canumbluquira*.

90. Boodon olivaceus

Holurophis olivaceus, *A. Dum., Rev. et Mag. Zool.*, 1866, *p.* 466; *Peters,*
    Monatsb. Ak. Berl., 1877, *p.* 615; *A. del Prato, Racc. Zool. dal*
    Cav. Corona, p. 12.
Boodon poensis, *Günth., Ann. et Mag. N. H.*, i, 1888, *p.* 330.
B. olivaceus, *Bouleng., Cat. Snak. B. Mus.*, i, 1893, *p.* 335.

Fig. *A. Dumeril, Arch. Mus. Paris,* x, 1859, *pl.* xvi, *fig.* 1.

L'aire géographique de cette espèce, qui appartient à la faune de
l'Afrique occidentale, s'étend jusqu'au Congo, ayant pour limite inférieure,
à ce qu'il paraît, le fleuve Zaïre. Nous avons connaissance de deux captures,
qui viennent à l'appui de cette manière de voir, l'une à *Chinchoxo* (Peters,
loc. cit.), l'autre au *Bas-Congo* (A. del Prato, loc. cit.). Dans les territoires
d'Angola, au sud du Zaïre, on ne l'a jamais rencontrée.

91. Lycophidium capense

Lycodon capensis, *Smith, Ill. S. Afr. Quart. Journ., n.°* 5, 1831, *p.* 18;
    Ill. S. Afr. Zool., Rept., pl. v.
Lycophidion Horstockii, *Bocage, Jorn. Ac. Sc. Lisb.*, i, 1866, *p.* 49.
L. capense, *Peters, Sitz. Ber. Ges. Nat. Fr. Berl.*, 1881, *p.* 149.
Lycophidium capense, *var.* multimaculata, *Boettg., Ber. Senckenb. Ges.*
    Frankf., 1888, *p.* 67.
L. capense, *Bouleng., Cat. Snak. B. Mus.*, i, 1893, *p.* 339.

Fig. *Smith, Ill. S. Afr. Zool., Rept., pl.* v.

Nos individus d'Angola et du Congo appartiennent à deux variétés
distinctes par leur mode de coloration.
    Les individus d'une de ces variétés sont d'un brun-noir violacé, avec
les écailles des flancs et les plaques ventrales lisérées de blanchâtre et la
gorge de cette couleur (var. B. Bouleng., loc. cit.).
    Ceux de l'autre variété, sur un fond cendré saupoudré de blanchâtre et
avec les bords des écailles noirs, ont le dos orné de deux séries longitudinales
de taches noires, souvent confluentes et formant des bandes transversales;
les plaques ventrales noires, bordées de grisâtre (var. *multimaculata,* Boettg.,
loc. cit.). Chez quelques individus appartenant à cette dernière variété le
noir est remplacé par du roux-cannelle ou lie-de-vin.

La première variété est originaire de *Cabinda* (Anchieta), de *St. Salvador du Congo* (P^e Barroso) et du *Duque de Bragança* (Bayão).

Nos individus de la seconde variété à taches noires ont été recueillis à *Galanga* par M. d'Anchieta ; ceux à taches roux-cannelle et lie-de vin nous viennent de l'intérieur de *Mossamedes* (Graça), d'Angola, sans indication de la localité (J. Horta), de *Caconda* et *Galanga* (Anchieta).

M. Boettger fait mention de quelques spécimens de cette variété recueillis par Hesse au Bas-Congo, *Povo Nemeláo* et *Povo Netonna* dans les environs de *Banana* (Boettg., loc. cit.).

Le Dr. Peters cite un exemplaire du *L. capense*, de *Malange,* faisant partie d'une collection de reptiles rapportés de l'intérieur d'Angola par le major von Homeyer (Peters, loc. cit.).

92. Lycophidium laterale

Lycophidion laterale, *Hallow., Proc. Ac. Philad.,* 1857, *p.* 58 ; *Bocage, Jorn. Ac. Sc. Lisb.,* I, 1866, *p.* 49.

Lycophidium capense, *var.* lateralis, *Boettg., Ber. Senckenb. Ges. Frankf.,* 1888, *p.* 68.

L. laterale, *Bouleng., Cat. Snak. B. Mus.,* I, 1893, *p.* 338.

Cette espèce, établie par Hallowell d'après un exemplaire du Gabon, a été rencontrée par M. d'Anchieta à *Molembo* (Congo).

L'individu envoyé par notre zélé naturaliste n'atteint pas les dimensions signalées par M. Boulenger d'après des individus d'Afrique occidentale, il est à peine long de 310 m. Ses caractères d'écaillure et de coloration sont tout-à-fait conformes à ceux de l'espèce. Nous lui comptons 17 séries d'écailles, 174 plaques abdominales et 29 sous-caudales doubles ; l'anale est simple. D'un brun uniforme, plus pâle en dessous ; la tête ornée de deux raies jaunâtres de chaque côté, se réunissant sur l'extrémité du museau.

93. Lycophidium meleagris

Lycophidium meleagris, *Bouleng., Cat. Snak. B. Mus.,* I, 1893, *p.* 337, *pl.* XXII, *fig.* 2.

Lycophidion Horstockii, *part., Günth., Cat. Snak. B. Mus.,* 1858, *p.* 197.

Fig. *Jan, Icon. Gén., livr.* 36, *pl.* III, *fig.* 3 (L. Horstockii).

Deux individus de cette espèce d'*Ambriz* et *Ambrizete* font partie des collections du Muséum Britannique (Bouleng., loc. cit.). Ce sont les seuls spécimens rencontrés jusqu'à présent en Angola.

D'après la description publiée par M. Boulenger, le *L. meleagris* serait distinct du *L. capense,* avec lequel il a été confondu, par le nombre de ses rangées d'écailles, 15 au lieu de 17, et par ses couleurs, d'un noir uniforme partout avec une petite tache blanche sur l'extrémité de chaque écaille.

94. Bothrophthalmus lineatus

Elaphis (Bothrophthalmus) lineatus, *Peters, Monatsb. Ak. Berl.,* 1863, p. 287.
Bothrophthalmus lineatus, *var.* infuscatus, *Buchh. et Peters, Monatsb. Ak. Berl.,* 1875, *p.* 198 ; *Mocquard, Bull. Soc. Phil.,* 1889, *p.* 145.
B. lineatus, *Boettg., Ber. Senckenb. Ges. Frankf.,* 1888, *p.* 50; *Bouleng., Cat. Snak. B. Mus.,* I, 1893, *p.* 324.

Fig. *Jan, Icon. Gén., livr.* 20, *pl.* v (B. melanozostus).

M. Mocquard cite un individu du *B. lineatus,* var. *infuscatus,* Buchh. et Peters, faisant partie d'une collection de reptiles recueillis par M. Brussaux dans le Congo, à *Loudinia-Niari,* entre Loango et Brazzaville.

Un autre exemplaire de cette espèce rapporté du Congo par le Dr. Büttner se trouve actuellement au Muséum de Berlin (Boettger, loc. cit.).

Sa présence au sud du Zaïre n'a jamais été signalée.

95. Gonionotophis Brussauxi

Gonionotus Brussauxi, *Mocquard, Bull. Soc. Phil.,* I, 1889, *p.* 146, *pl.* II.
Gonionotophis Brussauxi, *Bouleng., Cat. Snak. B. Mus.,* I, 1893, *p.* 323.

Fig. *Mocquard, Bull. Soc. Phil.,* I, 1889, *pl.* II.

Le seul spécimen connu de cette espèce, récemment décrite par M. Mocquard, est originaire du Congo ; il a été pris à *Loudinia-Niari,* sur le fleuve Niari, entre Loango et le littoral (Mocquard, loc. cit.).

Le *Gonionotophis Brussauxi* est bien distinct du *G. Grantii,* décrit en 1863 par M. Günther et représenté dans nos collections par deux individus de *Bissau;* il diffère également du *G. Vossii,* Boettg., celui-ci de *Camarões,* mais lui ressemble davantage.

Le *G. Brussauxi* se fait remarquer surtout par quelques détails dans l'écaillure de la tête : des pré-frontales très développées, plus longues que larges ; une frénale longue et étroite, dont la longueur dépasse deux fois la hauteur; pas de pré-oculaire; deux post-oculaires; temporales 2 + 2; huit labiales supérieures, les quatrième et cinquième en contact avec l'œil. Le nombre des rangées d'écailles est de 21.

Le *G. Vossü* serait à peine distinct du *G. Brussauxi* par sa tête plus courte, par les dimensions de ses pré-frontales aussi longues que larges et par la disposition de ses temporales 1 + 2. Le nombre des rangées d'écailles est le même, 21, mais celles de la rangée vertébrale portent une double carène sur toute la longueur du corps et non pas seulement sur la dernière moitié, comme c'est le cas chez l'espèce du Congo (Bouleng., op. cit., p. 323; Boettg., Zool. Anzeig., 1892, p. 418).

Chez nos deux exemplaires du *G. Grantii* nous constatons l'existence de caractères différentiels plus accusés par rapport à ses deux congénères; des pré-frontales presque aussi larges que longues; une pré et une post-oculaire; temporales 1 + 2; sept labiales supérieures seulement, dont les troisième et cinquième touchent à l'œil; 15 rangées d'écailles.

96. Heterolepis Guirali

Heterolepis Guirali, *Mocquard, Bull. Soc. Phil.*, xi, 1886–1887, *p.* 23, *pl.* ii, *figs.* 3, 3 a–c.

H. bicarinatus, *Bocage, Jorn. Ac. Sc. Lisb.*, i, 1886, *p.* 49; *Sauvage, Bull. Soc. Phil.*, viii, 1884, *p.* 145.

? H. capensis, *Peters, Monatsb. Ak. Berl.*, 1877, *p.* 615.

Simocephalus Guirali, *Bouleng., Cat. Snak. B. Mus.*, i, 1893, *p.* 346.

Fig. *Mocquard, Bull. Soc. Phil.*, xi, 1886–1887. *pl.* ii, *figs.* 3, 3 a–c.

Un magnifique exemplaire envoyé en 1864 du Congo par M. d'Anchieta, que nous avions rapporté a l'*H. bicarinatus*, Dum. et Bibr., ressemble mieux à l'*H. Guirali* de la côte de Guinée, qu'à l'*H. Savorgnani*, de l'Ogouvé, l'un et l'autre récemment décrits et figurés par M. Mocquard. La conformation de la tête, courte, aplatie en dessus, à museau large et obtus; la forme et les dimensions relatives des écailles surcéphaliques, surtout des pariétales; la forme et la sculpture des écailles du tronc; tous ces détails se trouvent bien d'accord avec ce que l'on observe chez l'*H. Guirali*, d'après la description et les figures publiées par M. Mocquard.

Il diffère, cependant, de ces deux congénères quant au nombre des post-oculaires, trois au lieu de deux chez l'*H. Guirali* et d'une chez l'*H. Savorgnani*. Le nombre des labiales en contact avec l'œil, qui est de trois chez l'*H. Guirali*, se trouve réduit chez lui à deux, comme c'est le cas chez l'*H. Savorgnani*, Le nombre des gastrostèges s'élève à 239, tandis M. Mocquard a trouvé 251 et 255 chez les deux individus types de l'*H. Guirali* et 226 chez l'individu unique de l'*H. Savorgnani;* celui des urostèges est de 49, mais la queue est tronquée vers le bout. L'anale est simple et très large dans le sens longitudinal. Long. totale 1.115 m. ; la queue (incomplète) 135 m.

M. Boulenger considère l'*H. Savorgnani* identique à l'*H. capensis,* Smith, auquel il rapporte également l'*H. Guenzi,* Peters, du Natal, mais admet comme espèce distincte l'*H. Guirali.* N'ayant pas à notre disposition des représentants typiques de ces espèces, il nous est impossible de nous prononcer à cet égard. Ne désirant pas augmenter sans nécessité le nombre des espèces nominales, nous avons attribué à notre individu du Congo le nom de l'espèce à laquelle il ressemble davantage, tout en nous demandant si l'*H. Guirali* ne serait aussi mieux à sa place dans la synonimie de l'*H. capensis.*

97. Philothamnus irregularis

Pl. XII, fig. 2 a–c («var. angolensis», la tête)

Coluber irregularis, *Leach in Bowdich's Ashantee, App. p.* 494.
Ahaetula irregularis, *Günth., Proc. Zool. Soc. Lond.,* 1864, *p.* 480.
Leptophis Chenoni, *Bocage, Jorn. Ac. Sc. Lisb.,* i, 1866, *p.* 48.
Philothamnus irregularis, *Peters, Monatsb. Ak. Berl.,* 1877, *p.* 615
    et 620; *Sitz. Ber. Ges. Nat. Fr. Berl.,* 1881, *p.* 149; *Bocage, Jorn.*
    Ac. Sc. Lisb., ix, 1882, *p.* 4, *fig.* 1 (la tête); *ibid.,* xi, 1886,
    p. 202; *Boettg., Ber. Senckenb. Ges. Frankf.,* 1888, *p.* 61.
Ph. angolensis, *Bocage, Jorn. Ac. Sc. Lisb.,* ix, 1882, *p.* 7.
Ph. hoplogaster, *Bocage, non Günth., Jorn. Ac. Sc. Lisb.,* xi, 1887,
    p. 186.
Ph. Güntheri, *Pfeffer, Mitt. Nat. Mus. Hamburg,* 1893, *p.* 17, *pl.* i,
    figs. 3, 4 *et* 5.
Ahaetula shirana, *Günth., Ann. et Mag., N. H.,* 1888, *p.* 326.
Chloropsis irregularis, *Bouleng., Proc. Zool. Soc. Lond.,* 1891, *p.* 306.

Fig. *Jan, Icon. Gén., livr.* 50, *pl.* i, *fig.* 2 (Leptophis Chenoni).

D'une taille plus forte et moins élancée que la plupart de ses congénères. Tête distincte du tronc, légèrement bombée en dessus; museau court, étroit, arrondi à l'extrémité. Yeux grands, d'un diamètre égal à la distance du bord antérieur de l'orbite à la narine. Rostrale plus large que haute, rabattue sur le museau; internasales moins longues et beaucoup plus étroites que les pré-frontales; frontale plus large en avant, à bords latéraux légèrement concaves, ayant en longueur la distance de son bord antérieur au bout du museau, plus courte que les pariétales; celles-ci larges, obliquement tronquées en arrière; frénale quadrangulaire, une fois et demie plus longue que haute; une pré et deux post-oculaires, la pré-oculaire ne touchant pas à la frontale; temporales $1 + \frac{1}{1}$ (formule normale), mais pouvant varier en nombre et en disposition par suite d'anomalies; neuf labiales supérieures, rarement huit, les 4e, 5e et 6e, en général, en contact avec l'œil, les 7e et 8e les plus grandes, la 9e ayant à peine la moitié de la hauteur de la 8e; six labiales inférieures en contact avec les sous-mentales. Écailles lisses en 15 séries. Gastrostèges 150 à 170; urostèges 96 à 120; les unes et les autres carénées. Anale double.

Long. totale de l'un de nos plus grands individus 960 m., la queue ayant 275 m.

En dessus, d'un vert teint d'olivâtre; un petit trait blanc, plus ou moins apparent, sur les bords des écailles; les flancs d'une couleur plus pâle tirant au vert bleuâtre; les parties inférieures d'un blanc jaunâtre ou légèrement lavé de bleu.

Le nombre et la disposition des temporales varie beaucoup: au lieu de la formule typique $1 + \frac{1}{1}$, nous constatons chez quelques individus une seule temporale au second rang par suite de la fusion des deux, et cela tantôt d'un seul côté, tantôt des deux; d'autres individus, au contraire, nous présentent un plus grand nombre de temporales en résultat de la division en long et en travers des temporales typiques du premier et du second rang.

Le nombre et la position relative des labiales peuvent également varier dans certaines limites sans altérer profondément l'intégrité du type spécifique. Chez un de nos individus de *Capangombe* et chez un individu de *St. Salvador du Congo,* deux labiales se trouvent en contact avec l'œil; celui-ci ayant huit labiales des deux côtés. Deux individus de *Quindumbo* présentent de semblables anomalies: un de ces individus porte à peine huit labiales des deux côtés de la tête, dont deux seulement en contact avec l'œil, et le nombre des temporales s'y trouve aussi réduit à deux, $1 + 1$; chez l'autre nous comptons huit labiales d'un côté, neuf de l'autre, trois labiales en contact avec l'œil, mais du côté où il y en a huit, ce sont les 3e, 4e et 5e labiales qui touchent à l'œil.

Attribuant à ces variations dans l'écaillure de la tête une valeur que nous sommes loin de vouloir lui accorder maintenant, nous avions admis, sous le nom de *Ph. angolensis,* l'existence d'une espèce distincte du *Ph. irregularis,* et nous avions rapporté au *Ph. hoplogaster,* Günther, l'exemplaire de St. Salvador; à présent nous croyons mieux interpréter ces différences les considérant comme le résultat d'anomalies individuelles.

Le *Ph. irregularis* habite l'Afrique tropicale largement répandu de l'une à l'autre côte. Au Congo, il a été rencontré à *Chinchoxo* (Loango-Expédition), à *Cabinda* (Neves Ferreira), à *Banana* (Hesse), à *St. Salvador* (Évèque d'Himeria). D'Angola nous possédons de nombreux individus recueillis par Bayão au *Duque de Bragança* et à *Loanda,* et par Anchieta à *Quissange, Quindumbo, Caconda, Capangombe* et *Huilla.* Un individu de l'intérieur de Mossamedes faisait partie d'une petite collection de reptiles rapportée par MM. Capello et Ivens de leur voyage d'exploration à travers l'Afrique. Des individus recueillis à Malange et à Pungo Andongo par von Mechow et von Homeyer ont été examinés par le Dr. Peters.

Le nom que lui donnent les indigènes d'Angola paraît varier beaucoup suivant les localités: *Uango* à Quissange, *Nombo* à Quindumbo, *Chilembe* à Caconda.

*
* *

Le *Ph. Güntheri,* Pfeffer, représenté au Muséum de Lisbonne par un exemplaire de *Quelimane,* ne nous semble pas suffisamment caractérisé pour constituer une espèce à part; on ne saurait le considérer tout au plus que comme une variété du *Ph. irregularis,* à peine distincte de la forme typique par la conformation de sa tête, plus longue et à museau plus étroit, et par son mode de coloration, d'un beau vert-bronze tacheté de noir sur la tête et la moitié antérieure du tronc[1].

Un autre individu recueilli au *Zambeze,* que nous avons reçu dernièrement de Moçambique, se fait remarquer, au contraire, par une tête plus courte et plus renflée dans sa portion postérieure et par des labiales courtes mais très développées en hauteur, surtout les 6e, 7e et 8e; la 9e labiale arrive à la moitié de l'hauteur de celle qui la précède; les temporales s'y trouvent réduites à deux, 1 + 1, celle du second rang double de l'autre en hauteur. En dehors de ces particularités le nombre des gastrostèges et urostèges, 159 et 110 respectivement, le nombre et la situation relative des labiales, la forme et les dimensions proportionelles des plaques du dessus de la tête, le mode de coloration, sont autant de caractères qu'il présente en commun avec le *Ph. irregularis,* ce qui nous le fait considérer comme appartenant à cette espèce. C'est d'après un individu provenant de cette même région africaine que M. Günther a admis l'existence d'une espèce nouvelle, *Ah. shirana,* que M. Boulenger considère identique au *Ph. irregularis*[2].

---

[1] V. Pfeffer, *Mitt. Nat. Mus. Hamburg,* 1893, p. 17, pl. 1, figs. 3, 4 et 5.

[2] V. Boulenger, *Proc. Zool. Soc. Lond.,* 1891, p. 307.

98. Philothamnus heterolepidotus

Ahaetula heterolepidota, *Günth.*, *Ann. et Mag. N. H.*, 1863, *p.* 285.
Leptophis heterolepidota, *Bocage, Jorn. Ac. Sc. Lisb.*, I, 1866, *pp.* 48
   et 69.
Philothamnus heterolepidotus, *Bocage, Jorn. Ac. Sc. Lisb.*, VII, 1879,
   p. 96; *ibid.*, IX, 1882, *p.* 8, *fig.* 2 (la tête); *ibid.*, XI, 1887, *p.* 185;
   Boettg., Ber. Senckenb. Nat. Ges. Frankf., 1888, *pp.* 60 *et* 326.
Ahaetula gracillima, *Günth.*, *Ann. et Mag. N. H.*, 1888,

Corps long, grêle; queue longue, éffilée, mesurant un peu plus du
tiers de la longueur totale. Tête petite, courte, légèrement déprimée, bien
distincte du tronc. Rostrale plus large que haute, rabattue par son extrémité sur le museau; internasales plus courtes et moins larges que les
pré-frontales; frontale à bords latéraux faiblement convergents en arrière,
dépassant en longueur la distance de son bord antérieur à l'extrémité du
museau, sensiblement plus courte que les pariétales, qui sont étroites et
tronquées en arrière; frénale en parallélogramme, étroite et longue, deux
fois plus longue que haute; une pré et deux post-oculaires; temporales 1 + 1,
formule fixe; neuf labiales supérieures, les 4e, 5e et 6e touchant à l'œil,
les 7e et 8e les plus hautes, exceptionellement huit labiales par suite de la
fusion de deux. Six labiales inférieures en contact avec les sous-mentales.
Écailles lisses en 15 séries. Gastrostèges faiblement carénées 175 à 190;
anale double; urostèges 105 à 124.
   Long. totale 790 m.; queue 270 m.
   D'un vert-olivâtre ou d'un beau vert turquoise uniforme en dessus, plus pâle sur le bas des flancs; la tête en général d'une teinte plus
foncée, olivâtre; les parties inférieures d'un blanc lavé de jaune ou de vert-
bleuâtre.
   Nous rapportons à cette espèce plusieurs individus du Congo et d'Angola, dont les caractères nous semblent parfaitement d'accord avec ceux
signalés par notre ami le Dr. Günther. Comme nous l'avons déjà écrit ailleurs,
la seule différence que nous constatons c'est que chez presque tous nos individus il y a neuf labiales, tandis que chez l'individu de *Lagos*, le type décrit
par M. Günther et que nous avons eu l'occasion d'examiner, ces plaques
sont au nombre de huit, dont la 7e, fort longue, occupe le même espace
que les 7e et 8e ensemble chez nos exemplaires. Nous avons constaté
cette anomalie, mais d'un seul côté, chez un de nos individus d'Angola,
anomalie qui résulte évidemment de la fusion de deux labiales en une
seule plaque.

Le *Ph. heterolepidotus* habite le Congo et Angola. Nous avons un individu de *Cabinda* par M. Neves Ferreira et un autre de *St. Salvador* par Monseigneur l'Évêque d'Himeria; M. Boettger cite un individu de *Boma* par M. P. Hesse. Quelques individus du *Dondo* et du *Duque de Bragança,* par Bayão; de *Quibula* et *Caconda,* par M. d'Anchieta; de *Cassange,* par MM. Capello et Ivens, prouvent qu'il n'est pas rare en Angola et qu'il se répand vers l'intérieur.

Il est connu des indigènes de Caconda sous le même nom que le précédent, *Chilembe.* L'individu recueilli à Cassange par MM. Capello et Ivens porte le nom de *Calumberembe.*

99. Philothamnus heterodermus

Chlorophis heterodermus, *Hallow., Proc. Ac. Philad.*, 1857, *p.* 54.

Ahaetula heteroderma, *Günth., Ann. et Mag. N. H.*, 1863, *p.* 285.

Philothamnus heterodermus, *Bocage, Jorn. Ac. Sc. Lisb.,* xi, 1882; *p.* 19; *Boettg., Ber. Senckenb. Ges. Frankf.,* 1888, *p.* 59; *A. del Prato, Racc. Zool. nel Congo dal Cav. G. Corona, p.* 11.

Cette espèce nous est inconnue. Dans sa description originale, d'une grande concision, Hallowell signalait à peine deux caractères différentiels d'une certaine valeur, la présence d'une anale simple et un nombre de sous-caudales inférieur à celui des autres espèces du genre *Philothamnus.* A ces détails le Dr. Günther a ajouté quelques autres: la formule des temporales $2 + 2 + 2$, ou plutôt $\frac{1}{1} + \frac{1}{1} + \frac{1}{1}$; le chiffre des labiales, neuf, dont trois touchent à l'œil; l'existence de carènes sur les plaques ventrales.

M. Boettger rapporte à cette espèce un individu jeune recueilli par Hesse à *Povo Nemelão,* près de *Banana,* dont les caractères principaux lui ont semblé d'accord avec ceux de la caractéristique établie par les deux auteurs que nous venons de citer. Suivant M. Boettger son spécimen du Congo se rapprocherait par l'ensemble de ses caractères du *Ph. Smithii,* que nous considérons maintenant identique au *Ph. semivariegatus,* Smith, et du *Ph. albovariatus* du même auteur. Le nombre des sous-caudales, beaucoup plus élevé chez ces deux espèces, permettrait de décider si l'individu en question appartient en effet au *Ph. heterodermus,* mais malheureusement il avait une queue incomplète sur laquelle M. Boettger a pu compter 67 sous-caudales doubles.

M. A. del Prato cite deux individus, adulte et jeune, recueillis au Congo par M. G. Corona, tous les deux présentant une anale simple, 83 sous-caudales doubles et 155 ventrales carènées.

C'est sur l'autorité de ces savants que nous nous décidons à inscrire le *Ph. heterodermus* parmi les reptiles du Congo.

100. Philothamnus semivariegatus

Pl. XIII, fig. 2 a – c («Ph. Smithii», la tête)

Philothamnus semivariegatus, *Smith, Ill. S. Afr. Zool. Rept., pls.* 59,
  60 *et* 64, *fig.* 1 (la tête); *Bouleng., Proc. Zool. Soc. Lond.,* 1891,
  p. 307.
Ahaetula semivariegata, *Günth., Ann. et Mag. N. H.,* 1863, *p.* 285.
Leptophis sp.? *Bocage, Jorn. Ac. Sc. Lisb.,* I, 1867, *p.* 226.
Philothamnus Smithii, *Bocage, Jorn. Ac. Sc. Lisb.,* IX, 1882, *p.* 12. *fig.* 5
  (la tête); *ibid.,* XI, 1886, *p.* 196; *Dollo, Bull. Mus. R. de Belgique,*
  IV, 1886, *p.* 156.
? Ahaetula Bocagii, *Günth., Ann. et Mag. N. H.,* 1888, I, *p.* 326.

Fig. *Smith, Ill. S. Afr. Zool., Rept., pls.* 59, 60 *et* 64.

Corps long et étroit, un peu comprimé; queue longue et effilée. Tête
distincte du tronc, longue, légèrement aplatie en dessus; museau long et
étroit, arrondi au bout. Rostrale large, rabattue sur l'extrémité du museau;
internasales plus étroites et plus courtes que les pré-frontales; frontale
large en avant, rétrécie et à bords latéraux parallèles dans ses deux tiers
postérieurs, plus longue que la distance de son bord antérieur au bout du
museau, à peu-près de la longueur des pariétales; pariétales longues, obliquement tronquées en arrière; frénale longue et étroite, sa hauteur entrant
au moins deux fois dans sa longueur; une pré et deux ou trois post-oculaires,
la pré-oculaire s'articulant en général à la rostrale; temporales $\frac{1}{1} + \frac{1}{1} + \frac{1}{1}$;
neuf labiales, les 4ᵉ, 5ᵉ et 6ᵉ en contact avec l'œil, les trois dernières
décroissant graduellement en hauteur d'avant en arrière; six labiales inférieures touchent aux sous-mentales. Écailles lisses en 15 séries. Gastrostèges
et urostèges carénées; les premières variant de 184 à 207, les secondes de 117
à 130. Long. totale 930 m.; long. de la queue 320 m.
    Couleur générale vert-olivâtre ou brun-olivâtre en dessus; plus pâle
en dessous, d'un blanc lavé de fauve, de jaune ou de vert-bleu, avec les
carènes des gastrostèges et urostèges marquées d'un trait brun ou noir.
La tête d'une couleur brune plus prononcée. Quelques petites taches blanches, plus ou moins apparentes, sur les bords des écailles. En général des
lignes noires ou noirâtres marquent sur la moitié antérieure du tronc la
séparation des rangs obliques des écailles; mais chez d'autres individus
ces lignes noires s'accentuent davantage et forment des raies obliques plus
distinctes et plus espacées.

Le *Philothamnus semivariegatus* habite les districts méridionaux de la province d'Angola; nous l'avons reçu par M. d'Anchieta de *Catumbella, Capangombe, Quillengues, Huilla* et *Humbe*. Un individu de Catumbella porte sur l'étiquette le nom indigène *Lubio*.

Dans un premier étude sur les espèces du genre *Philothamnus* nous avions remarqué que les individus d'Angola rapportés par nous à une espèce nouvelle sous le nom de *Ph. Smithii* rappelaient par leur mode de coloration le *Ph. semivariegatus,* Smith, de l'Afrique australe[1]; aujourd'hui, après un nouvel examen de ces individus, nous n'hésitons pas à nous prononcer en faveur de l'identité des deux espèces.

Des individus de l'Afrique occidentale, reçus de deux localités différentes, *Bissau,* dans la Guinée, et *Ajudá,* dans le Dahomé, ne présentent pas le mode particulier de coloration qui a valu à l'espèce le nom imposé par Smith, mais tous les autres caractères de formes et d'écaillure leur appartiennent également, ce qui nous engage à les réunir sous le même nom. Chez les exemplaires d'Ajudá nous comptons un nombre plus considérable de sous-caudales, 147 au lieu de 130, maximum observé chez les individus d'autres provenances; c'est la seule différence que nous ayons à signaler.

*

* *

Le *Ph. punctatus,* Peters, de Moçambique, serait, suivant M. Boulenger, identique au *Ph. semivariegatus,* Smith[2]. Après avoir comparé une belle suite d'exemplaires de la première espèce à nos individus d'Angola du *Ph. semivariegatus* nous sommes arrivés à cette conclusion: qu'on pourrait peut-être les considérer comme appartenant, les uns et les autres, à une seule forme spécifique; mais le *Ph. punctatus* devrait constituer une variété distincte et parfaitement caractérisée par la gracilité de son corps, par l'étroitesse et l'allongement plus marqués de sa tête et par ses couleurs.

M. le Dr. Günther a publié en 1888[3], sous le nom d'*Ahaetula Bocagii,* la description d'un individu du genre *Philothamnus* rapporté d'Angola par le célèbre voyageur Cameron. Les détails donnés par l'auteur, et que nous allons reproduire, nous semblent favorables à l'idée d'un rapprochement, plus ou moins intime, entre cet individu et ceux que nous rapportons au *Ph. semivariegatus,* dont il différerait à peine par le nombre des labiales qui touchent à l'œil, deux au lieu de trois, par la conformation de la tête et par

---

[1] Bocage, *Jorn. Ac. Sc. Lisb.,* ix, 1882, 13,
[2] Boulenger, *Proc. Zool. Soc. Lond.,* 1891, p. 307.
[3] Günther. *Ann. et Mag. N. H.,* i, 1888, p. 326

une taille plus élancée. Nous n'avons, cependant, la prétention de contester sans de meilleures preuves l'authenticité d'une espèce qui porte notre nom, attention aimable et amicale de la part de son auteur, à laquelle nous sommes très sensible. Voici la diagnose publiée par le Dr. Günther:

«Ahaetula Bocagii, *Günth., Ann. et Mag. N. H.,* 1888, *p.* 326.»

«Plaques ventrales carénées 196; anale double; neuf labiales supérieures, les 5ᵉ et 6ᵉ entrant dans l'orbite; une pré, deux post-oculaires; six labiales inférieures en contact avec les sous-mentales; frénale allongée, ayant au moins en longueur deux fois sa hauteur; temporales 2 + 2 + 2. Écailles lisses en 15 séries. Tête médiocre, non allongée; corps et queue très grêles. D'un vert uniforme; la peau entre les écailles noire, chaque écaille avec une tache blanche.»

101. Philothamnus dorsalis

Pl. XIII, fig. 1, 1 a–c

Leptophis dorsalis, *Bocage, Jorn. Ac. Sc. Lisb.,* i, 1866, *pp.* 48 *et* 69; *ibid.,* 1867, *p.* 226.

Philothamnus dorsalis, *Peters, Monatsb. Ak. Berl.,* 1877, *p.* 620; *Bocage, Jorn. Ac. Sc. Lisb.,* ix, 1882, *p.* 9, *fig.* 3 (la tête); *ibid.,* xi, 1886, *p.* 185; *Boettg., Ber. Senckenb. Ges. Frankf.,* 1888, *p.* 55.

Corps long et grêle; queue longue et effilée. Tête étroite, aplatie en dessus; museau long et obtus. Rostrale plus large que haute, rabattue sur le museau; internasale et pré-frontales à peu-près de la même longueur, mais celles-ci beaucoup plus larges; frontale large en avant, à bords latéraux légèrement concaves, égale en longueur à la distance de son bord antérieur au bout du museau, à peine plus courte que les pariétales; celles-ci arrondies à leur bord postérieur; frénale longue et étroite, deux fois plus longue que haute; neuf labiales, les 4ᵉ, 5ᵉ et 6ᵉ touchant à l'œil, la 9ᵉ moins haute que la 8ᵉ; temporales 1 + 1 + 1, sans variations; six labiales inférieures en contact avec les sous-mentales. Écailles lisses en 15 séries. Gastrostèges fortement carénées 170 à 180; anale double; urostèges 120 à 137.

Long. totale 860 m.; long. de la queue 300 m.

En dessus gris-vert ou vert-olivâtre pâle à reflets métalliques cuivrés ou dorés; sur le milieu du dos une large raie longitudinale brun-olivâtre, remplacée, chez quelques individus, sur un espace plus ou moins long à compter de la tête, par une série de petites bandes transversales de la même couleur; la raie dorsale se prolonge jusqu'à l'extrémité de la queue;

sur les bords des écailles de petites taches blanches en général peu apparentes. En dessous d'une coloration plus pâle, blanc teint de jaune ou de vert-bleu. Chez quelques individus les écailles sont lisérées de noir sur leurs bords. La tête est d'un vert-olivâtre pâle, le museau d'une teinte cuivrée.

Le *Ph. dorsalis* n'est pas rare au Congo et en Angola ; il habite surtout la zone littorale. Au Bas-Congo M. Hesse l'a recueilli à *Povo Nemeláo, Banana* et *Vista ;* le Muséum de Lisbonne possède des exemplaires de *Molembo* et *Cabinda* par MM. d'Anchieta et Neves Ferreira, et de *St. Salvador* par Monseigneur l'Évêque d'Himeria. Nos individus d'Angola nous ont été envoyés de *Rio Dande* (Banyures), de *Loanda* (Bayão et Toulson), de *Benguella* et *Catumbella* (Anchieta). Le Major von Homeyer l'a rencontré à *Pungo-Andongo,* dans l'intérieur d'Angola (Peters, loc. cit.).

Trois noms indigènes, différents suivant les localités, nous ont été signalés par nos correspondants : *Chitelle* à St. Salvador du Congo, *Tango* à Rio Dande, *Lubio* à Catumbella.

102. Philothamnus ornatus

Pl. XII, fig. 1, 1 a–c

Philothamnus ornatus, *Bocage, Jorn. Ac. Sc. Lisb.,* iv, 1872, *p.* 80 ; *ibid.,* ix, 1882, *p.* 15, *fig.* 6 (la tête).

Corps long et grêle ; queue effilée, inférieure à un tiers de la longueur totale. Tête distincte du tronc, étroite, bombée en dessus ; museau court, un peu acuminé. Rostrale de forme triangulaire, plus large que haute, repliée sur le museau ; internasales plus courtes et moins larges que les pré-frontales ; frontale large en avant, rétrécie en arrière, à bords latéraux convergents, égalant en longueur la distance de son bord antérieur à l'extrémité du museau, et un peu plus courte que les pariétales ; pariétales larges à bord postérieur obliquement tronqué ; frénale en parallélogramme, ayant en longueur une fois et demi sa hauteur ; une pré-oculaire en contact avec la frontale et deux post-oculaires ; temporales 1 + 1 ; huit labiales, dont les 3ᵉ, 4ᵉ et 5ᵉ touchent à l'œil ; la 1ᵉ labiale touche à la frénale, la 8ᵉ est moitié plus basse que la 7ᵉ, six labiales inférieures en contact avec les sous-mentales. Écailles lisses en 15 séries. Gastrostèges non carénées 151 à 166 ; anale double ; urostèges 85 à 100.

Long. tot. 710 m. ; long. de la queue 200 m.

En dessus vert-brun mordoré ou vert-bleu légèrement teint d'olivâtre et à reflets métalliques ; le bas des flancs d'un vert-bleu plus pur ; les parties inférieures blanches lavées de jaune ou de bleu pâle ; une bande longitudinale brun-marron lisérée de jaune vif sur le milieu du dos depuis la nuque jusqu'à l'extrémité de la queue. Chez quelques individus cette bande dorsale est moins distincte sur la partie antérieure du dos et s'y trouve remplacée par une série interrompue de taches irrégulières. Dans la moitié antérieure du tronc de petites taches blanches, plus ou moins apparentes, sur les bords des écailles. La tête en dessus d'une teinte uniforme brun-olivâtre.

Cette espèce découverte à *Huilla* en 1871 par M. d'Anchieta, a été plus tard rencontrée à *Caconda* par notre zélé naturaliste et rapportée du *Cunene* par MM. Capello et Ivens. Deux individus de *Huilla* recueillis par le R. Pe Antunes et un individu de *Cacheu* (Guinée portugaise) font également partie de nos collections.

Le *Ph. ornatus* paraît donc rechercher en Angola la zone des hauts-plateaux, au contraire de ce qui a lieu pour le *Ph. dorsalis,* comme nous l'avons remarqué.

*
* *

A l'énumération des espèces du genre *Philothamnus* observées jusqu'à présent en Angola et au Congo nous nous permettrons d'ajouter les descriptions de deux espèces insulaires, dont l'habitat paraît être assez restreint, l'une ayant été recueillie exclusivement dans l'île de St. Thomé, l'autre dans l'île d'Anno Bom.

I. Philothamnus thomensis, *Bocage, Jorn. Ac. Sc. Lisb.,* IX, 1882, *p.* 11 ;
   ibid., XI, 1886, *p.* 69.
Ph. irregularis, *Greeff, Sitz. Ges. Marburg,* 1884, *no* 2, *p.* 41 ; *Bocage,*
   Jorn. Ac. Sc. Lisb., IV, 1879. *p.* 87.

Corps élancé et grêle ; queue longue et effilée, dépassant le tiers de la longueur totale. Tête longue, étroite, légèrement bombée en dessus, bien distincte du tronc ; museau aplati, étroit, arrondi au bout. Oeil grand, dont le diamètre est égal à la distance du bord antérieur de l'orbite à la narine. Rostrale triangulaire, plus large que haute, rabattue sur le museau par son angle supérieur ; internasales aussi longues, mais plus étroites que les préfrontales ; frontale large en avant, rétrécie dans ses deux tiers postérieurs, plus longue que la distance de son bord antérieur à l'extrémité du museau, à peu-près de la longueur des pariétales ; celles-ci grandes, arrondies en arrière ; frénale étroite et longue, ayant en longueur au moins deux fois sa hauteur ; une pré et deux post-oculaires ; temporales $1 + 1 + \frac{1}{1}$; neuf labiales, dont trois, les 4e, 5e et 6e, en contact avec l'œil, la 8e moins haute que la 9e, celle-ci et la septième les plus hautes ; six labiales inférieures en contact avec les sous-mentales. Écailles lisses en 15 rangées longitudinales. Gastrostèges 207 à 215 ; anale double ; urostèges 163 à 171. Gastrostèges et urostèges carénées.

Long. totale 970 m. ; long. de la queue 331 m.

En dessus vert-olivâtre avec des petits traits blancs, peu apparents, sur les bords des écailles, le bas des flancs d'un vert-bleuâtre ; en dessous blanc teint de vert-bleuâtre. Les carènes des ventrales et des sous-caudales marquées par une ligne brune. La tête en dessus brune, plus pâle sur les joues ; une tache noirâtre sur la région frénale.

L'examen comparatif de plusieurs individus nous permet d'adopter pour les temporales la formule typique $1 + 1 + \frac{1}{1}$; mais elle est susceptible de varier, la 1e ou la 2e temporales se présentant parfois divisées transversalement en deux. Il y a toujours deux temporales superposées au dernier rang.

Chez quelques individus il y a derrière les post-oculaires, le plus souvent d'un seul côté, une petite plaque enclavée dans l'angle antéro-supérieur de la temporale du premier rang et ayant toute l'apparence d'un petit fragment détachée de cette plaque.

Habite exclusivement l'île de St. Thomé, où elle est assez commune. Connue des habitants sous le nom de *Cobra-Soá-Soá*.

II. Philothamnus Girardi, *Bocage, Jorn. Ac. Sc. Lisb.*, 2e sér., III, 1893, p. 147.

Corps très grêle et long ; queue longue et très effilée, dépassant en longueur le tiers de la longueur totale. Tête petite, étroite, bien distincte du tronc ; museau allongé, étroit, légèrement tronqué au bout. Rostrale plus large que haute, repliée sur le museau par son angle supérieur ; internasale plus courte et beaucoup plus étroite que les pré-frontales ; frontale large en avant, rétrécie dans ses deux tiers postérieurs, mesurant en longueur à peu-près la distance de son bord antérieur à l'extrémité du museau, plus courte que les pariétales ; pariétales larges et longues, limitées en arrière par un bord droit ; frénale longue et fort étroite, trois fois plus longue que haute ; une pré et deux post-oculaires, l'inférieure de celles-ci beaucoup plus petite que la supérieure ; temporales $1 + 1 + 1$[1] ; neuf labiales, les

---

[1] Nous constatons la présence de $1 + 1 + 1$ chez six individus ; un septième en a $1 + \frac{1}{1} + 1$ d'un côté et $1 + 1 + 1$ de l'autre ; chez un huitième $1 + \frac{1}{1} + 1$ des deux côtés.

4ᵉ, 5ᵉ et 6ᵉ touchant à l'œil, les trois dernières décroissant graduellement d'avant en arrière ; six labiales inférieures en contact avec les sous-mentales. Écailles lisses en 13 rangées. Gastrostèges 189 à 197 ; anale divisée ; urostèges 145 à 160. Gastrostèges et urostèges fortement carénées. Longueur totale 910 m. ; long. de la queue 315 m.

En dessus vert-olivâtre avec les bords des écailles en partie noirs formant par leur réunion sur la moitié antérieure du tronc des raies obliques ramifiées de cette couleur ; en dessous blanc teint de jaune ou de vert-bleu, le dessous de la queue de cette couleur. La tête en dessus d'une teinte uniforme plus rembrunie. Chez quelques individus de petites taches blanches apparentes sur les bords des écailles.

Habite l'île d'*Anno Bom*, voisine de l'île St. Thomé dans le golfe de Guinée. C'est le seul ophidien que M. Francisco Newton y a rencontré lors de la visite qu'il a faite à cette île dans les derniers mois de 1892.

103. Hapsidophrys smaragdinus

Dendrophis smaragdina, *Boie, Isis*, 1827, p. 547.
Leptophis smaragdina, *Sauvage, Bull. Soc. Zool. de France*, IX, 1884, p. 201.
Hapsidophrys smaragdina, *Peters, Monatsb. Ak. Berl.*, 1877, p. 615 ; *Bocage, Jorn. Ac. Sc. Lisb.*, XI, 1887, p. 186 ; *Boettg., Ber. Senckenb. Ges. Frankf.*, 1888, p. 62 ; *A. del Prato, Racc. Zool. nel Congo dal Cav. G. Corona*, 1893, p. 12.

Fig. *Jan, Icon. Gén., livr.* 49, *pl.* VI, *fig.* 4 (la tête).

Par sa conformation générale et par ses couleurs l'*H. smaragdinus* ressemble aux espèces du genre *Philothamnus;* mais ses écailles fortement carénées fournissent un moyen facile de la distinguer.

Assez répandue dans l'Afrique occidentale, commune dans l'île du Prince où elle remplace le *Ph. thomensis* de l'île St. Thomé, elle se trouve abondamment au Congo et dans la côte de Loango. Le Dr. Peters fait mention de cette espèce faisant partie d'une collection de reptiles recueillie à *Chinchoxo* par l'Expédition allemande à la côte de Loango ; elle a été rapportée par Hesse de *Cabinda, Vista* et *Banana,* dans le Bas-Congo (Boettger) ; A. del Prato la comprend dans la liste des reptiles recoltés au Congo par Corona. Le Muséum possède deux jeunes individus du Bas-Congo présent de M. J. B. d'Abreu Gouveia, ancien secrétaire du Gouverneur Général d'Angola.

Deux individus adultes, adressés de *Cazengo* par M. A. da Fonseca, prouvent que l'*H. smaragdinus* n'est pas absolument étranger à la faune d'Angola, mais il doit y être fort rare et avoir une aire d'habitation limitée à la partie la plus septentrionale de cette contrée.

104. Hapsidophrys lineatus

Hapsidophrys lineatus, *Fischer, Abh. Ges. Hamburg,* 1856, *p.* 111, *pl.* II, *figs.* 5 a–b (la tête); *Mocquard, Bull. Soc. Phil.,* 1887, *p.* 76.
H. cœruleus, *Fischer, op. cit., p.* 111, *pl.* II, *figs.,* 6 a–b (la tête).

Fig. *Jan, Icon. Gén., livr.* 33, *pl.* I, *fig.* 2.

Deux individus de cette espèce recueillis, l'un à *Brazzaville,* l'autre à *Franceville,* par l'expédition de Brazza au Congo, ont été examinés et décrits par M. Mocquard; ils sont, ce nous semble, les premiers et les seuls exemplaires de l'*H. lineatus* rencontrés dans cette région.

105. Thrasops flavigularis

Dendrophis flavigularis, *Hallow., Proc. Ac. Philad.,* 1852, *p.* 205.
Thrasops flavigularis, *Hallow., Proc. Ac. Philad.,* 1857, *p.* 67; *Peters, Monatsb. Ak. Berl.,* 1877, *p.* 615; *Boettg., Ber. Senckenb. Ges. Frankf.,* 1888, *p.* 63.

Cette espèce manque à nos collections. Découverte d'abord à *Liberia* et successivement rencontrée à la côte de *Camarões* et au *Gabon,* elle a été plus tard rapportée de *Chinchoxo* par l'Expédition allemande à la côte de Loango et de *Banana* et *Vista,* dans le Bas-Congo, par Hesse. M. Boettger a complété, d'après deux individus des deux dernières localités, la description originale publiée par Hallowell (Boettger, loc. cit.).

Nous tenons pour probable que l'aire d'habitation du *Th. flavigularis* soit limitée au sud par le Zaïre. Nous n'avons pu obtenir jusqu'à présent aucune preuve de son existence en Angola, et il nous semble impossible qu'un serpent aussi remarquable par ses grandes dimensions et par ses couleurs d'un noir brillant ait pu se dérober à l'attention de tous les voyageurs et naturalistes qui, dans ces derniers temps, ont largement parcouru les territoires de cette possession africaine.

7

106. Prosymna frontalis

Pl. XI, fig. 2 (la tête)

Temnorhynchus frontalis, *Peters, Monatsb. Ak. Berl.*, 1867, *p.* 236, *pl.* —, *figs.* 1 *et* 2.
Prosymna frontalis, *Bocage, Jorn. Ac. Sc. Lisb.*, IV, 1873, *p.* 217; *ibid.*, VIII, 1882, *p.* 288.
Temnorhynchus lineatus, *Peters, Monatsb. Ak. Berl.*, 1871, *p.* 568.

Rostrale large, déprimée, à bord libre tranchant; internasale et préfrontale simples, étroites, en bandelettes; frontale pentagonale, large en avant, à bords latéraux légèrement convergents en arrière, écartant par son extrémité postérieure plus ou moins profondément les pariétales; pariétales plus petites que la frontale, en général moins larges que longues; frènale rhomboïdale ou pentagonale; une pré et une post-oculaire; temporales 1 + 2 + 3; six labiales supérieures, dont les 3e et 4e touchent à l'œil; trois labiales inférieures en contact avec les sous-mentales. Écailles lisses en 15 séries. Gastrostèges 145 à 163; anale simple; urostèges doubles 17 à 25.

Long. totale 360 m.; long. de la queue 29 m.

En dessus d'un brun-jaunâtre avec les bords des écailles d'une teinte plus foncée, ou d'un brun uniforme, tirant parfois au violacé, avec une petite tache claire sur l'extrémité des écailles; un semi-collier noir, remplacé souvent par une tache irrégulière de cette couleur, derrière la nuque; chez les individus à teintes plus pâles, le dos est orné d'une double rangée longitudinale de taches arrondies noires ou noirâtres. Le dessus de la tête de la couleur du dos, sans taches ou tacheté de noir; le plus souvent une petite bande noire au-devant de la frontale et deux taches symétriques recouvrant les sous-oculaires et les pariétales. L'extrémité du museau et les côtés de la tête, les parties inférieures et les deux dernières rangées d'écailles de chaque côté du corps d'un blanc jaunâtre.

Il n'y a pas, il faut bien le reconnaître, un accord parfait entre les caractères de nos individus d'Angola et ceux des deux spécimens d'*Otjimbingue*, adulte et jeune, décrits et figurés par Peters sous le nom de *Temnorhynchus frontalis;* mais si l'on compare entre eux ces deux types de l'espèce, on constate des différences encore plus remarquables: la queue longue et garnie de 50 paires de sous-caudales chez l'adulte est beaucoup plus courte chez le jeune et ne porte que 25 paires de sous-caudales; l'internasale de l'adulte est unique et en forme de bandelette, le jeune a deux petites internasales que n'arrivent pas au contact sur la ligne médiane; l'un a deux post-orbitaires, l'autre n'en a qu'une d'un côté et deux de l'autre; la forme et les dimensions de la frontale et des pariétales ne se trouvent pas bien d'accord chez les deux individus. Malgré ces différences le Dr. Peters les a considérés comme appartenant à une seule espèce, et nous pensons qu'il n'a pas eu tort.

Nos individus d'Angola participent des caractères des deux types de Peters; ils leur sont, pour ainsi dire, intermédiaires. Il faudrait alors ou trop multiplier les espèces ou les rapporter ensemble à une espèce unique. Nous croyons qu'en écartant certaines variations et particularités comme l'expression d'anomalies individuelles, on arrive à une conception plus exacte du type spécifique.

Une autre espèce, le *Temnorhynchus lineatus,* établie par Peters d'après un individu de *Matlale* (Afrique sud-ouest), diffère à peine de l'espèce d'Angola par le nombre des post-orbitaires et des temporales du premier rang, deux au lieu d'une; dans les autres détails de l'écaillure de la tête, ainsi que dans le nombre des gastrostèges et urostèges et dans les dimensions de la queue, il y a un parfait accord. Aussi le savant herpétologiste de Berlin le considérait comme devant représenter plutôt une variété de son *T. frontalis* (Peters, loc. cit., p. 569).

A cette variété doit être rapporté, selon nous, un individu d'*Angoche* (Moçambique), dont nous avons publié en 1882 la description sous le nom de *Prosymna frontalis.* Il porte deux post-oculaires comme le *T. lineatus;* mais il en diffère par la présence de deux internasales distinctes et en contact sur la ligne médiane.

La *P. frontalis* habite l'intérieur de Benguella et de Mossamedes. Nous l'avons reçue par M. d'Anchieta de plusieurs localités, dont la plupart appartient à la zone des hauts-plateaux: *Quissange, Quibula, Quindumbo, Caconda, Huilla, Maconjo* et *Biballa.* Les indigènes de Caconda l'appellent *Golongo.*

107. Prosymna ambigua

Pl. XI, figs. 1, 1 a-d

Prosymna ambigua, *Bocage, Jorn. Ac. Sc. Lisb.,* IV, 1873, *p.* 218; *Boulenger, Proc. Zool. Soc. Lond.,* 1891, *p.* 306.
Ligonirostra Stuhlmannii, *Pfeffer, Jahrb. Hamburg. Wiss. Anst.,* 1891, (extr.), *p.* 10, *pl.* I, *figs.* 8, 9 *et* 10.

Rostrale large et à bord tranchant, mais moins déprimée que chez la *P. frontalis;* internasale et pré-frontale simples, étroites; frontale grande, pentagonale, à bord antérieur convèxe, à bords latéraux convergents; pariétales longues et larges, à peine inférieures en dimensions à la rostrale, en contact sur une grande étendue par leurs bords internes; frénale pentagonale, un peu plus longue que haute; une pré-oculaire étroite, deux post-oculaires, dont l'inférieure est la plus grande; temporales 1 + 2 + 3;

six labiales supérieures, les 3ᵉ et 4ᵉ en contact avec l'œil; trois labiales inférieures en contact avec les sous-mentales. Écailles lisses en 17 séries. Gastrostèges 149; anale simple; urostèges doubles 19. Corps délié, queue courte. Long. totale 125 m.; long. de la queue 12 m.

En dessus d'un brun pâle avec le centre des écailles d'un ton plus clair; la tête d'un brun plus foncé, qui fait mieux ressortir une grande tache d'un blanc sale sur chacune des pariétales. En dessous blanc-brunâtre avec les bords des plaques ventrales et des sous-caudales plus foncés.

L'individu unique de notre collection, type de l'espèce, nous a été envoyé en 1865 du *Duque de Bragança* par Bayão.

M. Boulenger rapporte à cette espèce un individu de la vallée du *Chire*, Zambeze, qui fait partie des collections du Muséum Britannique (Bouleng., loc. cit.).

Nous croyons aussi reconnaître la *P. ambigua* dans les deux individus recueillis par M. Stuhlmann à *Usambóa* et dont M. Pfeffer vient de publier la description et la figure de la tête sous le nom de *Ligonirostra Stuhlmannii*. Ils leur ressemblent parfaitement par tous les détails de l'écaillure de la tête et en diffèrent à peine quant au nombre des gastrostèges et urostèges, 133 et 136 au lieu de 149 pour les premières, 31 et 32 au lieu de 19 pour les secondes.

108. Pseudaspis cana

Pl. X, figs. 1, 1 a–f

Coluber canus, *Linn.*, Mus. Ad. Fried., i, p. 31; *Smith, Ill. S. Afr. Zool.*, iii, *Rept.*, pls. 14–17.
Ophirhina Anchietae, *Bocage, Jorn. Ac. Sc. Lisb.*, viii, 1882, p. 300.
Pseudaspis cana, *Bouleng., Cat. Snak. B. Mus.*, i, p. 373.

L'*Ophirhina Anchietae* doit être reléguée dans la synonimie du *C. canus*, Linn.

La forme particulière de la rostrale chez nos individus d'Angola, dont les figures de Smith ne nous donnent pas une idée assez exacte, et leur mode de coloration nous avaient fait croire à l'existence d'une espèce nouvelle et même d'un nouveau genre; mais M. Boulenger, ayant eu l'obligeance de comparer un de nos jeunes individus aux nombreux spécimens du *C. canus* que possède le Muséum Britannique, s'est prononcé en faveur de leur identité, et nous partageons son avis.

A l'appui de notre nouvelle manière de voir nos donnons ci-après la description de cette espèce d'après nos spécimens.

Dents en série continue à la mâchoire supérieure, les deux dernières de chaque côté plus longues et plus grosses; les dents antérieures de la mâchoire inférieure un peu plus longues que les autres. Corps long et gros. Tête peu distincte du tronc; museau acuminé, saillant. Yeux médiocres à pupille ronde. Écailles lisses, disposées en 27 à 29 séries longitudinales; plaques ventrales non carénées, sous-caudales doubles. Queue courte.

Rostrale saillante, à bords latéraux parallèles, fortement rabattue sur le museau; internasales aussi longues, mais plus étroites que les pré-fron-tales; frontale héxagonale, plus étroite en arrière, à bords latéraux concaves, présentant en avant un angle obtus et en arrière un angle aigu, qui s'insinue entre les pariétales; celles-ci petites, de forme à peu-près triangulaire; une pré-oculaire concave, qui ne touche pas à la frontale; trois post-oculaires, dont l'inférieure est beaucoup plus grande que les autres, frénale un peu plus longue que haute, quadrangulaire ou pentagonale; sept labiales supé-rieures, la 4e en contact avec l'œil; labiales inférieures onze à treize, les sept premières en contact avec les sous-mentales; temporales nombreuses, deux plus grandes au premier rang, les autres irrégulières. Écailles lisses en 27 à 29 séries. Gastrostèges 179 à 187: anale double; urostèges 57 à 59 paires.

Long. totale 1160 m.; long. de la queue 215 m. Diamètre du tronc 30 m.

L'adulte et le jeune ont des couleurs différentes.

L'adulte est en dessus d'une couleur uniforme brun-olivâtre avec les écailles lisérées de noir et marquées à l'extrémité d'une tache de cette même couleur, ce qui donne à l'animal un aspect marqueté qui rappele en quelque sorte la livrée du *Ramphiophis rostratus,* figuré par Peters; les régions inférieures d'un blanc-jaunâtre, pointillées de noir, les bords libres des urostèges de cette couleur.

La livrée du jeune, signalée par nous dans notre description originale, est beaucoup plus variée : sur un fond brun-olivâtre en dessus, blanchâtre en dessous, il est orné sur le dos et les flancs de bandes transversales noires, marquées d'une tache très distincte blanche de chaque côté sur l'union de leur portion dorsale, plus large et rhomboïdale, à leur portion latérale, plus étroite; ces taches blanches couvrent en général trois écailles et ont la figure d'un triangle. Ce même dessin se prolonge sur la première moitié de la queue, mais devient moins distinct vers l'extrémité de cet appendice. Le dessus de la tête présente trois lignes noires divergentes, l'une centrale occupant la suture des pariétales, les autres coupant obliquement ces deux plaques; les autres plaques du dessus de la tête sont, en général, bordées de noir; un trait noir, plus distinct, s'étend derrière l'œil sur les temporales jusqu'aux dernières labiales; une tache noire, semblable à celles du dos, couvre la nuque et se prolonge, plus ou moins distinctement, sur les côtés du cou; le dessous du corps et de la queue blanc-jaunâtre, tacheté de noir et avec les bords des gastrostèges et des urostèges de cette couleur.

La *Pseudaspis cana* habite *Caconda, Rio Cuce* et *Galanga* dans les hauts-plateaux de l'intérieur de Benguella. Tous nos exemplaires nous ont été envoyés par M. d'Anchieta, qui a découvert cette intéressante espèce à Caconda en 1881.

109. Scaphiophis albopunctatus

Scaphiophis albopunctatus, *Peters, Monatsb. Ak. Berl.*, 1870, *p.* 645, *pl.* I, *fig.* 4 (la tête); *Fischer, Jahrb. d. Hamburg. Anst.*, I, 1885, *p.* 100, *pl.* III, *fig.* 6 (la tête); *Mocquard, Bull. Soc. Phil.*, XI, 1887, *p.* 77.

M. Mocquard a rencontré un spécimen de cette rare espèce dans une collection de reptiles rapportée du Congo par la mission scientifique présidée par M. Savorgnan de Brazza; cet individu avait été recueilli à *Diélé,* dans le Congo français.

Les différences signalées par M. Mocquard par rapport au type décrit par Peters, 21 séries d'écailles au lieu de 23, huit labiales inférieures au lieu de sept, rentrent dans la cathégorie des anomalies individuelles; par ses couleurs, d'un cendré pâle avec de petites taches noirâtres, il ressemble à un individu adulte d'*Ajudá* (Dahomé) dans les collections du Muséum de Lisbonne[1].

L'existence de cette espèce dans le Bas-Congo et, à plus forte raison, dans le territoire d'Angola nous semble peu probable.

110. Grayia triangularis

Heteronotus triangularis, *Hallow., Proc. Ac. Philad.*, IX, 1857, *p.* 67.
Grayia silurophaga, *Günth., Cat. Snak. B. Mus.*, 185 , *p.* 54.
G. triangularis, *Bocage, Jorn. Ac. Sc. Lisb.*, I, 1866, *p.* 47; *ibid.*, XI, 1887, *p.* 19; *Boettg., Ber. Senkenb. Ges. Frankf.*, 1888, *p.* 54.

La *Grayia triangularis* (Hallowell) se trouve représentée au Muséum de Lisbonne par trois exemplaires, l'un d'*Ajudá*, l'autre du *Congo*, le troisième d'*Angola;* les deux premiers se ressemblent parfaitement, le troisième en diffère par certaines particularités de couleurs et d'écaillure.

---

[1] Chez cet individu nous comptons 23 rangées d'écailles vers le milieu du tronc mais il a neuf labiales inférieures des deux côtés de la tête.

L'exemplaire du Congo, rapporté par M. d'Anchieta de son premier voyage en 1865, est un jeune individu à queue mutilée vers le bout, mésurant à peine 350 m. de long ; ses caractères sont précisément ceux de l'individu décrit par M. Günther sous le nom de *Grayia silurophaga*.

Tête distincte du tronc, aplatie en dessus, museau court et obtus ; queue longue et effilée. Yeux médiocres ; leur diamètre égal à la distance du bord antérieur de l'orbite à la narine. Rostrale à peine plus longue que haute, non rabattue sur le museau ; internasales petites, à extrémité antérieure étroite et arrondie, aussi longues mais beaucoup plus étroites que les pré-frontales ; frontale longue, étroite, héxagonale, à bords latéraux parallèles ou légèrement convergents, égale en longueur aux pariétales et un peu plus longue que la distance de son bord antérieur au bout du museau ; pariétales se rapprochant de la forme triangulaire ; frénale quadrangulaire ou pentagonale à peu-près aussi longue que haute ; une pré-oculaire grande ne touchant pas à la frontale, deux post-oculaires, dont l'inférieure est la plus grande et sépare l'œil de la 5e labiale ; temporales longues et étroites, 2 + 3 des deux côtés ; sept labiales, la 7e beaucoup plus longue que celles qui la précèdent, la 4e seule en contact avec l'œil ; six labiales inférieures en contact avec les sous-mentales.

Gastrostèges 159 ; anale divisée ; urostèges doubles 86 + x (queue incomplète). Long. totale 350 m. ; long. de la queue 90 m.

Dessus et côtés de la tête d'un brun foncé, qui prend un ton rougeâtre sur le museau ; les plaques de l'occiput bordées de noir autour des yeux, partie inférieure des tempes et lèvres jaunes ; les deux temporales inférieures lisérées de noir en dessus. Le tronc est orné d'une série de bandes transversales noires, larges sur la ligne médiane du dos et couvrant ordinairement cinq rangées d'écailles, se rétrécissant graduellement sur les flancs et terminant en pointe plus ou moins arrondie sur les extrémités latérales des gastrostèges ; sur une certaine étendue du dos, à compter de la tête, ces bandes transversales sont séparées par des espaces fort étroits jaunes pointillés d'olivâtre, occupant une ou deux rangées d'écailles ; dans la partie postérieure du dos ces espaces disparaissent et les bandes noires deviennent confluentes ; le dessus et les côtés de la queue sont comme la partie postérieure du dos. Le dessous de la tête, du tronc et de la queue, ainsi que les intervalles qui séparent sur les flancs les bandes transversales, sont d'un jaune plus ou moins vif avec les bords des écailles et des plaques ventrales et sous-caudales d'un brun-pâle. Sur le milieu de la face inférieure de la queue une ligne noire en zig-zag accompagne les sutures médianes des urostèges.

L'exemplaire d'Angola, recueilli à *Rio Dande* par M. Banyures, est un peu moins jeune que celui du Congo ; il est long de 530 m. ; mais sa queue est incomplète et réduite, par suite d'accident survenu pendant la vie, à un petit tronçon ayant 50 m. de longueur. Comparé à l'individu du Congo, il présente quelques différences dans l'écaillure de la tête et dans le mode de coloration, qui ne nous semblent pas d'une grande valeur : nous lui comptons, au lieu de sept, huit labiales, chiffre qui se trouve mieux d'accord avec ce qu'on a observé chez la plupart des individus de la G. *triangularis* et qu'on doit tenir pour normal ; le nombre des temporales n'est pas chez lui le même des deux côtés de la tête, il a 2 + 3 à gauche avec une petite plaque intercalée et 3 + 4 à gauche par suite de la subdivision de deux plaques du premier et second rang. Le nombre, la forme et la position des autres plaques céphaliques ne présentent pas aucune modification appréciable.

Quant aux couleurs, les régions supérieures du tronc et de la queue sont d'un olivâtre foncé, tirant au noir ; sur la partie antérieure du tronc, immédiatement derrière la tête, on remarque trois larges bandes transversales noires, suffisamment distinctes mais confluentes sur le dos, qui rappelent les bandes transversales de l'exemplaire du Congo ; les espaces angulaires qui séparent ces bandes sur les côtés du tronc sont d'une teinte claire, jaunâtre, avec les bords des écailles noirâtres ; les flancs et les côtés de la queue variés de taches noires sur les extrémités des écailles. La tête en dessus brun-noirâtre, sur les côtés jaune avec un trait noir sur les sutures des labiales et deux rayes obliques de la même couleur sur les extrémités des temporales. Les régions inférieures d'une teinte uniforme jaune, sans taches.

A notre connaissance, l'individu rapporté par M. Banyures est la seule preuve matérielle de l'existence de la *Grayia triangularis* en Angola. En tout cas, elle y serait rare et son habitat limité à la partie la plus septentrionale, au nord du Quanza, car M. d'Anchieta n'a pu la rencontrer dans les vastes régions par lui parcourues au sud de ce fleuve.

111. Grayia ornata

Macrophis ornatus, *Bocage, Jorn. Ac. Sc. Lisb.,* I, 1866, *pp. 47 et* 67, *pl.* I, *figs.* 2, 2 a–b.
Glaniolestes ornatus, *Peters, Monatsb. Ak. Berl.,* 1877, *p.* 614.
? Grayia furcata, *Mocquard., Bull. Soc. Phil.,* 1887, *p.* 71.

Corps long et fort épais ; queue longue ; tête distincte du tronc, courte, aplatie en dessus, à museau arrondi. Rostrale un peu plus large que haute, non rabattue sur le museau ; internasales médiocres, beaucoup plus étroites, mais moins longues que les pré-frontales ; frontale large en avant, à bords latéraux légèrement convergents en arrière, égale en longueur à la distance de son bord antérieur au bout du museau, un peu plus courte que les pariétales ; pariétales triangulaires avec l'angle postérieur obliquement tronqué ; frénale en parallélogramme, longue et étroite, ayant en longueur non moins de deux fois sa hauteur ; une pré et deux post-oculaires ; temporales 2 + 3, de même que chez la *G. triangularis,* mais sensiblement plus courtes ; labiales supérieures huit, la 4ᵉ en contact avec l'œil. Écailles lisses en 17 séries. Le nombre des gastrostèges varie de 148 à 156 ; l'anale est double ; et nous comptons 66, 67 et 73 urostèges doubles (la queue est incomplète chez nos trois individus)[1].

Le plus grand de nos individus est long de 1:640 m. ; la queue, mutilée vers le bout, a 450 m. ; circonférence au milieu du tronc 170 m. ; diamètre 53 m.

Deux de nos individus, types de l'espèce, portent une livrée absolument identique ; chez le troisième les couleurs, tout en restant les mêmes, sont différemment distribuées.

Chez les deux premiers, le dessus du tronc présente sur un fond olivâtre de nombreuses taches irrégulières d'un beau noir, très confluentes sur la quéue et le tiers postérieur du tronc, beaucoup plus distinctes au tiers moyen et se réunissant de nouveau sur le tiers antérieur pour former une large bande noire, qui occupe la ligne dorsale depuis l'occiput jusqu'à une distance de 150 à 160 m. Sur les flancs règnent deux bandes noires bien distinctes, longitudinales et parallèles ; celle de dessus, qui est en même temps la plus large, prend naissance sur la première labiale ; l'inférieure commence un peu plus en arrière, sur l'extrémité de la 3ᵉ ou de la 4ᵉ gastrostège, et suit exactement la ligne qui sépare les écailles du tronc des plaques ventrales. Ces deux bandes se maintiennent sans interruption, séparées par un large intervalle d'une teinte olivâtre sans taches, sur le tiers antérieur du tronc ; plus en arrière, elles commencent à devenir moins distinctes et finissent par être remplacées par de taches irrégulières noires, d'abord espacées, ensuite confluentes comme celles du dos. Sur l'un de ces exemplaires, les gastrostèges et les urostèges sont d'un jaune verdâtre largement bordées de noir ; chez l'autre, les gastrostèges sont marbrées de noir et les urostèges entièrement noires. La tête en dessus est irrégulièrement tachetée de noir sur un fond olivâtre ; les plaques latérales du museau sont lisérées de noir ; sur la région temporale on remarque deux traits noirs bien distincts, l'un commençant à l'extrémité de la pariétale et l'autre derrière l'œil, et se dirigeant en arrière jusqu'à se réunir ensemble vers l'extrémité de la bande latérale supérieure.

Le troisième individu appartient par son système de coloration à une variété distincte. Sa tête ressemble à celle des deux autres individus ; mais le tronc ne présente pas aucune trace des bandes longitudinales noires ;

---

[1] La mutilation de la queue est ancienne et a eu lieu pendant la vie, car la plaie est parfaitement cicatrisée. M. Mocquard a fait la même remarque au sujet de quelques individus de sa *Coronella longicauda (Mizodon fuliginoides).*

le dos est orné en travers de larges bandes transversales noires, séparées par des espaces réguliers d'une teinte olivâtre sans taches ; les extrémités de ces bandes transversales se prolongent sur les flancs en deux branches divergentes, qui viennent s'appuyer à leur tour sur la ligne qui sépare les écailles des plaques ventrales.

Indépendamment des couleurs, certaines particularités dans l'écaillure de la tête ne permettent pas de confondre cette espèce avec la *Grayia triangularis:* la frontale est plus courte et proportionellement plus large ; la frénale plus longue et étroite ; les labiales sont plus hautes et moins allongées ; les temporales sont aussi plus courtes et moins étroites.

Une troisième espèce, *G. furcata,* établie par Mocquard d'après un individu de Brazzaville (Congo français), ressemble à ses deux congénères, à la *G. ornata* surtout, à laquelle nous n'hésiterions peut-être à la rapporter si ce n'était le nombre beaucoup plus élevé des plaques ventrales, 249 au lieu de 156 et 159, constaté par M. Mocquard chez le type de la *G. furcata.*

Aux deux ou trois espèces des régions occidentales d'Afrique il faut encore ajouter la *G. Giardi* de l'Afrique centrale, dont nous connaissons à peine une courte diagnose et un croquis de la tête publiés par M. Dollo (Bull. du Mus. R. d'Hist. Nat. de Belgique, IV, p. 158).

Nos trois individus, types de l'espèce, ont été recueillis au *Duque de Bragança* par Bayão en 1864 ; ce sont les seuls que nous ayons reçus d'Angola. Le Dr. Peters l'a reconnue dans une collection de reptiles rapportée de *Chinchoxo* par l'Expédition allemande (Peters, loc. cit.).

112. Dasypeltis scabra

Coluber scabra, *Linn., Mus. Ad. Frid., p.* 36, *pl.* x, *fig.* 1 ; *Syst. Nat.,* I, *p.* 384.

Rachiodon scaber, *Bocage, Jorn. Ac. Sc. Lisb.,* I, 1866, *p.* 49 ; *ibid.,* 1867, *p.* 227.

Dasypeltis scabra, *Bocage, Jorn. Ac. Sc. Lisb.,* VIII, 1882, *p.* 289 ; *Boettg., Ber. Senckenb. Ges. Frankf.,* 1888, *p.* 75.

D. fasciolata, *Peters, Monatsb. Ak. Berl.,* 1877, *p.* 615.

D. palmarum, *Peters, Monatsb. Ak. Berl.,* 1877, *p.* 615.

Fig. *Jan, Icon. Gén., livr.* 39, *pl.* II, *fig.* 4 (Rachiodon scaber), *Smith, Ill. S. Afr. Zool., Rept., pl.* 73 (var. palmarum).

L'espèce unique du genre *Dasypeltis, D. scabra,* comprend plusieurs variétés plus ou moins distinctes par leurs couleurs : l'une, *Coluber palmarum,* Leach, d'une teinte uniforme qui varie de ton suivant les individus ;

les autres de couleurs variées, mais présentant, à quelques différences près, le même système de coloration.

La var. *palmarum,* à couleurs uniformes, se trouve représentée dans nos collections d'Angola et du Congo par cinq individus recueillis par M. d'Anchieta à *Ambaca, Catumbella, Dombe, Quissange* et *Quindumbo.* Elle a été rencontrée à *Chinchoxo* par l'Expédition allemande à la côte de Loango, à *Massabi* et dans le Bas-Congo par Hesse (Peters et Boettg., loc. cit.).

Les autres exemplaires du Muséum de Lisbonne sont ornés de taches foncées, en général noires, sur un fond brun-roux ou gris-brunâtre ; le nombre, la forme et les dimensions de ces taches varient, mais leur disposition est sensiblement la même. Chez tous ces individus il y a, derrière la tête, deux ou trois chévrons noirs bien marqués, en forme de V renversé ; le long du dos et de la queue on voit une série de taches noires ou noirâtres en nombre, forme et dimensions variables ; ces taches sont en général distinctes et séparées par un intervalle, plus rarement contiguës ; le centre de ces taches est quelquefois d'une teinte plus claire ; des stries ou bandes flexueuses ornent les flancs, tantôt s'unissant aux bords latéraux des taches dorsales, tantôt alternant avec elles.

Trois individus, deux de *Molembo* et *Cabinda* dans le littoral du Congo, le troisième de *Catumbella,* présentent le long du dos, sur un fond brunroussâtre, derrière les deux chévrons noirs de la nuque, une série de petites taches noirâtres, rhomboïdales ou carrées, régulièrement espacées ; leurs flancs sont ornés de stries transversales flexueuses de la même couleur, qui partent des côtés de chaque tache et terminent vers les extrémités des gastrostèges.

A ces individus ressemblent deux jeunes de *Quissange;* mais chez ceux-ci les taches dorsales et les stries des flancs sont lisérées de blanc, ce qui les rend plus distinctes. Leur mode de coloration est conforme à la figure publiée par Bianconi, sous le nom de *Dipsas Medici,* d'une variété observée par cet auteur à Moçambique, var. *Medici,* Peters[1].

Un spécimen jeune du *Zambeze* porte des taches dorsales plus grandes et plus arrondies et des bandes flexueuses aux flancs, les unes et les autres lisérées de blanc ; en outre les bandes latérales alternent avec les taches dorsales. Ce mode de coloration rappelle la var. *mossambica,* Peters.

Deux individus adultes, l'un de *Quindumbo,* dans l'intérieur de Benguella, l'autre de *Moçambique,* ont de grandes taches rhomboïdales noires sur le dos et de grosses bandes flexueuses de la même couleur sur les flancs ; chez le premier les bandes latérales s'unissent aux taches du dos, chez l'autre elles correspondent aux intervalles. Chez un troisième individu, d'*Angoche,*

---

[1] Bianconi, *Specimina Zoologica Mosambicana,* pl. 14; Peters, *Reise n. Mossamb.,* III, p. 121.

les taches dorsales, grandes et de formes irrégulières, sont en partie confluentes ; les bandes et les taches portent une bordure claire, jaunâtre.

Chez un individu adulte de *Gambos* les taches forment par leur réunion une longue bande dorsale, qui donne insertion de chaque côté aux bandes flexueuses des flancs ; une tache blanche, arrondie ou triangulaire, marque le centre de chaque tache dorsale. La figure de Jan (loc. cit.) donne une idée assez exacte de la coloration de cet individu.

Enfin, trois individus adultes, l'un de St. *Salvador du Congo,* les autres de *Caconda,* se font remarquer par un mode de coloration particulier : sur un fond gris-brun pâle, une série médiane de grandes taches rhomboïdales leur couvre le dos ; ces taches sont brunes avec un liséré noir sur les bords des écailles dont elles sont composées ; les bandes latérales sont également formées d'écailles brunes lisérées de noir. L'aspect général de ces spécimens nous semble assez caractéristique.

L'habitat de cette espèce est assez étendu dans l'Afrique tropicale et australe. En Angola et au Congo, les variétés à couleurs uniformes et à couleurs variées se trouvent souvent ensemble dans les mêmes localités et se montrent indifféremment dans la zone littorale et dans les hauts-plateaux de l'intérieur.

Un individu de la var. *palmarum,* provenant du *Dombe,* porte sur l'étiquette le nom indigène *Canumboto.*

OPISTHOGLYPHA

113. Psammophylax rhombeatus

Coluber rhombeatus, *Linn., Mus. Ad. Fried., p.* 27, *pl.* 24, *fig.* 2 ; *Syst. Nat.,* i, *p.* 380.

Dipsas rhombeata, *Dum. et Bibr., Erp. Gén.,* vii, *p.* 1154.

Psammophylax rhombeatus, *Günth., Cat. Snak. B. Mus., p.* 31 ; *Jan, Arch. per la Zool.,* ii, *p.* 309 ; *Boettg., Ber. Senckenb. Ges. Frankf.,* 1887, *p.* 158.

Ps. ocellatus, *Bocage, Jorn. Ac. Sc. Lisb.,* iv, 1873, *p.* 221.

Fig. *Smith, Ill. S. Afr. Zool.,* iii, *Rept., pl.* 56.

Chez nos spécimens d'Angola la plaque rostrale ne présente pas la forme particulière qu'elle a chez des individus de l'Afrique australe, forme considérée par quelques herpétologistes comme caractéristique de l'espèce ; cette plaque, étroite et de forme triangulaire, est rabattue sur le museau par son extrémité supérieure, qui s'insinue entre les internasales, mais sans les séparer complètement et sans arriver au contact des pré-frontales. Leurs autres caractères d'écaillure et de coloration sont identiques à ceux de la forme typique du *P. rhombeatus*.

Cette espèce, qui appartient à la faune de l'Afrique australe, a été observée dans les confins méridionaux du territoire d'Angola; M. d'Anchieta en a recueilli quelques spécimens, adultes et jeunes, au *Humbe* et à *Gambos*.

114. Psammophylax nototaenia

Coronella nototaenia, *Günth., Proc. Zool. Soc. Lond.*, 1864, *p.* 309, *pl.* xxvi, *fig.* 1; *Ann. et Mag. N. H.*, 1888 (i), *p.* 333.
Psammophylax viperinus, *Bocage, Jorn. Ac. Sc. Lisb.*, iv, 1873, *p.* 222.
Ablabes Hildebrandtii, *Peters, Monatsb. Ak. Berl.*, 1878, *p.* 205, *pl.* ii, *fig.* 6 (la tête); *Fischer, Jahrb. Hamburg Wiss. Anst.*, 1887, *p.* 7.
Tachymenis nototaenia, Peters, *Reise n. Mossamb.*, iii, *Amphib., p.* 118.
Amphiophis nototaenia (lapsu), *Bouleng., Proc. Zool. Soc. Lond.*, 1891, *p.* 307.
Hemirhagerhis Hildebrandtii, *Stejnejer, Proc. Un. St. Nation. Mus.*, xvi, 1893, *p.* 729.
Amplorhinus nototaenia, *Bouleng.* (in litter.).

Fig. *Günth., Proc. Zool. Soc. Lond.*, 1864, *pl.* xxvi, *fig.* 1.

Tête distincte du cou, étroite, légèrement déprimée; museau étroit et tronqué à l'extrémité. Rostrale large, basse, atteignant la face supérieure du museau par son bord supérieur; internasales petites, plus étroites et plus courtes que les pré-frontales; celle-ci ayant deux tiers de la longueur de la frontale, qui est un peu plus courte que les pariétales; nasale semi-divisée; frénale longue et étroite; une pré et deux post-oculaires; temporales $2 + 3 + 4$ ou $1 + 2 + 3$, mais pouvant varier en nombre et en disposition; huit labiales supérieures dont les 4e et 5e touchent à l'œil; dix labiales inférieures, les six premières en contact avec les sous-mentales. 17 rangées d'écailles lisses. Gastrostèges 154–177; anale divisée; urostèges doubles 59–75[1]. A la mâchoire supérieure nous comptons huit dents lisses, inégales, les 5e et 6e les plus grandes; une dent cannelée.

Le plus grand de nos individus est long de 370 m., la queue y entrant pour 73 m.

Le dos présente, sur un fond d'un gris-brunâtre, une série longitudinale de taches géminées brunes, qui ne se correspondent pas exactement sur la

---

[1] Chez un individu de Capangombe nous comptons 154 gastrostèges et 65 urostèges et chez un individu du Humbe 177 gastrostèges et 75 urostèges. Un individu de Maconjo a 169 gastrostèges et 59 urostèges.

ligne médiane, confluentes sur le cou et la partie antérieure du dos, où elles forment une jolie bande en zig-zag, remplacées sur la partie postérieure du dos et sur la queue par une raie à bords parallèles. Sur les flancs une série de taches brunes plus ou moins distinctes. La face supérieure de la tête variée de taches et points bruns, et portant chez quelques individus une tache angulaire brune, dont la pointe s'unit au commencement de la bande en zig-zag ; une raie brune du bout du museau à la région temporale, traversant l'œil. Parties inférieures d'une teinte plus pâle avec de petites taches brunes sur les bords des gastrostèges. La partie terminale de la queue d'une couleur uniforme brun-fauve. Deux jeunes individus ont des teintes plus foncées avec les flancs et les parties inférieures marquées d'un pointillé brun.

Nous possédons six individus de cette intéressante espèce, tous envoyés d'Angola par M. d'Anchieta : un du *Dombe,* qui nous avions décrit sous le nom de *Psammophylax viperinus ;* deux de *Maconjo ;* un de *Capangombe ;* deux du *Humbe.*

Nous ignorons la provenance de l'individu type de la *Coronella nototaenia,* Günth., mais le Muséum Britannique possède actuellement des individus de cette espèce recueillis au Lac Nyassa (Bouleng., loc. cit.). Le type de l'*Ablabes Hildebrandtii,* Peters, était originaire de Kitui, dans l'Afrique orientale. L'individu dont M. Stejnejer a publié récemment la description sous le nom de *Hemirhagerhis Hildebrandtii* avait été rapporté également de l'Afrique orientale *(Tana River).* Chez ces deux individus la queue serait proportionnellement un peu plus longue que chez nos spécimens d'Angola ; toutefois nous pensons que d'après ce seul caractère différentiel on ne peut pas établir une bonne distinction spécifique.

115. Rhagerhis tritaeniata

Pl. X A, fig. 1.

Rhagerhis tritaeniata, *Günth., Ann. et Mag. N. H.,* 1868 (i), *p.* 423, *pl.* xix, *fig.* H (la tête); *Bocage, Jorn. Ac. Sc. Lisb.,* iv, 1870, *pp.* 220 *et* 282 ; *ibid.,* xi, 1887, *p.* 210.
Psammophylax tritaeniata, *Peters, Reise n. Mossamb.,* iii, *Amphib., p.* 119.

Taille élancée ; queue modérée. Yeux réguliers à pupille ronde. Tête petite, à peine distincte du cou. Rostrale triangulaire, plus haute que large, fortement rabattue sur le museau par son extrémité supérieure, qui sépare incomplètement les internasales ; celles-ci plus petites que les pré-frontales ; frontale pentagonale à bords latéraux convergents en arrière ; pariétales triangulaires, de la longueur de la frontale ; nasale double ; frénale quadran-gulaire, un peu plus longue que haute ; une pré-oculaire qui touche à la frontale, deux post-oculaires ; temporales 2 + 3, celles du premier rang allongées ; huit labiales supérieures, augmentant graduellement en hauteur de la 1e à la 5e, les 4e et 5e en contact avec l'œil, les 6e et 7e les plus grandes ; dix labiales inférieures, les six premières touchant aux sous-mentales, celles de la 1e paire en contact ; les sous-mentales du 1er rang les plus longues. 17 séries d'écailles lisses.

Gastrostèges 157–169 ; anale double ; urostèges doubles 61–66.

Au maxillaire supérieur dix dents lisses croissant graduellement de la 1e à la 10e, suivies de deux grosses dents cannelées.

Long. totale 790 m. ; long. de la queue 170 m.

Le dos est orné sur un fond d'une teinte pâle, gris-brun ou olivâtre, de trois raies longitudinales brun-foncé, lisérées de noir, une plus étroite sur le milieu du dos, une autre plus large, de chaque côté sur le flanc ; la raie médiane commence immédiatement derrière les pariétales, les raies latérales sur la nasale, et toutes trois se prolongent jusqu'au bout de la queue ; la première couvre la série médiane des écailles dorsales et la moitié de la série immédiate de chaque côté, les raies latérales couvrent les 5e et 6e séries d'écailles et la moitié d'une série de chaque côté. Chez quelques indi-vidus ces raies portent une brodure étroite plus claire que le fond. Parties inférieures, au-dessous de chaque raie latérale, blanches ou d'un blanc teint de jaune, sans taches ou avec une série régulière de petites taches brun-rougeâtre ou de petits traits bruns sur la dernière rangée d'écailles. Dessus et côtés de la tête bruns, les lèvres blancs.

C'est une des espèces plus communes et plus largement répandues sur les hauts-plateaux d'Angola, où elle est généralement connue des indigènes sous le nom d'*Uçonjolo*. Le Muséum de Lisbonne possède une nombreuse suite d'individus envoyés par M. d'Anchieta de plusieurs localités au sud du Quanza : *Quissange, Cahata, Quindumbo, Caconda, Huilla, Gambos* et *Humbe.*

116. Rhagerhis acuta

Pl. X A, fig. 2

Psammophis acutus, *Günth., Ann. et Mag. N. H.,* 1888 (1), *p.* 327, *pl.* xix, *fig.* D (la tête).

Taille élancée ; queue modérément longue ; yeux grands.

Tête courte, convexe en dessus, à peine distincte du cou ; museau court, saillant et de forme conique. Rostrale emboîtant l'extrémité du museau et terminant en pointe ; internasales plus petites que les pré-frontales ; frontale héxagonale, à bords latéraux convergents en arrière, dépassant en longueur la distance de son bord antérieur à l'extrémité du museau, plus longue que les pariétales ; pariétales courtes et larges, à bords externes convèxes, ayant à peu-près la figure d'un quart de cercle ; deux nasales ; frénale carrée ou rhomboïdale ; une pré-oculaire en contact avec la frontale, deux ou trois post-oculaires ; temporales 2 + 3, celles du 1er rang allongées ; huit labiales supérieures, la première petite, les autres augmentant graduellement de hauteur de la 1e à la 5e ; neuf ou dix labiales inférieures, les cinq ou six premières touchant aux sous-mentales, celles de la première paire en contact ; les sous-mentales antérieures doubles des autres. 17 rangées d'écailles lisses.

Gastrostèges 172–185 ; anale double ; 61–63 paires d'urostèges.

A la mâchoire supérieure dix dents médiocres, croissant graduellement d'avant en arrière, précédant deux dents cannelées.

Long. totale 820 m. ; long. de la queue 152 m.

Par ses couleurs *R. acuta* ressemble tellement à *R. tritaeniata,* qu'on la prendrait facilement pour cette espèce, si l'on ne faisait pas attention à la convèxité de la tête et à la forme pointue du museau[1]. Elle porte, comme la *R. tritaeniata,* trois raies longitudinales brunes sur un fond gris-brunâtre, mais celle du milieu du dos est plus étroite que chez cette espèce, couvrant à peine une rangée d'écailles, tandis que les bandes latérales ont à peu-près la même largeur chez les deux espèces ; la raie médiane est marquée d'une ligne centrale plus claire, les latérales portent de chaque côté un double liséré noir et blanc, qui les fait mieux ressortir sur le fond de couleur. Les parties inférieures sont blanches ou légèrement teintes de jaune. La tête en dessous et sur les côtés de cette couleur ; en dessus brun-clair et présentant un curieux dessin formé par trois petites raies brunes, qui partent de la partie antérieure élargie de la raie dorsale et avancent en divergeant sur les pariétales, la frontale et les sus-oculaires.

Cette espèce a été rencontrée exclusivement dans l'intérieur d'Angola. MM. Capello et Ivens l'ont découverte em 1878 à *Cassange,* où elle est connue des indigènes sous le nom de *Colombolo.* Nous l'avons reçue de *Huilla* et *Caconda* par M. d'Anchieta. L'individu décrit par le Dr. Günther était originaire de *Pungo Andongo.*

M. Günther range cette espèce dans le genre *Psammophis,* auquel il ressemble par son aspect ; mais ses caractères de dentition ne sont pas d'accord avec ceux de ce genre.

---

[1] Le premier spécimen de *R. acuta* parvenu en Europe a été recueilli en 1878 à *Cassange* par MM. Capello et Ivens ; nous l'avons reçu en 1879, mais nous l'avions pris pour un individu de *R. tritaeniata* faute de l'avoir dûment examiné.

117. Amphiophis angolensis

Pl. XI, figs 3, 3 a-f

Amphiophis angolensis, *Bocage, Jorn. Ac. Sc. Lisb.*, IV, 1872, *p.* 82;
  Peters, Sitz. Ber. Ges. Nat. Fr. Berl., 1881, *p.* 149.
Ablabes Homeyeri, *Peters, Monatsb. Ak. Berl.*, 1877, *p.* 620.
Dromophis angolensis, *Boettg., Ber. Senckenb. Ges. Frankf.*, 1888, *p.* 55.
Psammophis angolensis, *Bouleng., Proc. Zool. Soc. Lond.*, 1891, *p.* 307.

Taille élancée, queue modérément longue. Tête étroite, légèrement aplatie, à peine distincte du cou; museau court, arrondi au bout; région frénale
sillonée. Rostrale un peu plus large que haute, légèrement rabattue sur
le museau, touchant aux internasales sans s'insinuer entre elles; celles-ci
plus petites que les pré-frontales, triangulaires, en contact avec les nasales;
pré-frontales grandes, descendant sur les côtés du museau pour s'articuler
à la frénale par toute l'étendue de leur bord externe; frontale longue, héxagonale, à bords externes un peu concaves et à extrémité postérieure arrondie;
pariétales grandes, triangulaires, à extrémité postérieure obliquement tron
quée ou arrondie; frénale quadrangulaire, une fois et demi plus longue que
haute; une pré-oculaire concave s'articulant en dessus à la pré-frontale et
à la sus-oculaire, sans toucher à la frontale; deux post-oculaires à peu-près
égales; temporales 1 + 2, celle du premier rang en contact seulement avec
la post-oculaire inférieure. 11 séries d'écailles lisses augmentant succéssi-
vement de grandeur de la ligne dorsale au bas des flancs. Gastrostèges
142-149; anale divisée; urostèges 62-81.

Au maxillaire supérieur huit dents lisses inégales, irrégulièrement
espacées, la 5e la plus grande, les trois dernières les plus petites et décroissant graduellement, suivies de deux dents cannelées.

La tête, brune ou noirâtre en dessus et sur les côtés, à l'exception des
plaques labiales qui sont jaunes, est divisée transversalement par deux raies
jaunes, l'une placée immédiatement derrière les yeux, l'autre coupant les
pariétales par le milieu; un petit trait vertical jaune sur la pré-oculaire
au-devant de l'œil; sur la nuque une large tache noire de forme héxagonale
limitée en avant et en arrière par un petit espace jaune; le cou porte un
demi-collier noir; une large bande d'un brun-olivâtre à double liséré noir
et jaune occupe le milieu du dos et avance sur la queue jusqu'à un point
plus ou moins rapproché de l'extrémité de cet organe, commençant en
général sur le demi-collier noir, mais laissant chez quelques individus entre
son origine et le demi-collier du cou un espace qui est occupé par quelques

taches irrégulières noires, alternes et confluentes sur la ligne dorsale. Les flancs et les régions inférieures d'un blanc teint de jaune et tirant parfois au bleuâtre sur les flancs. Chez quelques-uns de nos spécimens on voit sur les flancs deux lignes parallèles de points noirs ou noirâtres, l'inférieure beaucoup moins distincte.

Le type de l'espèce est un individu recueilli par Bayão au *Dondo* en 1868. Actuellement elle se trouve représentée dans nos collections par des individus provenant de plusieurs localités d'Angola: *Caconda, Quindumbo* et *Humbe* par M. d'Anchieta; *Novo Redondo* par M. F. Newton; *Pungo-Andongo* par Welwitsch. De cette dernière localité était originaire l'individu décrit par Peters sous le nom d'*Ablabes Homeyeri*, en honneur du voyageur qui l'avait rapporté d'Angola; un autre individu, dont l'ancien directeur du Muséum de Berlin a fait mention plus tard sous le nom d'*Amphiophis angolensis*, avait été pris à *Malange* par von Mechow. A cette liste de localités nous avons encore à ajouter *Ambrizette*, sur la côte d'Angola, dont M. P. Hesse a rapporté un exemplaire qui a été examiné par le Dr. Boettger (loc. cit.), et les bords du *Lac Nyassa*, où M. Simons a rencontré cette espèce (Boulenger, loc. cit.).

118. Psammophis sibilans

Coluber sibilans, *Linn., Syst. Nat.,* ı, *p.* 383.
Psammophis sibilans, *Bocage, Jorn. Ac. Sc. Lisb.,* ı. 1866, *p.* 48; *Peters, Monatsb. Ak. Berl.,* 1877, *p.* 613; *Mocquard, Bull. Soc. Phil.,* 1887, *p.* 78; *Boettg., Ber. Senckenb. Ges. Frankf.,* 1888, *p.* 53.
Ps. sibilans, *var.* stenocephala *et var.* leopardina, *Bocage, Jorn. Ac. Sc. Lisb.,* xı, 1887, *pp.* 205 *et* 206.
Ps. irregularis, *A. del Prato, Racc. Zool. nel Congo dal Cav. G. Corona,* 1893, *p.* 11.

Fig. *Jan, Icon. Gén., Livr.* 34, *pl.* ııı, *figs.* 1, 2 *et* 3.

Les individus d'Angola que nous rapportons au *Psamorphis sibilans* ne présentent pas une parfaite uniformité de caractères; au contraire ils diffèrent entre eux tant sous le rapport de la taille, plus ou moins élancée, et des proportions relatives du corps et de la queue, que par la conformation de leur tête et par certaines particularités de leur écaillure, sans parler des variations qu'ils présentent dans leur système de coloration. D'après leurs caractères, on serait tenté de considérer dans quelques-uns de ces individus les représentants de variétés et espèces établies par divers auteurs; mais ne pouvant pas les comparer directement à des exemplaires authentiques de ces espèces et variétés, qui malheureusement manquent à nos collections, nous éprouvons un certain embarras à nous prononcer en faveur de leur identité, nous appuyant à peine sur des descriptions incomplètes, et nous croyons agir plus sagement en présentant ici un résumé de leurs caractères différentiels, pouvant servir à caractériser les différents types qui se présentent à notre observation et que nous considérons provisoirement comme autant de variétés.

Var. *A*. Taille élancée, grêle ; queue effilée. Tête bien distincte du cou, longue, aplatie sur le vertex ; museau long, étroit, saillant. Rostrale étroite, rabattue sur le museau ; internasales petites, courtes, ayant à peine la moitié de la longueur des pré-frontales ; frontale étroite, rétrécie dans ses $^2/_3$ postérieurs, aussi longue que les pariétales ; celles-ci triangulaires, à extrémité postérieure arrondie ou obliquement tronquée ; deux nasales ; frénale étroite et longue, ayant en longueur trois fois sa hauteur et formant par sa jonction avec la pré-frontale une arête saillante qui borde le vertex ; une pré et deux post-oculaires, la pré-oculaire rabattue sur le front mais ne touchant pas à la frontale ; temporales $1 + 2 + 3$ ou $\frac{1}{1+1} + 3$, disposées irrégulièrement chez quelques individus ; neuf labiales supérieures, les 4e, 5e et 6e en contact avec l'œil ; cinq labiales inférieures en contact avec les sous-mentales, dont celles de la deuxième paire sont plus étroites et plus longues. 17 séries longitudinales d'écailles lisses, étroites et lancéolées sur la partie antérieure du tronc. Gastrostèges 164–173 ; anale divisée ; urostèges doubles 109–127.

Long. totale d'un de nos plus grands individus 1077 m. ; long. de la queue 380 m.

En dessus, depuis la tête jusqu'à l'extrémité de la queue, une large bande dorsale brun-rougeâtre qui comprend sept séries d'écailles, bordée de chaque côté d'une ligne noire ou d'une série de petites taches de cette couleur, les bords des écailles comprises dans cette bande sont en général lisérés de noir ; une raie étroite jaune sépare la bande dorsale d'une autre bande longitudinale de la couleur du dos ou cendré de plomb, suivant les individus ; sur le bord inférieur de cette bande court une ligne noire, qui occupe exactement le milieu de la dernière rangée d'écailles. Bas des flancs et parties inférieures d'un jaune pâle ; une ligne noire de chaque côté sur les gastrostèges marquant les limites de leur portion horisontale. Dessus et côtés de la tête, à l'exception des lèvres, d'un brun-rougeâtre, uniforme ou varié de trois raies transversales jaunes lisérées de noir, en général peu distinctes ; une tache étroite jaune sur la pré-oculaire et une autre sur les post-oculaires ; une ligne noire sur le bord supérieur des labiales.

Cette variété se trouve représentée dans nos collections d'Angola par des individus provenant de diverses localités : *Rio Bengo, Catumbella, Biballa, Maconjo, Humbe* et *Cunene* (Anchieta).

Ces individus ressemblent sans doute à la var. *subtaeniata*, Peters[1]. En comparant leurs caractères à ceux de l'individu décrit par Peters, la seule différence qu'on vient à constater entre eux consiste dans le nombre des urostèges, qui serait à peine de 54 chez la var. *subtaeniata*, tandis qu'il varie de 109 à 127 chez nos échantillons.

Var. *B*. Les individus appartenant à cette variété ressemblent par la conformation de la tête et du corps à ceux de la variété précédente. Leurs plaques céphaliques ont à peu-près les mêmes caractères : la forme et les dimensions de la frontale par rapport aux autres plaques sont les mêmes, la frénale est longue et très étroite et forme par sa réunion à la pré-frontale une crête latérale saillante, les temporales sont disposées de la même manière ; mais la pré-oculaire est bien en contact avec la frontale et le nombre des labiales supérieures est différent, huit au lieu de neuf dont les 4e et 5e seules touchent à l'œil. Le nombre des plaques ventrales et sous-caudales est à peu-près le même, 171 pour les premières et 93 pour les secondes.

C'est surtout leur mode de coloration qui est bien différent. Les plaques du dessus de la tête et les écailles du dos et des flancs sont finement pointillées de brun-fauve sur un fond grisâtre et variées de petits points noirs ; les écailles de la série médiane du dos, blanches ou jaunes dans leur moitié terminale et marquées vers le milieu d'un trait ou de deux points noirs, forment une jolie raie étroite alternativement noire et jaune, qui s'étend depuis la tête jusqu'à une certaine distance de la base de la queue ; à partir de ce point, trois raies d'un brun-fauve, plus ou moins distinctes, se prolongent jusqu'à l'extrémité de la queue.

Nous observons ces caractères chez deux individus, l'un rapporté de *Rio Coroca* par MM. Capello et Ivens, l'autre recueilli dans cette même localité par M. d'Anchieta. Le premier de ces individus est le type de notre var. *stenocephala*[2].

Var. *C*. D'autres individus se rapprochent des deux variétés précédentes sans pouvoir leur être assimilés. Leur taille est moins grêle ; la tête présente une convéxité plus marquée sur sa face supérieure ; le museau est moins déprimé et plus large ; la frénale moins étroite. Nous leur comptons huit labiales supérieures, dont les 4e et 5e touchent à l'œil ; la pré-oculaire ne se trouve pas en contact avec la frontale ; temporales $\frac{1}{4+1} + 3$, présentant quelquefois des anomalies. Écailles en 17 séries. Gastrostèges 164–172 ; anale double ; urostèges doubles 96–103.

---

[1] Peters, *Reise n. Mossamb.*, III, *Amphib.*, p. 121.
[2] Bocage, *Jorn. Ac. Sc. Lisb.*, XI, 1887, p. 205.

Quant à leurs couleurs, elles sont variables, mais ils portent toujours à la tête des taches symétriques, disposées de la même manière et formant un dessin assez caractéristique, qui se trouve bien représenté dans la fig. 3, pl. III, livr. 44, de l'Icon. Gén. de Jan. Quelques-uns de ces individus, d'un brun-rougeâtre en dessus et d'un blanc-jaunâtre en dessous, portent une large bande dorsale composée de sept rangées d'écailles et d'une teinte plus foncée, limitée de chaque côté par une ligne noire ou par une série de points noirs et marquée par des lignes obliques noires sur les extrémités des écailles de chaque série transversale; les taches de la tête, d'une couleur plus vive, sont lisérées de noir; sur chaque labiale une tache noire ou brune. En dessous d'une teinte pâle, jaunâtre; une ligne noire, souvent effacée, sur les limites latérales de la face ventrale du tronc et de la queue.

Habitat: *Loanda*, un individu provenant du voyage du Roi D. Luiz à Angola; *Catumbella* et *Quissange*, deux individus par M. d'Anchieta.

Deux autres individus, l'un de *Mossamedes* du voyage de MM. Capello et Ivens, l'autre de *Catumbella* par M. d'Anchieta, présentent de chaque côté d'une étroite raie dorsale jaune une série de grandes taches irrégulières brun-roux bordées de noir; ces taches, bien distinctes sur les deux tiers antérieurs du tronc, sont remplacées sur le tiers postérieur du tronc et sur la queue par une bande brun-roussâtre. Sur les gastrostèges et urostèges une série longitudinale de points noirs de chaque côté et de nombreux points de cette couleur irrégulièrement disséminés. C'est d'après ces individus que nous avons admis une nouvelle variété sous le nom de var. *leopardina*[1].

Var. D. Individus à corps long et à taille élancée, mais ayant le cou moins étroit et par suite la tête moins distincte du tronc. La tête et le museau plus courts; le vertex de la tête moins déprimé et la crête latérale obtuse. L'écaillure de la tête ne présente pas de différences appréciables par rapport à la var. *C,* seulement nous remarquons que la frênale est relativement moins longue et moins étroite, ayant tout-au-plus en longueur deux fois sa hauteur. La pré-oculaire ne touche pas à la frontale; huit labiales, les 4e et 5e dans l'orbite; temporales 2 + 3. 17 séries d'écailles. Gastrostèges 151-172; anale divisée; urostèges doubles 71-106.

Ces individus sont surtout remarquables par leurs couleurs: en dessus d'un brun-olivâtre foncé, qui perd d'intensité sur les flancs; bas de flancs et parties inférieures d'un blanc lavé de verdâtre ou d'olivâtre. Chez quelques individus une raie étroite claire, tirant au jaune, parcourt la rangée vertébrale des écailles, commençant derrière la tête et terminant à une distance variable de la base de la queue. Les écailles dorsales sont d'une couleur uniforme ou bordées de noir et variées de taches, souvent confluentes, de cette couleur.

---

[1] Bocage, *Jorn. Ac. Sc. Lisb.*, XI, 1887, p. 206.

La tête est en dessus d'une couleur uniforme semblable à celle du dos ou ornée de trois raies transversales jaunes, l'une derrière les yeux, l'autre passant au milieu des pariétales, la troisième derrière ces plaques ; il y a toujours une petite tache jaune sur la pré-oculaire et une autre sur les post-oculaires.

Habitat : *Huilla, Caconda, Rio Cuce* et *Galanga* (Anchieta).

Cette variété doit se rapprocher beaucoup du *Ps. irregularis,* Fischer, que nous connaissons à peine par les figs. de Jan[1].

Var. *E.* Deux individus, adulte et jeune, de *Quillengues* nous paraissent bien distincts de tous les autres non seulement par la forme de la tête, courte, convèxe, élargie en arrière et distincte du cou, et par son museau court, mais aussi par ses couleurs d'un brun rougeâtre uniforme en dessus, blanchâtres en dessous, l'adulte avec deux séries parallèles de points noirs sur les gastrostèges, le jeune présentant sur la ligne médiane du dos une série de petites taches jaunes qu'un petit trait noir de chaque côté rend plus apparentes. La tête en dessus de la couleur du dos, en dessous blanchâtre, sans taches, à peine quelques points noirs sur les labiales et les écailles de la face inférieure de la tête et du cou.

La description publiée par Peters du *Ps. brevirostris*[2] nous semble s'adapter bien à ces individus, envoyés au Muséum de Lisbonne par M. d'Anchieta. Nos constatons chez eux les principaux détails signalés par Peters.

Le Dr. Fischer, qui avait eu l'occasion d'examiner plusieurs des espèces admises dans le genre *Psammophis*, était arrivé à cette conclusion : — que différents *Psammophis* à formes robustes et ayant 17 séries d'écailles et 160–170 gastrostèges, les *Ps. tetensis, brevirostris, irregularis,* peut-être même la var. *subtaeniata,* Peters, appartiennent à une seule variété du *Ps. sibilans,* répandue sur toute l'Afrique équatoriale, la var. *intermedia.* Nous croyons cependant que de nouvelles études sont nécessaires pour qu'on puisse fixer le nombre et les caractères différentiels des variétés de cette espèce.

Les noms indigènes du *Ps. sibilans* et de ses variétés varient suivant les localités : un individu de Rio Bengo porte le nom de *Lubio ;* ceux de Caconda, *Bandangila ;* ceux de Quissange et Galanga, *Uanga.*

Le *Ps. sibilans* est fort répandu en Angola, où il a été rencontré sur la région littorale et sur les hauts-plateaux de l'intérieur. Il est aussi assez abondant au Congo.

---

[1] Jan, *Icon. Gén.,* livr. 34, pl. IV, figs. 1 et 2.
[2] Peters, *Sitz. Ber. Ges. Nat. Fr. Berl.,* 1881, p. 89.

119. Dryiophis Kirtlandii

Leptophis Kirtlandii, *Hallow., Proc. Ac. Philad.*, ii, 1844, *p.* 62.
Dryiophis Kirtlandii, *Bocage, Jorn. Ac. Sc. Lisb.*, i, 1866, *p.* 48; *Boettg.*,
  · *Ber. Senckenb. Ges. Frankf.*, 1888, *p.* 65; *Mocquard., Bull. Soc.*
  Phil., 1889, *p.* 145; *A. del Prato, Racc. Zool. nel Congo dal Cav.*
  G. Corona, 1893, *p.* 13.
Cladophis Kirtlandii, *A. Dum., Arch. Mus. Paris*, x, 1861, *p.* 204,
  pl. xvii, *figs.* 8, 8 a.
Thelotornis Kirtlandii, *Peters, Reise n. Mossamb.*, iii, *Amphib., p.* 131,
  pl. xix, *fig.* 2.
Dryiophis Oatesi, *Günth., Oates, Matab. Land and Vict. Falls,* 1893,
  App., Herpet., p. 330, *pl.* D.

Fig. *Jan, Icon. Gén., livr.* 32, *pl.* iv, *fig.* 2.

Les collections du Muséum de Lisbonne renferment dix individus de cette espèce, deux de Moçambique, un du Gabon et sept d'Angola; ceux-ci de diverses provenances: *Duque de Bragança,* par Bayão, *Quissange, Biballa, Rio Quando, Quillengues* et *Huilla,* par M. d'Anchieta.

L'exemplaire du Gabon, don d'Aubry Lecomte, et celui du Duque de Bragança appartiennent à la forme typique de l'espèce. L'écaillure et le mode de coloration de la tête sont chez eux parfaitement d'accord avec les descriptions et les figures publiées d'après des individus d'Afrique occidentale. Leur museau est aplati et, par suite de cet aplatissement, la rostrale et la nasale sont rabattues sur la face supérieure du museau; la tête en dessus est d'un vert-sombre, cette couleur couvrant également les joues et la partie supérieure des tempes et s'étendant sur la nuque et le cou, mais les lèvres, la partie inférieure des tempes et la face inférieure de la tête et du cou sont d'un beau rose-carminé; ces deux couleurs, rose et vert, se trouvent nettement séparées par une ligne droite qui part de la narine, passe au-dessous de l'œil et se dirige directement en arrière sur la région temporale. La figure de la tête publiée par A. Dumeril et celle de Jan donnent une idée exacte du type de l'espèce, auquel appartiennent les individus observés jusqu'à présent dans l'Afrique occidentale et, d'après la description publiée par M. Boettger, ceux rapportés par Hesse de *Banana, Povo Nemeláo* et *Povo Netonna,* dans le Bas-Congo.

Nos individus de Moçambique sont, selon nous, les représentants d'une variété distincte, *var. mossambicana.* La figure citée de Peters donne une idée de la conformation et des couleurs de leur tête, seulement les teintes d'un rose carminé n'y sont pas exactement rendues, ayant eu beaucoup à souffrir de l'action de l'alcool. Leur museau est plus étroit et moins déprimé vers le bout; la rostrale et la nasale sont plus faiblement repliées sur la face supérieure du museau; comme chez la forme typique, la tête est verte en dessus, d'un rose carminé pâle, avec les lèvres, en dessous, mais une raie d'un rose plus vif ponctuée de noir part de la rostrale, passe sur l'œil, traverse les tempes en augmentant de largeur et termine sur les côtés du cou; au-dessous de l'œil cette bande émet un petit prolongement de forme triangulaire qui couvre la 6e labiale; les bords des labiales et les écaillles de la partie inférieure de la tête et du cou sont marquées de points noirs[1].

Nos individus d'Angola, à l'exception de celui du Duque de Bragança, ressemblent tout-à-fait à l'individu du pays des Matebeles décrit par M. Günther sous le nom de *D. Oatesi*. La forme, l'écaillure et les couleurs de la tête rappellent également ce que l'on observe chez nos individus de Moçambique avec cette seule différence: le dessus de la tête, au lieu d'être d'une teinte verte uniforme, présente un curieux dessin rose-carminé ponctué de noir en forme de T ou mieux de Y, dont la partie supérieure se trouve exactement entre les yeux, et la branche verticale occupe la suture des pariétales et se prolonge en arrière plus ou moins sur la nuque. La fig. citée de Günther reproduit avec la plus grande exactitude ces caractères de coloration. D'autres particularités signalées par notre excellent ami, telles que les rapports de la pré-oculaire avec la frontale et la présence de deux post-oculaires, au lieu de trois, nous semblent peu importantes: chez des individus des deux autres variétés les rapports entre la pré-oculaire et la frontale sont à peu-près les mêmes, et chez deux de nos individus d'Angola nous trouvons deux post-oculaires d'un côté et trois de l'autre[2].

La forme typique et les deux variétés du *D. Kirtlandii* paraissent avoir un habitat distinct. La première appartient à l'Afrique occidentale et se répand par le Gabon et le Congo jusqu'à la partie septentrionale des territoires d'Angola; la var. *mossambicana* se trouve dans l'Afrique orientale occupant une aire géographique dont les limites sont encore à déterminer; la var. *Oatesi*, la plus méridionale des trois, vit dans les pays des Matebeles et se montre fréquemment dans les hauts-plateaux d'Angola au sud du Quanza.

Les étiquettes des individus de Biballa portent le nom indigène, *N'hocamenha;* les indigènes du Quando l'appellent *Cucuta* (Anchieta).

---

[1] Un individu de Moçambique, faisant partie d'une collection de reptiles recueillis à Manica, dont notre ancien collègue et ami M. A. Ennes nous a fait cadeau, conserve encore ses couleurs presque intactes, telles que nous les avons décrites.

[2] Nous ne pouvons pas accorder la valeur de caractères différentiels à certaines variations dans l'écaillure de la tête de quelques ophidiens, variations qui rentrent facilement dans la catégorie des anomalies individuelles, surtout si elles ont été à peine observées chez un seul individu.

120. Bucephalus capensis

Bucephalus capensis, *Smith, Ill. Zool. Soc. Afr.*, III, *Rept., pls.* x – xiii;
  Bocage, Jorn. Ac. Sc. Lisb., IV, 1873, *p.* 282 ; *Boettg., Ber. Senckenb.*
  Ges. Frankf., 1888, *p.* 65 ; *A. del Prato, Racc. Zool. nel Congo dal*
  Cav. G. Corona, 1893, *p.* 12.
B. typus, *Bocage, Jorn. Ac. Sc. Lisb.*, I, 1866, *p.* 48 ; VII, 1879, *p.* 96 ;
  Peters, Sitz. Ber. Ges. Nat. Fr. Berl., 1881, *p.* 149.

Fig. *Smith, Ill. S. Afr. Zool., Rept., pls.* III *et* x – xiii; *Jan, Icon. Gén.,*
  livr. 32, *pl.* IV, *fig.* 1.

Le *Bucephalus capensis* est très abondant en Angola dans la zone
des hauts-plateaux. Nous l'avons reçu de plusieurs localités de l'intérieur:
St. Salvador du Congo (P° Barroso); *Duque de Bragança* (Bayão); *Rio
Quando* (Capello et Ivens); *Ambaca, Quissange, Quindumbo, Galanga, Ca-
conda, Huilla* et *Humbe* (Anchieta). A ces localités nous pouvons ajouter
Malange d'après Peters (loc. cit.).

Les variétés représentées dans les planches XI et XII de Smith et la
variété noire tachetée de jaune dont Jan a publié la figure dans son Iconogra-
phie Générale sont les plus communes; mais nous avons encore à signaler
une variété verte, une autre d'un rouge de brique uniforme en dessus,
plus pâle en dessous, et une troisième jaune ou fauve ponctuée de brun,
marquée d'une tache allongée noire sur les côtés du cou et présentant une
série de petites taches triangulaires noires le long des flancs sur la dernière
rangée d'écailles. La première de ces variétés nous vient du Humbe, la
seconde de St. Salvador, la troisième du Duque de Bragança, de Caconda
et du Humbe.

Nous n'avons jamais rencontré le *B. capensis* parmi les reptiles reçus
du Congo et capturés dans les bords du Zaïre ou dans la côte maritime.
M. Boettger cite un individu rapporté du Congo par le Dr. Büttner et faisant
partie des collections du Muséum de Berlin, mais sans nous donner aucune
indication précise au sujet de la localité où il aurait été pris. Cet individu
appartiendrait à la variété noire tachetée de jaune, l'une des plus répandues
en Angola (Boettg., loc. cit.).

Quelques-uns de nos spécimens portent l'indication du nom que lui
donnent les indigènes: *Bamba-bamba* à St. Salvador; *Kamacucuto* à Ambaca;
Turulangila à Quindumbo, Caconda et Quissange. L'individu rapporté du
Quando par MM. Capello et Ivens portait le nom indigène *Quilengo-lengo*.

121. Crotaphopeltis rufescens

Coluber rufescens, *Gm., Syst. Nat.*, i, *p.* 1094.
Crotaphopeltis rufescens, *Bocage, Jorn. Ac. Sc. Lisb.*, i, 1866, *p.* 49;
  ibid., vii, 1879, *p.* 96; *Mocquard, Bull. Soc. Phil.*, 1889, *p.* 145.
Leptodira rufescens, *Peters, Monatsb. Ak. Berl.*, 1877, *pp.* 615 *et* 620;
  Sitz. Ber. Ges. Nat. Fr. Berl., 1881, *p.* 149; *Boettg., Ber. Senckenb.
  Ges. Frankf.*, 1888, *p.* 72; *A. del Prato, Racc. Zool. nel Congo dal
  Cav. G. Corona*, 1893, *p.* 12.

Fig. *Jan, Icon. Gén., livr.* 39, *pl.* ii, *fig.* 1.

Cet ophidien, très répandu dans l'Afrique inter-tropicale et australe,
se laisse voir partout en Angola et au Congo. La liste des localités d'où nous
l'avons reçu est assez longue : *Cabinda* et *bords du Zaïre* (Neves Ferreira);
St. Salvador du Congo (P⁰ Barroso); *Dande* (Banyures); *Dondo* (Bayão);
Rio Quango (Capello et Ivens); *Benguella, Quissange, Quindumbo, Biballa,
Huilla, Caconda, Quillengues, Gambos* et *Humbe* (Anchieta). M. Boettger
fait mention de plusieurs individus rapportés de *Boma* et des environs
de *Banana* par Hesse, et M. A. del Prato a rencontré un individu dans une
collection de reptiles recueillis au Congo par M. Corona.

Les noms que lui donnent les indigènes varient suivant les localités :
à *St. Salvador, Bamba-a-udumbe;* au Dande, *Mussala;* à Quissange, Quindumbo et Caconda, *Bandangila;* dans la région du Quango, *Quibandangila.*

122. Crotaphopeltis semiannulatus

Telescopus semiannulatus, *Smith, Ill. S. Afr. Zool., Rept., pl.* 72;
  Peters, Reise n. Mossamb., iii, *Amphib., p.* 127.
Leptodira semiannulata, *Bouleng., Synops. Snak. S. Afr.*, 1887, *p.* 9;
  Boettg., Ber. Senckenb. Ges. Frankf., 1887, *p.* 162.

Fig. *Smith, Ill. S. Afr. Zool., Rept., pl.* 72.

A juger d'après le petit nombre d'individus du *Crotaphopeltis annulatus*,
que nous avons reçus d'Angola, cette espèce doit y être rare et son habitat
assez restreint. De cinq spécimens envoyés par M. d'Anchieta deux ont été
recueillis à *Gambos*, deux au *Humbe*, le cinquième à *Quissange;* c'est donc

dans la partie méridionale des hauts-plateaux d'Angola qu'elle paraît habiter de préférence.

Cette espèce a été découverte par Smith dans l'Afrique australe, mais cet auteur n'a pas donné aucune indication sur la provenance de l'individu décrit et nommé par lui *Telescopus semiannulatus*. On l'a rencontrée plus tard dans les pays des *Grands-Namaquois* et des *Herreros* (Boettger et Peters) et dans l'Afrique orientale à *Cabaceira*, sur le continent en face de l'île de Moçambique (Peters). Assez rare dans les collections, elle était en 1887 un des desiderata du Muséum Britannique (Bouleng., loc. cit.).

Chez l'individu décrit par Smith le nombre des gastrostèges et des urostèges, 206 et 55 respectivement, est inférieur à ce que nous constatons chez nos spécimens : gastrostèges 232–242 ; doubles urostèges 77–83. Les chiffres indiqués par M. Boettger se rapprochent de ceux de Smith : gastrostèges 219, doubles urostèges 51. Chez le spécimen de Cabaceira Peters a trouvé 223 gastrostèges et 72 paires d'urostèges, à peu-près comme chez nos individus.

Le nombre des semianneaux noirs qui ornent le dos de cette espèce varie également : chez nos individus nous comptons 30 à 33 sur le tronc et 11 à 17 sur la queue ; Peters en a trouvé 27 et 51 sur le tronc, 10 et 22 sur la queue ; Smith 34 sur le tronc, 18 sur la queue ; Boettger 34 sur le tronc, 15 sur la queue.

Le plus grand de nos individus est long de 840 m., la queue ayant 172 m.

123. Dipsas pulverulenta

Dipsas pulverulenta, *Fischer, Abh. Geb. Nat. Hamburg*, 1856, *p. 81, pl. III, fig. 1 ; Peters, Monatsb. Ak. Berl.*, 1877, *p. 615 ; Bocage, Jorn. Ac. Sc. Lisb.*, XI, 1887, *p. 186 ; Boettg., Ber. Senckenb. Ges. Frankf.*, 1888, *p. 75.*

Fig. *Jan, Icon. Gén., livr. 38, pl. IV, fig. 1.*

Cette espèce est représentée dans nos collections d'Angola e du Congo par trois exemplaires : un rapporté du Bas Congo par M. d'Abreu Gouveia, les deux autres offerts par M. le Vice-Amiral Sampaio. Ces derniers faisaient partie d'une collection de reptiles d'Angola que M. Toulson avait réunie à Loanda, mais ils ne portaient aucune indication précise de leur provenance.

Elle a été recueillie à *Chinchoxo* par l'Expédition allemande à la côte de Loango (Peters, loc. cit.).

124. Dipsas Blandingii

Toxicodryas Blandingii, *Hallow., Proc. Ac. Philad.*, II, 1845, *p.* 140.
Dipsas Blandingii, *Peters, Monatsb. Ak. Berl.*, 1877, *p.* 615; *Boettg., Ber. Senckenb. Ges. Frankf.*, 1888, *p.* 74.
Triglyphodon fuscum, *Mocquard, Bull. Soc. Phil.*, XI, 1887, *p.* 80.

Fig. *Fischer, Abh. Geb. Nat. Hamburg*, 1856, *pl.* III, *fig.* 4 (la tête).

Habite le Bas-Congo sur les bords du Zaïre et sur la côte maritime. L'Expédition allemande à la côte de Loango l'a rapportée de *Chinchoxo* (Peters, loc. cit.) et Hesse *du Povo Nemeláo*, près de *Banana* (Boettger, loc. cit.).

Un individu de cette espèce, provenant, comme ceux de la *D. pulverulenta*, de la Collection-Toulson, appartient actuellement au Muséum de Lisbonne.

125. Microsoma collare

Pl. XIV, figs. 1, 1 a – b, 2, 2 a – b

Microsoma collare, *Peters, Monatsb. Ak. Berl.*, 1881, *p.* 182; *Bocage, Jorn. Ac. Sc. Lisb.*, XI, 1887, *p.* 182.
? M. fulvicollis, *Mocquard, Bull. Soc. Phil.*, 1887, *p.* 65.
? Palaemon Barthii, *Jan, Prod. Icon. Ophid.*, 1859, *p.* 9; *Icon. Gén., livr.* 15, *pl.* I, *fig.* 3; *Günth., Ann. et Mag. N. H.*, 1865 (1), *p.* 90.

Nous rangeons provisoirement sous le même nom spécifique quatre individus du genre *Microsoma* de notre collection, trois provenant d'Angola, le quatrième du Congo. Ces individus diffèrent entre eux par quelques particularités du mode de coloration et de l'écaillure, et se rapprochent plus ou moins d'autres espèces ayant cours dans la science, quoique imparfaitement connues. Ainsi nous jugeons que ce que nous avons de mieux à faire c'est de présenter ici un aperçu des caractères de nos spécimens, afin de contribuer avec quelques nouveaux éléments à la révision complète des espèces qui doivent constituer le genre *Microsoma*.

A. (Pl. XIV, fig. 2). Corps long et grêle, queue très courte, tête à peine distincte du tronc. Rostrale plus large que haute, rabattue sur le museau par son angle supérieur; internasales plus courtes et plus étroites que les pré-frontales; frontale plus longue que large, hexagonale, à angle postérieur aigu ; pariétales irrégulièrement triangulaires ; nasale divisée ; pas de frénale ; une pré et une post-oculaire ; deux temporales, 1 + 1, longues et étroites, celle du premier rang la plus longue ; sept labiales supérieures, les 3ᵉ et 4ᵉ en contact avec l'œil, la 5ᵉ la plus haute, la 6ᵉ la plus basse, les 6ᵉ et 7ᵉ en contact avec le bord inférieur de la 1ᵉ temporale ; mentonnière médiocre, triangulaire, séparée de la 1ᵉ paire de sous-mentales par la 1ᵉ paire de labiales inférieures ; cinq de celles-ci en contact avec les sous-mentales. 15 séries d'écailles. Gastrostèges 228 ; anale double ; 16 paires d'urostèges. Long. totale 415 m. ; la queue 21 m. ; diamètre du tronc 8 m.

En dessus d'un noir brillant ; un collier d'un blanc-fauve derrière la nuque ; les lèvres et la face inférieure de la tête de cette même couleur ; les urostèges et une partie des gastrostèges de la couleur du dos, les autres gastrostèges d'un blanc-fauve au centre et noires sur les côtés.

Un individu de *Quindumbo* par M. d'Anchieta.

Les caractères de cet individu nous semblent d'accord avec ceux de l'individu décrit par Peters sous le nom de *Microsoma collare*. Comparé au *Palaemon Barthii*, il lui ressemble également à l'exception de la frontale, qui a une forme un peu différente, et des sous caudales, simples chez celui-ci, doubles chez l'individu de Quindumbo. Il faut cependant observer que chez l'individu type du *P. Barthii* figuré par Jan il y a une paire d'urostèges immédiatement après l'anale. Un individu du Vieux Calabar rapporté par Günther au *P. Barthii* doit également se rapprocher beaucoup de notre spécimen.

B. (Pl. xiv, fig. 1). Plus long et moins grêle que le précédent. L'écaillure de la tête à peu-près identique. Nous avons à peine à signaler la présence de deux post-oculaires au lieu d'une. Le même nombre de séries d'écailles. Gastrostèges 219 ; anale divisée ; urostèges doubles 22. Long. totale 512 m. ; la queue 36 m. ; diamètre du tronc 9 m.

En dessus cendré de plomb, les écailles lisérées de noir ; la tête d'une teinte fauve, plus pâle derrière la nuque, avec une grande tache triangulaire noire sur sa face supérieure ; la couleur fauve du cou est séparée de la teinte foncée du dos par une étroite bande transversale noire peu distincte ; toutes les régions inférieures d'un blanc lavé de fauve à l'exception des extrémités latérales des gastrostèges, qui sont de la couleur du dos.

Cet individu nous vient de *Cazengo* par M. A. da Fonseca

La présence de deux post-oculaires, au lieu d'une, est le seul caractère différentiel que nous ayons à signaler par rapport à l'exemplaire précédent. Par ce caractère et par ses sous-caudales doubles il diffère également du *P. Barthii*. Ses couleurs ne sont pas en désaccord avec ce que l'on observe chez le *M. collare* et le *P. Barthii*. Par l'ensemble de ces caractères cet individu se rapproche surtout du *M. fulvicollis*, Mocquard ; seulement le nombre des gastrostèges est chez celui-ci beaucoup plus élevé, 249 au lieu de 219.

C. Plus long et proportionellement plus gros que le spécimen *A.* L'écaillure de la tête sans variations remarquables si ce n'est la présence de deux post-oculaires, caractère qui lui est commun avec l'exemplaire *B.* 15 séries d'écailles. Gastrostèges 226 ; anale double ; urostèges doubles 17. Long. totale 870 m. ; la queue 47 m. ; diamètre du tronc 13 m.

D'un noir-bleuâtre partout ; à peine quelques marbrures plus pâles sous la gorge.

Un individu de *Quindumbo* par M. d'Anchieta.

Sous le rapport de l'écaillure cet individu se trouve précisément dans le cas du précédent. Par ses couleurs il diffère des deux types spécifiques, ou prétendus tels, *M. collare* et *P. Barthii,* dont nous nous servons pour termes de comparaison.

D. Long et très grêle. Dans l'écaillure de la tête nous avons à signaler : deux post-oculaires et trois temporales, $1 + \frac{1}{1}$; la 7ᵉ labiale plus basse que la 6ᵉ et en contact par son bord supérieur avec la temporale inférieure du second rang. Écailles disposées en 15 séries. Gastrostèges 201 ; anale simple ; urostèges doubles 20. Long. totale 376 m. ; la queue 24 m ; diamètre du tronc 7 m.

D'un brun-cendré en dessus avec les bords des écailles noirs ; en dessous blanc teint de fauve. La tête de cette couleur avec une tache noire couvrant les pré-frontales, la frontale, l'œil et la 4ᵉ labiale de chaque côté. Sur le cou, derrière la nuque, un étroit collier noir, qui tranche sur le fauve de la tête et se confond en arrière avec la teinte foncée du dos.

Un individu rapporté du *Congo* par M. J. B. d'Abreu Gouveia.

Ce qu'il y a de vraiment remarquable chez cet individu c'est le nombre différent des temporales et la présence d'une anale simple. Si l'on parvenait à constater l'existence de ces particularités chez d'autres individus, il faudrait sans doute leur accorder la valeur de caractères spécifiques.

126. Calamelaps polylepis

IX, fig. 2, 2 a – d

Calamelaps unicolor, *Bocage, Jorn. Ac. Sc. Lisb.,* iii, 1870, *p.* 68.
C. polylepis, *Bocage, Jorn. Ac. Sc. Lisb.,* 1873, *p.* 216.
C. miolepis, *Günth., Ann. et Mag. N. H.,* 1888, *p.* 323.

Le *C. polylepis* diffère à peine du *C. unicolor (Calamaria unicolor,* Reinhdt.) par le nombre de ses rangées d'écailles, 21 au lieu de 17. Les couleurs du type de l'espèce, provenant du Dondo, sont uniformes et d'un noir luisant; mais un autre individu de Cazengo, est d'un beau brun-marron en dessus, plus pâle en dessous, avec les bords des gastrostèges tirant au jaune, et chez un troisième individu de Quissange, plusieurs gastrostèges, isolées ou réunies par groupes, sont d'un jaune vif qui tranche sur la couleur noire du corps.

Le nombre des gastrostèges et urostèges varie beaucoup suivant les individus; nous comptons 163 à 212 gastrostèges et 16 à 27 urostèges paires[1]. L'anale est toujours divisée. Le plus grand de nos spécimens est long de 480 m., la queue y entrant pour 50 m.

Nous possédons dans les collections du Muséum cinq individus de cette espèce provenant d'Angola et recueillis en quatre localités de l'intérieur: *Dondo, Quissange* et *Humbe,* par M. d'Anchieta, *Cazengo,* par M. Alberto da Fonseca.

L'individu décrit par M. Günther sous le nom de *C. miolepis* est originaire des bords du *Lac Nyassa.* Les caractères signalés par cet auteur sont d'accord avec ceux de nos spécimens: 21 séries d'écailles; 205 plaques ventrales; 18 sous-caudales; couleur uniforme noire; l'écaillure de la tête comme chez le *C. unicolor.*

127. Uriechis capensis

Elapomorphus capensis, *Smith, Ill. S. Afr. Zool.,* III, *Rept., App., p.* 16.
Uriechis capensis, *Bocage, Jorn. Ac. Sc. Lisb.,* III, 1870, *p.* 68; *Peters, Reise n. Mossamb.,* III, *Amph., p.* 112; *Günth., Ann. et Mag. Zool.,* 1888, *p.* 324.

Fig. *Jan, Icon. Gén., livr.* 15, *pl.* I, *fig.* 5.

Les spécimens du genre *Uriechis* que renferme le Muséum de Lisbonne diffèrent entre eux, mais leurs différences ne sont pas précisément d'accord avec celles dont se sont servis les auteurs pour caractériser les sept espèces

---

[1] Voici en détail le nombre des gastrostèges et urostèges de chacun de nos spécimens:

A.	Individu du *Dondo:*	Gastr.	214, A $^1/_1$,	Urost.	$^{16}/_{16}$
B.	» du *Humbe:*	»	203, A $^1/_1$,	»	$^{18}/_{18}$
C.	» de *Cazengo:*	»	182, A $^1/_1$,	»	$^{27}/_{27}$
D.	» de *Quissange:*	»	163, A $^1/_1$,	»	$^{27}/_{27}$
E.	» de *Quissange:*	»	198, A $^1/_1$,	»	$^{20}/_{20}$

actuellement inscrites dans ce genre sous des noms divers[1]. C'est de l'*U. capensis* qu'ils se rapprochent davantage.

Nos individus d'Angola ont été recueillis par M. d'Anchieta à *Novo Redondo, Bibalta, Quindumbo* et *Gambos;* un individu de chaque localité, à l'exception de Quindumbo, d'où nous en avons reçu deux.

Les deux spécimens, adulte et jeune, de *Gambos* et *Novo Redondo,* ressemblent parfaitement par l'écaillure de la tête et par leur mode de coloration à l'individu figuré par Jan sous le nom d'*U. capensis* et provenant de la Colonie du Cap. Nous leur comptons sept labiales, les 3e et 4e touchant à l'œil, la 5e en contact avec la pariétale; ils ont deux pré-frontales; une pré et une post-oculaire; deux temporales en deux rangs, 1 + 1; la nasale simple; la mentonnière large et s'articulant aux sous-mentales de la 1e paire; 15 rangées d'écailles. La tête brune en dessus porte de chaque côté une tache irrégulière noire, qui couvre l'œil et deux ou trois labiales, et une tache arrondie de la même couleur sur la temporale du premier rang; le cou est orné d'un large demi-anneau noir, séparé de la nuque et du dos par un petit espace blanc-jaunâtre; le dessus et les côtés du tronc et de la queue d'un brun roux avec de petites taches brunes sur le centre des écailles, qui forment des lignes longitudinales, plus distinctes sur la partie supérieure du dos; les régions inférieures d'un blanc-jaunâtre sans taches.

Ces individus se font remarquer par leur gracilité: chez l'adulte, long de 272 m., le diamètre maximum du tronc atteint à peine 4 m.; le nombre de ses plaques ventrales, 191, est beaucoup plus élevé que celui attribué généralement à l'*U. capensis;* il a 44 sous-caudales doubles et l'anale divisée.

Nos individus de *Quindumbo,* deux adultes, ont des formes moins grêles, plus épaisses, des couleurs uniformes d'un brun-olivâtre et la nasale divisée. Par ces particularités ils ressemblent à l'*U. lunulatus,* décrit et figuré par Peters; mais tous les autres détails de l'écaillure de la tête, y compris la séparation des sous-labiales de la 1e paire, disposition à laquelle le Dr. Günther semble attacher une certaine valeur; le dessin de la tête; la présence du demi-collier noir au cou; tous ces caractères leur sont communs avec l'*U. capensis.* Ils ont respectivement 171 et 180 gastrostèges,

[1] 1. *Uriechis* (Elapomorphus) *capensis,* Smith, *Ill. S. Afr. Zool.,* iii, *App.,* p. 16.

2. *U. lunulatus,* Peters, *Monatsb. Ak. Berl.,* 1854, p. 623; *Reise n. Mossamb.,* iii, p. 113, pl. xviii, fig. 2.

3. *U. nigriceps,* Peters, *Monatsb. Ak. Berl.,* 1854, p. 623; *Reise n. Mossamb.,* iii, p. 111, *pl.* xviii, fig. 1.

4. *U. lineatus,* Peters, *Monatsb. Ak. Berl.,* 1870, p. 643, pl. i, fig. 3.

5. *U. concolor,* Fischer, *Jahrb. Nat. Mus. Hamburg,* 1884, p. 4, pl. i, fig. 1.

6. *U. Jacksonii,* Günth., *Ann. et Mag. Zool.,* i, 1888, p. 325.

7. *U. anomala,* Bouleng., *Ann. et Mag. N. H.,* xii, 1893, p. 273.

58 et 59 urostèges; l'anale est divisée. Le plus grand est long de 400 m., la queue y entrant pour 79 m. ; diamètre du tronc 6 à 7 m.

Chez l'individu de *Biballa* nous constatons également le dessin caractéristique de l'*U. capensis* à la tête et la présence du demi-collier noir au cou. Sa taille est fort élancée et grêle. Certaines particularités dans le nombre et la disposition des plaques céphaliques plaideraient en faveur de sa distinction spécifique, si elles se présentaient également des deux côtés de la tête, ce qui n'est pas : du côté gauche on voit six labiales à peine, les 2e et 3e touchant à l'œil, les 4e et 5e en contact avec la pariétale, une seule temporale, celle du second rang; du côté droit, sept labiales, les 2e et 3e rentrant dans l'orbite, la 5e seule en contact avec la pariétale, deux temporales, 1 + 1. Au côté gauche il y a évidemment la fusion des 2e et 3e labiales en une seule plaque et l'union de la temporale du 1er rang à la labiale qui lui correspond; ce sont de simples anomalies qu'on aurait tort, selon nous, de regarder comme caractères différentiels. Sur un fond brun-jaunâtre cet individu porte le long du dos trois lignes parallèles de points noirs bien distincts, comme chez l'*U. lineatus,* mais il n'a pas les deux premières sous-labiales en contact sur la ligne médiane, comme c'est le cas chez cette dernière espèce. Il a 161 gastrostèges e 41 urostèges; l'anale est double. Long. totale 230 m. ; long. de la queue 31 m. ; diamètre du tronc 3,5 m.

Par l'ensemble de ses caractères, et en faisant la part aux anomalies, cet individu ne peut pas être considéré, ce nous semble, spécifiquement distinct des autres spécimens d'Angola que nous rapportons à l'*U. capensis.*

PROTEROGLYPHA

128. Elapsoidea Güntherii

Pl. XIV, figs. 3, 3 a – c

Elapsoidea Güntherii, *Bocage, Jorn. Ac. Sc. Lisb.,* i, 1866, *p.* 70, *pl.* i, *figs.* 3, 3 a–b; *ibid.,* iv, 1873, *p.* 224; *Sauvage, Bull. Soc. Phil.,* 1884, *p.* 201 ; *Boettg., Ber. Senckenb. Ges. Frankf.,* 1888, *p.* 82.
Elapsoidea semiannulata, *Bocage, Jorn. Ac. Sc. Lisb.,* viii, 1882, *p.* 303.

Trois petites dents lisses derrière les crochets cannelés à la mâchoire supérieure ; les dents antérieures de la mâchoire inférieure plus grandes que les autres. Tête peu distincte du cou, à museau arrondi et légèrement déprimé. Yeux médiocres à pupille ronde. Deux nasales ; pas de frénale. Corps allongé, étroit, cylindrique ; queue courte. Écailles lisses disposées en 13 séries. Plaques ventrales non carénées.

9

Rostrale large, triangulaire, rabattue sur le museau ; internasales pentagonales, plus courtes et plus étroites que les pré-frontales ; celles-ci descendant sur les joues pour s'interposer à la nasale postérieure et à la pré-oculaire, qu'elles séparent complètement chez quelques individus ; frontale héxagonale, à bords latéraux convergents et terminant d'ordinaire en angle aigu ; pariétales allongées, à extrémité postérieure obliquement tronquée ; deux nasales dont l'antérieure est la plus grande ; une pré-oculaire grande ; deux post-oculaires égales ; temporales $1 + 2$, celle du premier rang la plus grande. Sept labiales supérieures dont les 3e et 4e touchent à l'œil, la 6e la plus grande et s'articulant à la temporale du premier rang par son bord supérieur ; sept labiales inférieures, celles de la première paire en contact sur la ligne médiane, les quatre premières de chaque côté touchant aux sous-mentales.

Gastrostèges 142–159 ; anale simple ; urostèges doubles, entremêlées de plaques simples chez quelques individus, 13–25.

Un de nos plus grands individus a 550 m. de longueur totale, et la queue 51 m.

Le mode de coloration varie beaucoup donnant lieu à quelques variétés qui méritent d'être signalées :

Var. *A.*

Sur toute l'étendue du tronc et de la queue, couvrant le dos et les flancs, de larges bandes transversales ou semi-anneaux alternativement noirs et couleur d'ardoise, séparés par des lignes étroites de taches blanches ou jaunes ; les semi-anneaux noirs sont les plus étroits et les taches de chaque ligne de séparation occupent les bords d'une seule rangée d'écailles. Le nombre des semi-anneaux noirs est variable. Le dessus et les côtés de la tête d'une teinte uniforme couleur d'ardoise ; les régions inférieures et les labiales d'un olivâtre clair avec les bords des gastrostèges et des urostèges d'une teinte plus foncée. Chez un individu adulte nous comptons 46 lignes transversales de taches blanches sur le tronc et 6 sur la queue ; chez un individu jeune ces taches sont d'un jaune assez vif.

Var. *B.*

Des semi-anneaux plus étroits d'une teinte claire gris-brunâtre alternent avec les semi-anneaux plus larges d'un brun foncé ; les parties inférieures d'un blanc sale ; les bords des gastrostèges et des urostèges plus rembrunis.

Var. *C.* (Pl. xiv, figs. 3, 3 a–c).

En dessus d'une couleur uniforme ardoisée-noirâtre avec des lignes transversales de taches blanches, plus rapprochées deux à deux, sur le dos et les flancs. Parties inférieures entièrement blanches ou d'un blanc teint de fauve, avec les gastrostèges et les urostèges lisérées de brun. Chez quelques individus il y a une ligne courbe de petites taches blanches de chaque côté du cou immédiatement derrière la tête.

Var. *D. Elapsoidea semiannulata*, Bocage, Jorn. Ac. Sc. Lisb., VIII, 1882, p. 303.

Blanche avec les bords des écailles, des gastrostèges et des urostèges d'un fauve pâle; à compter de la nuque une série de semi-anneaux noirs, un peu plus larges ou un peu plus étroits que les intervalles qui les séparent. Un anneau très étroit noir autour de l'œil et, chez un de nos spécimens, une petite tache noire en losange sur la ligne de jonction des pariétales, immédiatement derrière l'extrémité de la frontale. L'écaillure de la tête ne présente rien de particulier par rapport aux autres variétés. Séries d'écailles 13. Gastrostèges 143-145; anale simple; urostèges $^{19}/_{19}$ chez un de nos individus, $^1/_1 + 6 + {}^{17}/_{17} = 24$ chez l'autre.

Long. totale 181 m., long. de la queue 18 m.

Ces quatre variétés se trouvent représentées dans nos collections par des individus de diverses provenances.

A la var. *A* appartiennent deux individus, adulte et jeune, rapportés de *Cabinda* par M. d'Anchieta en 1865.

De la var. *B.* nous avons deux individus de *Maconjo*, dans l'intérieur de Mossamedes, par M. d'Anchieta, et un individu de Bissau, don de Leygnarde Pimenta.

La var. *C* nous vient surtout des hauts-plateaux d'Angola, *Galanga, Caconda* et *Gambos* et aussi de *Maconjo;* tous ces spécimens recueillis par M. d'Anchieta.

Enfin nous possédons deux individus de la var. *D:* l'un, type de l'*E. semiannulata*, envoyé en 1882 de Caconda par M. d'Anchieta, l'autre, de *Huilla,* qui nous a été donné par le R. Pᵉ Antunes, chef de la Mission Catholique de *Huilla*.

*
* *

Le genre *Elapsoidea* comprend actuellement cinq espèces :

1. *E. Sundevallii (Elaps Sundevallii)*, Smith, Ill. S. Afr. Zool., III, Rept., pl.
2. *E. Güntherii*, Bocage, Jorn. Ac. Sc. Lisb., I, 1886, p. 70, pl. I, figs. 3, 3 a–b.
3. *E. semiannulata*, Bocage, Jorn. Ac. Sc. Lisb., VIII, 1882, p. 303.
4. *E. Hessei*, Boettg., Ber. Senckenb. Ges. Frankf., 1888, p. 82.
5. *E. nigra*, Günth., Ann. et Mag. N. H., 1888 (I), p. 332.

De la première de ces espèces on connaît à peine la figure, publiée par Smith, d'un individu recueilli par Sundevall dans l'Afrique australe, à l'est de la Colonie du Cap, et, suivant M. Boulenger, nul autre individu de cette espèce n'aurait été retrouvé depuis l'époque de sa découverte ; mais l'examen de la description et de la figure de Smith nous permet de reconnaître que cette espèce se rapproche beaucoup par l'ensemble de ses caractères morphologiques de l'*E. Güntherii*. Deux autres espèces, l'*E. semiannulata* et l'*E. nigra,* se trouvent précisément dans le même cas. C'est seulement dans leur mode de coloration qu'il y a des différences à constater.

Quant à l'*E. Hessei,* elle diffère à peine de l'*E. semiannulata* par cette particularité : — les labiales inférieures de la première paire ne se trouvent pas en contact sur la ligne médiane.

129. Naja haje

Coluber haje, *Linn., Mus. Adolph. Frid.*, ii, *p.* 46.

Naja haje, *Smith., Ill. S. Afr. Zool.*, iii, *Rept.*, pls. xviii–xxi ; *Bocage, Jorn. Ac. Sc. Lisb.*, i, 1866, *p.* 51 ; *Peters, Monatsb. Ak. Berl.,* 1877, *p.* 618.

N. haje, *var.* melanoleuca, *Boettg., Ber. Senckenb. Ges. Frankf.,* 1888, *p.* 80 ; *A. del Prato, Racc. Zool. nel Congo dal Cav. G. Corona,* 1893, *p.* 13.

Fig. *Jan, Icon. Gén., livr.* 45, *pl.* i, *fig.* 2 (la tête).

La *Naja haje* se trouve représentée dans nos collections par des individus d'Angola et du Congo qui diffèrent à peine entre eux sous le rapport des couleurs.

Un individu rapporté de *Cabinda* en 1865 par M. d'Anchieta appartient à la variété *melanoleuca,* Hallowell, ou mieux encore à la variété *leucosticta,* Fischer.

Un individu du *Duque de Bragança* envoyé par Bayão est d'un brun rougeâtre en dessus, plus rembruni sur le tiers postérieur du tronc et sur la queue, avec un liséré brun sur les bords des écailles ; les parties inférieures jaunes, variées de petites taches clairsemées noirâtres ; pas de bandes noires ou brunes sur la face inférieure de la partie dilatable du cou.

Un deuxième individu de Cabinda ressemble au précédent, mais il a le tiers postérieur du tronc et la queue noirs et porte deux larges bandes noirâtres sur la face inférieure du cou, séparées par un grand espace jaune.

Un individu de *Cahata* et un autre de *Galanga,* par M. d'Anchieta, sont d'un brun-olivâtre sur la tête et les deux tiers antérieurs du tronc, noirâtres sur le tiers postérieur du tronc et sur la queue ; en dessous d'un brun-jaunâtre clair, avec les bords des gastrostèges d'une teinte plus foncée et de nombreuses taches irrégulières brunes ou noirâtres.

Chez tous ces individus l'écaillure de la tête est uniforme. Ils ont une pré-oculaire et trois post-oculaires ; l'internasale est séparée de la pré-oculaire par la pré-frontale qui s'articule à la 2ᵉ nasale ; sept labiales supérieures, dont les 3ᵉ et 4ᵉ touchent à l'œil, la 6ᵉ dépassant les autres en hauteur ; les temporales disposées en deux rangs, 2 + 3, irrégulières chez quelques individus.

Sur le cou nous leur comptons 25-23 ou 23-21 séries longitudinales d'écailles, 19 vers le milieu du tronc, 13 à proximité de la base de la queue. Gastrostèges 212-227 ; anale entière ; urostèges 60-73.

La *N. haje* est très répandue dans le Congo, où elle a été rencontrée par plusieurs voyageurs ; en Angola elle parait être moins commune que la *N. nigricollis*. Nous l'avons reçue à peine de deux localités de l'intérieur de Benguella, *Cahata* et *Galanga*.

Elle est connue des colons portugais, ainsi que ses deux congénères *N. nigricollis* et *N. Anchietae,* sous le nom de *Cuspideira* (serpent cracheur), à cause de l'habitude qu'elles ont de cracher lorsqu'elles se préparent à attaquer. *Cuiba* est dans les dialectes d'Angola le nom généralement employé pour les désigner ; mais quelques individus envoyés par M. d'Anchieta de *Caconda* portent le nom indigène *Xiati.*

Nous avons pu constater de visu chez un individu de la *N. nigricollis* l'exactitude de ce que nous racontent quelques voyageurs : ce serpent, que nous avons pu conserver vivant pendant quelques mois, lorsqu'on l'agaçait, relevait la moitié antérieure du tronc, courbait la tête en avant, dilatait la coiffe et par une sorte de sputation énergique lançait la salive à une certaine distance. Le contact de la salive, en tombant sur les vêtements ou sur la peau nue ne fait aucun mal ; mais il parait que, si par hasard elle vient à pénétrer dans les yeux, il peut s'en suivre une forte inflammation de ces organes.

Ces serpents vivent non seulement dans le sol, mais montent sur les arbres et vont facilement à l'eau. L'exemplaire envoyé par M. d'Anchieta de *Cahata* portait l'indication de *serpent aquatique,* naturellement parce qu'il avait été pris dans l'eau.

130. Naja Anchietae

Pl. XVI, figs. 2 a – c

Naja Anchietae, *Jorn. Ac. Sc. Lisb.*, VII, 1879, *pp.* 89 *et* 98.

Tête large et courte, convèxe en dessus. Rostrale triangulaire, rabattue sur l'extrémité du museau et s'insinuant fortement par son angle supérieur entre les internasales; chez quelques individus l'internasale touche à la pré-oculaire; un cercle complet de plaques autour de l'œil, formé par une sus-oculaire, une pré et deux post-oculaires et trois ou quatre sous-oculaires; sept labiales supérieures dont la 3e s'articule par son bord supérieur à la pré-oculaire, les 4e et 5e au dessous de l'œil, la 6e la plus haute; temporales 2 + 3, disposées comme chez la *N. haje*. Écailles disposées en 17−15 séries sur le cou derrière la tête, en 17 séries vers le milieu du tronc et en 13 séries près de la base de la queue.

Gastrostèges 181−192; anale entière; urostèges paires 52−59

Long. totale d'un de nos individus adultes 1800 m.; long. de la queue 340 m.

Brun-olivâtre en desssus avec les bords des écailles d'une teinte plus foncée; en dessous jaunâtre varié de taches brunes; la tête d'un brun plus pâle en dessous, jaune en dessus; la gorge de cette couleur; une large bande ou collier noir ou brun-foncé sur la face inférieure de la partie dilatable du cou.

Chez deux individus adultes, provenant de *Huilla* et *Rio Quando*, les parties supérieures sont d'un brun-rougeâtre, plus rembruni et d'un ton violacé sur le tiers postérieur du tronc et sur la queue; l'extrémité du museau, les lèvres et la face inférieure de la tête jaunes; le dessous du tronc d'une teinte plus pâle que le dos, ne laissant pas ressortir bien distincte la bande brune de la face inférieure du cou.

La *N. Anchietae* est, selon nous, un type nouveau à ajouter aux *Najas* à cercle orbitaire complet, généralement considérées comme variétés de la *N. haje;* mais quel que soit le rang qu'on veuille bien lui accorder, espèce ou variété, elle nous semble bien distincte de l'*Aspic* de l'Egypte, représenté dans le magnifique ouvrage de Geoffroy Saint-Hillaire, de la var. *annulifera* du Zambeze, dont le Dr. Peters a fait figurer la tête, et de la var. *viridis* de cet auteur, originaire de l'Afrique occidentale sans indication précise de localité[1]. Le nombre plus réduit des rangées d'écailles, 17 tant au cou que sur le tronc, constaté chez tous nos individus, ne permet pas de la confondre avec aucune de ces variétés. Elle est parmi ses congénères celle dont la coiffe est moins expansible.

L'aire d'habitation de cette espèce en Angola parait circonscrite aux hauts-plateaux de l'intérieur. M. d'Anchieta l'a rencontrée à *Caconda, Rio Quando, Huilla* et *Humbe;* MM. Capello et Ivens nous ont rapporté de leur premier voyage un individu jeune pris à *Caconda*.

---

[1] V. Geoffroy Saint-Hillaire, *Description de l'Egypte, Atlas, Rept., Suppl.,* pl. III; Peters, *Reise n. Mossamb., Amphib.,* p. 137, pl. XX, figs 7 et 8; Peters, *Monatsb Ak. Berl.,* 1873, p. 411, pl. I, figs. 1, 1 a−b.

131. Naja nigricollis

Naja nigricollis, *Reinhardt, Beskr. of nogle nye Slangearter, p.* 37,
pl. III, *figs.* 5–7; *Bocage, Jorn. Ac. Sc. Lisb.,* I, 1866, *pp.* 51 *et* 71,
pl. I, *fig.* 4; *ibid., p.* 228; *Peters, Sitz. Ber. Ges. Nat. Fr. Berl.,*
1881, *p.* 149; *Mocquard, Bull. Soc. Phil.,* 1887, *p.* 83; *Boettg.,*
Ber. Senckenb. Nat. Ges. Frankf., 1888, *p.* 81; *A. del Prato, Racc.*
Zool. nel Congo dal Cav. G. Corona, 1893, *p.* 14.

Fig. *Jan, Icon. Gén., livr.* 45, *pl.* I, *fig.* 1.

La *N. nigricollis* est bien distincte de ses congénères par certaines
particularités dans l'écaillure de la tête : deux pré-oculaires au lieu d'une[1];
six labiales supérieures, au lieu de sept, dont la 3e seule touche à l'œil ;
les temporales disposées d'une manière différente par suite de la division
transversale de la 5e labiale. Nous comptons chez nos individus 27–25, plus
souvent 25–23, séries d'écailles sur le cou, 21 séries vers la moitié du tronc
et 15 près de la base de la queue.

Le nombre des gastrostèges varie de 188 à 201 ; celui des doubles
urostèges de 61 à 67. Chez un individu de *Capangombe* les trois premières
urostèges sont simples.

Leur mode de coloration varie beaucoup ; d'après ces variations on
peut établir trois variétés bien caractérisées :

A. Var. *occidentalis.*
En dessus d'un cendré-brun clair ; la peau nue, entre les écailles, et la
base des écailles noires ; la tête, en général, plus rembrunie. En dessous
d'une teinte plus pâle, d'un blanc-jaunâtre chez quelques individus ; un large
collier noir couvre la gorge et la face inférieure du cou, suivi ou non, après
un espace variable, d'une ou de plusieurs bandes étroites de la même couleur ; les gastrostèges sont souvent bordées et variées de brun.

Nos individus ressemblent à deux individus de Moçambique de notre
collection, que nous rapportons à la var. *mossambica*, Peters, avec cette
seule différence : chez ces deux spécimens le large collier noir de la face
inférieure du cou se trouve beaucoup plus en arrière, après un grand
espace brun-clair ou jaunâtre, et il est précédé et suivi d'une bande étroite
noire.

---

[1] Chez un de nos individus du *Humbe* il y a trois pré-oculaires.

Cette variété occupe en Angola une aire assez vaste : nous l'avons reçue du *Dondo* (Bayão), de *Quissange, Quillengues, Huilla* et *Humbe* (Anchieta). Elle vit également à *Bissau,* d'où M. Barahona nous a fait parvenir un jeune individu, identique à ceux d'Angola.

B. Var. *melanoleuca.*

Parties supérieures noires, les bords latéraux des écailles marqués d'un petit trait jaune ; la tête toute entière, la gorge et la partie antérieure de la face inférieure du cou également noires ; les parties inférieures jaunes, variées de quelques bandes étroites, complètes ou incomplètes, noires.

Chez un de nos individus le noir se trouve répandu sur l'animal tout entier, à l'exception d'un petit nombre de gastrostèges, qui présentent un espace irrégulier jaune vers leur base.

Chez un autre individu le noir est remplacé par une couleur brun-rougeâtre ou chocolat, plus foncée sur la tête et le cou ; les traits jaunes des bords des écailles sont moins apparents.

Cette variété a été rencontrée par M. d'Anchieta à *Catumbella* et à *Caconda.*

C. Var. *fasciata.*

Couleur générale jaune-brunâtre avec les bords des écailles, et la peau nue entre elles, jaune-paille ; la tête d'une teinte plus rembrunie ; le tronc et la queue ornés d'un grand nombre de bandes transversales en chevron noires ou noirâtres régulièrement espacées. En dessous, d'une teinte plus pâle que le dos ; un large collier noir sur la face inférieure du cou à compter de la gorge, suivie parfois d'autres bandes beaucoup plus étroites.

Chez un de nos individus nous comptons 64 bandes en chevron sur le tronc et 25 sur la queue.

Cette variété habite *Benguella* (A. P. de Carvalho), *Dondo* (Bayão), *Capangombe* (Anchieta).

L'aire de dispersion de la *N. nigricollis* en Angola est assez étendue ; elle va de la zone littorale aux hauts-plateaux de l'intérieur. Aux localités signalées plus haut il faut encore ajouter *Ambrizette* (Boettger [1]) et *Malange* (Peters [2]).

La mission scientifique dirigée par M. de Brazza a rapporté de Brazzaville, Haut Congo, un jeune individu, qui a été examiné par M. Mocquard et dont les caractères semblent s'accorder avec ceux de notre var. *occidentalis.*

---

[1] Boettg., *Ber. Senckenb. Nat. Ges. Frankf.,* 1888, p. 82
[2] Peters, *Sitz. Ber. Ges. Nat. Fr. Berl.,* 1881, p. 149.

132. Naja annulata

Naja annulata, *Buchholz et Peters, Monatsb. Ak. Berl.*, 1876, *p.* 119;
Mocquard, Bull. Soc. Phil., 1887, *p.* 84.
Aspidelaps Bocagei, *Sauvage, Bull. Soc. Zool. de France*, 1884, *p.* 205,
pl, VI, *figs.* 2, 2 a–b [1].

Cette espèce, découverte en 1875 dans l'Ogouvé par Buchholz et rapportée plus tard du Congo par Petit et l'Expédition-Brazza, nous est à peine connue par les descriptions des auteurs cités ci-dessus et par un croquis de la tête, que nous devons à l'extrême obligeance de M. Mocquard.

L'écaillure de la tête est d'accord dans presque tous ces détails avec ce que l'on observe chez la *N. haje*, à deux exceptions près : 1°, l'internasale, plus large que la pré-frontale, se trouve en rapport avec la pré-oculaire, ce qui n'arrive que très rarement chez la *N. haje;* 2°, les post-oculaires sont au nombre de deux, au lieu de trois. Le nombre des rangées d'écailles, 21 à 23, et le nombre des gastrostèges et des urostèges, 215 à 218 pour les premières, 71 à 75 pour les secondes, n'offrent rien de particulier. C'est surtout le mode de coloration qui peut aider à la bien caractériser : «Couleur brunâtre en dessus; corps entouré complètement par vingt anneaux noirs bordés d'un mince liséré jaunâtre et coupés au milieu par une ligne de même couleur; un demi-anneau noir bordé de jaune sur le cou; dessus de la tête de couleur brune; queue noire». (Sauvage, loc. cit.)

Nous signalons cette curieuse espèce à l'attention de nos correspondants d'Angola et du Congo.

---

[1] Au sujet des figures de l'*Aspidelaps Bocagei*, publiées par M. Sauvage, M. Mocquard observe ce qui suit :

«Les figures qui accompagnent la description de l'*Aspidelaps Bocagei* sont d'une remarquable inexactitude. La fig. 2 en particulier, qui est d'ailleurs en contradiction avec le texte, donnerait l'idée la plus fausse de la disposition des plaques supéro-labiales, dont la 6e est très haute, comme dans la *N. haje*, et touche, ainsi que la 5e, au bord postérieur de la post-oculaire inférieure; il y a deux post-oculaires, au lieu d'une seule, comme l'a figuré le dessinateur, et les temporales sont disposées suivant la formule 2 + 3, la supérieure de la 1e rangée étant seule en contact avec les post-oculaires. Dans la fig. 2 a, les internasales sont beaucoup trop étroites. Enfin, l'individu qui a servi de modèle ayant eu par accident la tête déprimée, les figs. 2 et 2 a ne représentent pas exactement la forme de la tête ». (Mocquard, loc. cit.)

133. Dendraspis neglectus

Pl. XV, figs. 2, 2 a – c

Dendraspis neglectus, *Bocage, Jorn. Ac. Sc. Lisb.*, xii, 1888, *p.* 141,
fig. 4.

D. angusticeps, *A. Dum., Arch. Mus. Paris,* x, 1861, *p.* 216, *pl.* xvii,
figs. 12, 12 a – f; *Günth., Ann. et Mag. N. H.,* 1865, *p.* 97, *pl.* iii,
fig. B; *Mocquard, Bull. Soc. Phil.,* 1887, *p.* 89; *ibid.,* 1889, *p.* 145.

D. Welwitschii, *Günth., Ann. et Mag. N. H.,* 1865, *p.* 97, *pl.* iii, *fig.* A.

Dinophis fasciolatus, *Fischer, Jahrb. Wiss. Anst. Hamburg,* 1885, *p.* 111,
pl. iv, *figs.* 10 a – c.

Dendraspis Jamesonii, *A. del Prato, Racc. Zool. nel Congo dal Cav.
G. Corona, p.* 14.

Nous connaissons de visu trois espèces du genre *Dendraspis : D. Jamesonii,* Traill, de l'Afrique occidentale et qui se trouve également dans l'île
de St. Thomé, jamais observé au sud du Zaïre; *D. neglectus* du Congo et
d'Angola, mais qui doit avoir une aire de dispersion plus étendue dans
l'Afrique inter-tropicale; *D. angusticeps* de l'Afrique orientale et australe,
d'où il se répand dans l'intérieur d'Angola.

Nous avons à nous occuper des deux dernières espèces en commençant
par le *D. neglectus.*

Le *D. neglectus,* quoique souvent confondu avec le *D. angusticeps,* ressemble davantage au *D. Jamesonii.* Il en est cependant bien distinct par le
nombre de ses séries d'écailles, 15 à 17 au lieu de 13, ainsi que par la forme
et les dimensions de ses écailles, plus courtes et plus larges, celles de la
dernière série latérale sensiblement plus grandes que les autres, tout au
contraire de ce que l'on observe chez le *D. Jamesonii.* Les plaques de la tête,
si l'on compare les *formes* typiques des deux espèces, ne présentent aucune
différence apréciable quant à leur nombre, forme et disposition; chez l'un
et l'autre il y a trois pré-oculaires et quatre post-oculaires, trois temporales
disposées en deux rangs superposés, $\frac{1}{1+1}$, la temporale du rang supérieur
accompagnant tout le bord externe de la pariétale; derrière les pariétales
trois grandes plaques occupant l'espace compris entre les extrémités postérieures des temporales; huit supéro-labiales, dont la 4e touche à l'œil, la 6e
est la plus haute, les 7e et 8e les plus basses ou aussi basses que la 1e. Pour
se rendre bien compte de l'extrème ressemblance de ces deux espèces
quant à l'écaillure de la tête, il suffit de comparer aux figs. 1, 1 a – b de notre
pl. xv, qui représentent la tête de la forme typique du *D. Jamesonii* les figs.
de la tête du *D. neglectus* qui accompagne notre première publication sur

les espèces du genre *Dendraspis* (loc. cit.), ou les figs. publiées par Günther de la tête de cette espèce sous le nom de *D. angusticeps* (Günther, Ann. et Mag. N. H., 1865, pl. III, fig. B).

Chez cette espèce, de même que chez sa congénère, le *D. Jamesonii*, l'écaillure de la tête présente de nombreuses anomalies, qui consistent surtout dans la réduction du nombre des temporales et des labiales par suite de l'union des 6e et 7e ou de la 7e et 8e labiales, et de la fusion de ces plaques ensemble ou séparément, avec les temporales qui leur correspondent.

Chez un individu de notre collection, de *St. Salvador du Congo*, les 6e et 7e labiales et la 1e temporale inférieure sont confondues en une seule plaque et la 8e labiale réunie à la 2e temporale, et cela des deux côtés de la tête, exactement comme chez l'individu type du *D. Welwitschii*, Günth., provenant de *Pungo-Andongo* (Pl. XV, figs. 2, 2 a–c).

Un individu du Congo présente, à gauche, les 7e et 8e labiales respectivement unies aux deux temporales inférieures et, à droite, les 6e et 7e labiales et les deux temporales fondues ensemble en une seule plaque.

Chez un de nos individus du Gabon c'est la 7e labiale seule qui se trouve confondue avec les deux temporales, disposition identique à celle que présentent ces plaques chez les individus dont A. Dumeril et Fischer ont fait figurer les têtes sous les noms de *D. angusticeps* et *Dinophis fasciolatus* (A. Dum., loc. cit., Fischer, loc. cit.).

Les individus du Gabon rapportés par Dumeril au *D. angusticeps*, celui d'Angola, type du *D. Welwitschii*, Günther, celui d'origine incertaine que Fischer a décrit sous le nom de *D. fasciolatus* et ceux du Gabon, du Congo et d'Angola que nous avons sous les yeux, appartiennent, selon nous, à une espèce que nous avions nommée *D. neglectus*. Si notre manière de voir obtenait l'assentiment des herpétologistes, ce nom devrait céder la place à celui de *D. Welwitschii*, comme étant le plus ancien.

Nous croyons inutile d'insister davantage sur les caractères différentiels du *D. neglectus*.

Nous comptons chez un de nos individus 15 séries d'écailles, chez les autres 17. Les gastrostèges varient de 213 à 135 et les urostèges de 99 à 120 paires. L'anale est double. L'un de nos plus grands spécimens est long de 1640 m., la queue ayant 420 m. de longueur.

Le mode de coloration varie : sur les parties supérieures d'un vert-bleuâtre, plus ou moins teint d'olivâtre, surtout sur le tiers postérieur du tronc et la queue, avec les bords des écailles noirs et les plaques céphaliques lisérées de cette couleur ; la peau nue entre les écailles également noire ; la partie inférieure des flancs d'un vert-bleuâtre plus pur ; les parties inférieures jaunes, parfois d'un jaune d'ocre, avec les bords des gastrostèges et urostèges plus rembrunis. Chez des individus du Gabon et de St. Salvador le dessus de la tête est d'un brun foncé, tirant au noir sur la nuque, le dos noir sur une certaine étendue et les bandes noires des écailles plus larges partout. Dans la var. *fasciolata,* Fischer, le dos est orné de bandes étroites brunes en chevron régulièrement espacées.

L'habitat bien authentique de cette espèce comprend le Gabon, le Congo et Angola. Nous possédons des spécimens rapportés de *Cabinda* par M. d'Anchieta, de *Landana* par M. Neves Ferreira, de *St. Salvador* par M. l'Évêque d'Himeria, du *Gabon* par Aubry Lecomte. Un individu recueilli par Welwitsch au *Golungo-Alto* fait partie des collections du Muséum Britannique (Günth., loc. cit.). Quant au type du *D. fasciolatus,* un jeune individu de 480 m., Fischer ignorait sa provenance exacte, le croyant seulement originaire de l'Afrique occidentale.

134. Dendraspis angusticeps

Pl. XV, figs. 3, 3 a – c

Naja angusticeps, *Smith, Ill. S. Afr. Zool.,* III, *Rept.,* pl. 70.
Dendraspis angusticeps, *Bocage, Jorn. Ac. Sc. Lisb.,* XII, 1888, *p.* 143, *figs.* 9 *et* 10; *ibid.,* 2e *sér.,* II, 1892, *p.* 266, *fig.* 2.
Dinophis angusticeps, *Peters, Reise n. Mossamb.,* p. 136, *pl.* XIX A, *fig.* 4; *Sitz. Ber. Ges. Nat. Fr. Berl.,* 1891, *p.* 149.
Dendraspis intermedius, *Günth., Ann. et Mag. N. H.,* 1865, xv, *p.* 97, *pl.* II, *fig.* C.
D. polylepis, *Günth., Ann. et Mag. N. H.,* 1865, xv, *p.* 97, *pl.* II, *fig.* D.

Plusieurs caractères établissent la séparation du *D. angusticeps* de ses congénères, *D. Jamesonii* et *D. neglectus:* écailles à peu-près de la même forme que chez le *D. neglectus,* celles de la dernière série latérale plus grandes que les autres, mais elles sont disposées en 19–21 séries au lieu de 15–17; cinq temporales au lieu de trois, disposées en deux rangées transversales, 2 + 3, formule normale et fixe, les deux temporales supérieures accompagnant le bord externe de la pariétale; derrière les pariétales cinq petites plaques, très rarement trois; huit labiales, les trois dernières en contact avec les deux temporales inférieures, mais ne se confondant pas avec elles.

Gastrostèges 210–267; urostèges doubles 110–121; anale double.

Cette espèce peut atteindre de grandes dimensions. Un de nos individus a 2500 m. de longueur totale, la queue y entrant pour 450 m.

Les couleurs varient du vert-olivâtre pâle au brun-olivâtre foncé ou brun-rougeâtre sur les parties supérieures; jaunâtre en dessous ou blanc sale avec les bords des gastrostèges brunâtres. Les teintes plus sombres se montrent surtout chez les individus plus âgés.

Cette espèce, découverte par Smith au Natal et rencontrée par Peters au Mesuril, en face de l'île de Moçambique, habite les hauts-plateaux de l'intérieur d'Angola. Nous possédons deux individus d'une grande taille recueillis par M. d'Anchieta l'un à *Quindumbo,* l'autre à *Cahata.* M. d'Anchieta nous écrit que ce serpent, dont la morsure est toujours fatale, inspire une grande crainte aux indigènes qui le connaissent sous le nom de *Andala.* Suivant notre zélé naturaliste le *D. angusticeps* recherche les terrains rocailleux et se cache dans les fentes des rochers.

135. Atractaspis Bibroni

Atractaspis Bibroni, *Smith, Ill. S. Afr. Zool.,* iii, *Rept.,* pl. 71 ; *Bocage,* *Jorn. Ac. Sc. Lisb.,* i, 1866, *p.* 227 ; *ibid.,* viii, 1882, *p.* 290.

La figure de Smith., représente très exactement une des espèces d'*Atractaspis* rencontrées par M. d'Anchieta dans les districts méridionaux d'Angola. Identité parfaite quant à la conformation du corps et aux couleurs : corps très long et grêle ; dessus de la tête, du tronc et de la queue brun-violacé, parties inférieures jaunâtres ou ocracées, la ligne de séparation sur les flancs de ces deux couleurs passant précisément au-dessus des trois derniers rangs d'écailles.

L'écaillure de la tête est bien d'accord avec la fig. de Smith : les neuf plaques syncipitales ordinaires ; frontale large et courte ; une pré et une post-oculaire ; cinq supéro-labiales, la 1e très petite, les 3e et 4e les plus hautes et en contact avec l'œil ; une grande temporale placée entre les 4e et 5e supéro-labiales, la post-oculaire et la pariétale, bordée en arrière par deux plaques dont la supérieure est beaucoup plus grande que l'autre ; six labiales inférieures, la 3e fort allongée, égalant en longueur les 3e et 4e supéro-labiales ; la 1e paire de labiales inférieures en contact sur la ligne médiane.

Le nombre des séries longitudinales d'écailles varie chez nos individus de 21 à 23. L'anale est simple. Le nombre des gastrostèges est de 247 à 257. Nous comptons chez presque tous nos individus 23 urostèges, un seul en a 21 ; ces plaques sont en général simples, à peine un de nos spécimens les a en partie simples, en partie divisées ($6 + \frac{3}{3} + 10 + \frac{2}{2} = 21$).

Un de nos plus grands individus est long de 560 m., la queue ayant 40 m. ; diamètre du tronc 10 m.

Catumbella, Benguella et *Dombe* sont les seules localités où M. d'Anchieta a pu rencontrer cette espèce, qui paraît affectionner en Angola la zone littorale.

Les indigènes de Catumbella l'appelent *Miapiulo* (Anchieta).

136. Atractaspis congica

Atractaspis congica, *Peters, Monatsb. Ak. Berl.*, 1877, *p.* 616, *pl.* — *fig.* 2.

A. aterrima, *Bocage (nec Günth.), Jorn. Ac. Sc. Lisb.*, IV, 1873, *p.* 223.

Corps long et grêle, d'un noir-bleu uniforme avec les bords des ventrales plus pâles. Écaillure de la tête tout-à-fait comme chez l'*A. Bibroni*. Séries longitudinales d'écailles vers le milieu du tronc 19 à 21. Gastrostèges variant de 200 à 230; urostèges 19 à 23, doubles ou en partie simples et en partie divisées. L'anale toujours divisée.

Dimensions du plus grand de nos spécimens: long. totale 481 m.; long. de la queue 40 m.; diamètre du tronc 10 m.

Nous avions rapporté à l'*A. aterrima*, Günth.[1], d'une provenance inconnue, les premiers individus de cette espèce envoyés de *Huilla* par M. d'Anchieta; mais le nombre beaucoup plus élevé des gastrostèges, 274, chez l'*A. aterrima* et l'insuffisance de détails sur l'écaillure de la tête dans la description originale de Günther nous font revenir sur notre première détermination spécifique.

Les caractères de l'individu du Congo décrit par Peters sous le nom d'*A. congica* et dont cet auteur a fait dessiner la tête, se trouvent d'accord avec ceux de nos individus d'Angola : « 19 à 21 rangées d'écailles; 206 gastrostèges, 22 urostèges dont 6 simples et 16 doubles; l'anale divisée ». Les détails signalés par Peters dans l'écaillure de la tête sont ceux de tous nos spécimens[2].

L'*A. congica* est, parmi les espèces, peut-être trop nombreuses, admises dans le genre *Atractaspis*, celle dont nos individus se rapprochent davantage. En les comparant à l'*A. Bibroni*, on constate qu'ils ressemblent aussi à cette espèce, surtout par l'écaillure de la tête; mais ils en diffèrent par le mode de coloration, par la présence d'une anale double et par la tendance plus marquée des urostèges à la division, tandis qu'elles sont presque toujours simples chez l'*A. Bibroni*.

En Angola l'*A. congica* habite les hauts-plateaux de l'intérieur. Nous l'avons reçu, par M. d'Anchieta, de *Quibula, Quindumbo, Galanga, Caconda* et *Huilla*.

Le type de l'espèce, décrit et figuré par Peters, avait été rapporté de *Chinchoxo* par l'Expédition allemande à la côte de Loango.

---

[1] Günther, *Ann. et Mag. N. H.*, 1863, p. 363.
[2] Peters, *Monatsb. Ak. Berl.*, 1877, p. 616, pl. — fig. 2.

137. Atractaspis irregularis

Elaps irregularis, *Reinhardt, Nogle nye Slangeart*, 1843, p. 41, pl. III, figs. 1-3.

Atractaspis irregularis, *Peters, Monatsb. Ak. Berl.*, 1877, p. 616; *Boettg., Ber. Senckenb. Ges. Frankf.*, 1888, p. 87; *Mocquard, Bull. Soc. Phil.*, 1889, p. 145.

A. corpulentus, *Bocage, Jorn. Ac. Sc. Lisb.*, I, 1866, p. 49.

Fig. *Jan, Icon. Gén., livr.* 43, *pl.* III, *fig.* 1.

Corps long et plus gros que chez l'*A. Bibroni*. Le dessus de la tête revêtu du nombre normal de plaques; une pré et une post-oculaire; une grande temporale occupant tout l'espace compris entre les 4ᵉ et 5ᵉ labiales, la post-oculaire et la pariétale, et bordée en arrière par une rangée oblique de quatre plaques, dont la supérieure est la plus grande; cinq labiales supérieures, les 3ᵉ et 4ᵉ les plus hautes et en contact avec l'œil; six labiales inférieures, celles de la 1ᵉ paire en contact sur la ligne médiane, la 3ᵉ égale ou plus longue que les 3ᵉ et 4ᵉ supéro-labiales ensemble. Vers le milieu du tronc 25 rangées d'écailles. Anale divisée. Gastrostèges 225; urostèges doubles 22.

D'une teinte bleuâtre en dessus, plus pâle en dessous.

Long. totale 542 m.; long. de la queue 38 m.; diamètre du tronc 14 m.

Tels sont les caractères d'un individu de *St. Salvador du Congo*, que nous devons à l'obligeance de Monseigneur l'Évêque d'Himeria.

Un autre individu rapporté de *Molembo* par M. d'Anchieta est beaucoup plus petit; il a à peine 294 m. de longueur totale, la queue mesurant 23 m. et le diamètre du tronc 10 m. Il ne présente aucune différence apréciable dans l'écaillure de la tête ni dans le nombre des séries d'écailles et des gastrostèges, l'anale est divisée et les urostèges sont doubles, mais nous comptons 25 paires de celles-ci, au lieu de 22. Le mode de coloration est différent, d'un brun-noir partout.

C'est l'individu dont nous avons fait mention dans un de nos premiers écrits sur les reptiles d'Angola et du Congo sous le nom d'*A. corpulentus* (loc. cit.).

Malgré les légères différences que nous avons constatées chez ces deux individus, nous pensons qu'ils appartiennent à une seule espèce, et, si nous avons réussi à former une idée exacte de la caractéristique de l'*A. irregularis*, c'est à cette espèce qu'ils doivent être rapportés, l'*A. corpulentus* devant probablement prendre place dans la synonimie de l'*A. irregularis*.

*

*　　*

Un troisième individu faisant partie d'une petite collection de reptiles du Congo, don de M. J. B. de Gouveia, que nous avions rapporté d'abord à l'*A. congica,* ressemble mieux par ses couleurs et par certains détails de l'écaillure de la tête à l'*A. dahomeyensis,* dont nous avons publié la description d'après un individu de Zomaï (Dahomey)[1].

L'individu de Dahomey diffère en effet de l'*A. irregularis* par quelques particularités dans l'écaillure de la tête et du corps et aussi par ses couleurs. Il n'a pas de post-oculaire, cette plaque se trouvant confondue avec la sus-oculaire des deux côtés de la tête; derrière la grande temporale on voit trois plaques au lieu de quatre; les labiales inférieures de la 1e paire n'arrivent pas au contact sur la ligne médiane, comme c'est le cas chez les autres espèces d'*Atractaspis;* le nombre des séries d'écailles est de 31 vers le milieu du tronc; le nombre des gastrostèges, 240, est un peu plus élevé; l'anale est simple et les urostèges en partie simples et en partie divisées. D'un brun-violacé en dessus, plus pâle en dessous.

Chez l'individu du Congo les couleurs sont tout-à-fait les mêmes que chez l'*A. dahomeyensis,* les plaques de la région sont égales en nombre et disposées de la même manière, les labiales inférieures de la 1e paire ne se touchent pas sur la ligne médiane, l'anale est simple et les urostèges mixtes, simples et doubles entremélées; mais la post-oculaire est distincte de la sus-oculaire, les rangées d'écailles sont au nombre de 23 au lieu de 31 et il a à peine 201 gastrostèges.

Ils ont à peu-près les mêmes dimensions: l'exemplaire de Dahomey a 490 m. de long. totale, 32 m. pour la queue et 13 m. de diamètre; celui du Congo est long de 514 m., 42 m. pour la queue et 12 m. de diamètre.

Nous n'hésiterions pas à nous prononcer en faveur de leur identité spécifique, tant ils se ressemblent par leur aspect, s'ils étaient mieux d'accord quant au nombre des séries d'écailles et des gastrostèges. Du reste, une révision complète des espèces du genre *Atractaspis* est un des desiderata de l'Herpétologie.

---

[1] Bocage, *Jorn. Ac. Sc. Lisb.,* xi, 1887, p. 196.

FAM. VIPERIDAE

138. Causus rhombeatus

Sepedon rhombeata, *Licht., Verz. der Doubl. Mus. Berl.,* 1823, *p.* 106.
Causus rhombeatus, *Wagl., Natürl. Syst. Amph.,* 1830, *p.* 172; *Bocage,*
  Jorn. Ac. Sc. Lisb., vii, 1879, *p.* 96; *ibid.,* xi, 1886, *pp.* 189 *et* 207;
  Peters, Monatsb. Ak. Berl., 1877, *p.* 618; *Boettg., Ber. Senckenb.*
  Ges. Frankf., 1888, *p.* 88; *Peters, Sitz. Ber. Ges. Nat. Fr. Berl.,*
  1881, *p.* 150; *Mocquard, Bull. Soc. Phil.,* 1889, *p.* 145.
Aspidelaps rhombeatus, *Mocquard, Bull. Soc. Phil.,* 1887, *p.* 85.

Fig. *Hallowel, Journ. Ac. Philad.,* viii, 1842, *pl.* xix (Distichurus ma-
  culatus).

Parmi les serpents venimeux observés dans le Congo et en Angola
le *C. rhombeatus* est un des plus communs et des plus répandus.

M. Mocquard a rencontré plusieurs individus de cette espèce dans une
collection de reptiles rapportée du Congo par la Mission-Brazza; l'Expédition
allemande à la côte de Loango l'a rencontrée à *Chinchoxo;* quelques individus capturés par Hesse à *Kinshassa,* à *Banana* et au *Povo Nemelúo* ont été
examinés par M. Boettger; les collections du Muséum de Lisbonne renferment
des spécimens de *Landana* et de *St. Salvador* envoyés par M. Neves Ferreira, ancien Gouverneur du Congo portugais, et par Monseigneur l'Évêque
d'Himeria.

En Angola le *C. rhombeatus* occupe une aire assez étendue sur les
hauts-plateaux de l'intérieur. Nos échantillons nous viennent du *Duque de*
Bragança par Bayão, de *Quissange, Quindumbo, Cahata, Caconda* et *Huilla*
par M. d'Anchieta, et aussi de cette dernière localité par le R. Pe Antunes,
de l'intérieur de *Mossamedes* et de *Cassange* par MM. Capello et Ivens. A ces
localités nous avons encore à ajouter *Malange,* d'où le Major von Mechow
a rapporté un exemplaire examiné par le Dr. Peters.

A l'exception d'un petit nombre d'individus d'Angola, tous les autres
de cette provenance et ceux du Congo, que nous avons pu examiner, se
ressemblent par tous les détails de leur écaillure et diffèrent à peine quant
au mode de coloration. Le nombre des séries d'écailles est chez eux de 19
à 20, les gastrostèges varient de 139 à 153, les urostèges, en général doubles,
quelquefois entremêlées de quelques plaques simples, de 23 à 35. L'écaillure
de la tête ne présente rien de particulier; les plaques internasales touchent
toujours largement à la frénale.

Le mode de coloration varie; mais ces variations consistent à peine
dans l'effacement ou la disparition complète de la tache en V renversé de

la tête et des taches du dos, celles-ci se rapprochant toujours de la forme rhomboïdale, d'où vient le nom à l'espèce.

L'un de nos plus grands individus est long de 700 m., la queue y entrant pour 69 m.

Un certain nombre de nos échantillons provenant de quatre localités différentes, *Duque de Bragança, Quissange, Caconda* et *Huilla,* se font remarquer par une taille plus grêle et plus élancée, par un nombre plus petit de séries d'écailles, 17 au lieu de 19, et par un mode de coloration tout particulier, qui les rend bien distincts de tous les autres. En dessus ils sont fortement tachetés de noir sur un fond cendré-olivâtre; la tête porte sur sa face supérieure la tache noire en V renversé et de chaque côté un trait noir allant de l'œil à l'angle de la mâchoire; sur le dos une série longitudinale de taches noires, allongées et à bords latéraux parallèles, régulièrement espacées; sur le haut des flancs une autre série de taches noires plus petites et de formes moins régulières; une étroite raie blanchâtre sépare les deux séries de taches noires et une autre raie moins distincte occupe le bas des flancs immédiatement au-dessous des taches latérales; les écailles des dernières rangées latérales sont variées de petites taches noires et blanches. Les régions inférieures sont d'un cendré-olivâtre plus pâle que le dos; la plupart des gastrostèges, à l'exception de celles de la partie antérieure et postérieure du tronc portent vers la base une bande transversale noire ou noirâtre bien distincte.

Le nombre des gastrostèges et urostèges ne s'écarte pas beaucoup de ce que nous trouvons chez les autres individus : il varie pour les premières de 137 à 144 et pour les secondes de 26 à 30 paires.

Ces individus représentent, selon nous, une variété bien caractérisée du *C. rhombeatus.*

Les noms indigènes du *C. rhombeatus* varient suivant les localités: *Quimbanda* à St. Salvador (Évêque d'Himeria); *Quibolo-bolo* à Cassange (Capello et Ivens); *Bandangila* à Caconda et *Cucuta* à Quindumbo (Anchieta).

139. Causus resimus

Heterophis resimus, *Peters, Monatsb. Ak. Berl.,* 1862, *p.* 277, *pl.* — *figs.* 4, 4 a–b; *Bocage, Jorn. Ac. Sc. Lisb.,* III, 1870, *p.* 68.
Causus resimus, *Bocage, Jorn. Ac. Sc. Lisb.,* XI, 1886, *p.* 211.
? C. nasalis, *Stejneger, Proc. U. St. Nat. Mus.,* XVI, 1893, *p.* 735.
? C. Jacksonii, *Günth., Ann. et Mag. N. H.,* 1888, (I), *p.* 331.

Une deuxième espèce de *Causus* a été récemment rencontrée dans le territoire d'Angola, où elle paraît rechercher pour son habitation, au contraire du *C. rhombeatus,* des lieux d'une moindre altitude dans une zone plus rapprochée du littoral.

Par sa taille et par son aspect général elle ressemble au *C. rhombeatus,* mais l'écaillure de la tête nous fournit deux caractères différentiels, qui permettent de la bien distinguer : la rostrale est large, retroussée, à bord comprimé et saillant ; l'internasale ne se trouve pas en contact avec la frénale ou touche à peine à cette plaque par l'extrémité en pointe de son prolongement latéral, qui contourne la nasale postérieure. Nous comptons chez tous nos spécimens 19 rangées d'écailles, dont celles du milieu du dos sont marquées de carènes plus ou moins distinctes. Gastrostèges 142–149, anale simple, urostèges doubles, entremêlées chez quelques individus de plaques simples, 19–23. Long. totale 600 m. ; long. de la queue 67 m.

D'un gris-olivâtre pâle en dessus, blanc-jaunâtre en dessous avec les bords des plaques ventrales d'une teinte plus foncée. La tache caractéristique en V renversé du dessus de la tête, toute noire chez les individus jeunes, est représentée en général chez les adultes par son contour linéaire de cette couleur ; de chaque côté de la tête un trait noir de l'œil à l'angle de la mâchoire ; le dos est coupé transversalement par des bandes angulaires noires en forme de chevrons, dont le vertex regarde en arrière, plus épaisses et régulières chez les jeunes, plus étroites et anfractueuses chez les adultes.

La forme de la rostrale rapproche l'espèce d'Angola du *Causus resimus* (Peters) et du *C. rostratus,* Günther.

Celui-ci se trouve représenté dans nos collections par un individu d'*Angoche,* Afrique orientale[1], qui présente tous les caractères de coloration et d'écaillure signalés par Günther et reproduits dans la figure excellente qui accompagne la description de l'espèce[2] : il a 17 séries d'écailles, l'internasale touche largement à la frénale, le dos est couvert d'une série de grosses taches rondes bordées de blanc. Nous lui comptons 125 gastrostèges et 15 doubles urostèges, chiffres qui se trouvent d'accord avec ceux indiqués par Günther et bien au-dessous de ceux signalés plus haut. D'après ces différences remarquables nos spécimens d'Angola ne peuvent être considérés comme appartenant au *C. rostratus.*

Le *C. resimus,* Peters, nous est à peine connu par la description et la figure publiées par cet auteur. Dans l'écaillure de la tête nous ne constatons aucune différence apréciable, sauf peut-être la forme des internasales et leurs rapports avec la frénale. L'auteur ne nous dit rien à cet égard, mais en con-

[1] Cet individu est mentionné, sous le nom de *Causus resimus,* dans l'article sur les reptiles d'Angoche, que nous avons publié en 1882, dans le *Jorn. Ac. Sc. Lisb.,* VIII, p. 290.

[2] Günther, *Proc. Zool. Soc. Lond.,* 1864, p. 115, pl. XV.

sultant la figure de la tête on doit conclure, si le dessin est bien exact, que l'internasale touche à la frénale. Le nombre des séries d'écailles, 19, celui des gastrostèges, 152, et des urostèges, 18, sont d'accord avec ce que nous observons chez nos individus. Les couleurs en diffèrent : l'individu décrit par Peters était en dessus brun-olivâtre, sans taches, mais plusieurs des écailles du dos présentaient sur les bords de petites raies blanches qu'un fond noirâtre faisait mieux ressortir ; la partie inférieure de la tête d'un blanc-jaunâtre ; le ventre d'un blanc sale avec le bord postérieur des plaques ventrales et des sous-caudales d'une teinte plus foncée.

Une troisième espèce, le *C. nasalis,* établie par M. Stejneier d'après trois individus d'Afrique occidentale, paraît ressembler mieux à l'espèce d'Angola non seulement quant aux couleurs, mais aussi quant à la forme et aux rapports des internasales avec la frénale. Elle en diffère cependant par la forme de la rostrale, qui ne présente pas, nettement accusée, la forme caractéristique de cette plaque chez les deux espèces dont nous nous sommes occupés et chez nos spécimens d'Angola.

Nous n'accordons pas une grande valeur aux variations des rapports de l'internasale avec la frénale [1]. De même, de petites différences dans l'aplatissement de la rostrale et dans le relèvement de son rebord ne peuvent servir, selon nous, à l'établissement de bonnes espèces. Ainsi, dans l'état actuel de nos connaissances, nous croyons plus sage de considérer le *C. nasalis,* le *C. resimus* et l'espèce d'Angola comme variétés d'un type spécifique unique, auquel appartient par droit de priorité le nom le plus ancien.

Le *C. resimus,* var. *angolensis,* si on veut bien l'admettre, nous est parvenu de plusieurs localités d'Angola : *Rio Dande* et *Rio Bengo* (Banyures) ; *Dondo* (Bayão) ; *Cazengo* (A. da Fonseca) ; *Novo Redondo* (F. Newton) ; *Quissange, Rio Chimba, Biballa* et *Maconjo* (Anchieta).

Noms indigènes : *Banda-emfila,* Rio Dande (Banyures) ; *Casse-diuta,* Rio Chimba (Anchieta).

*
* *

M. Mocquard cite un individu du *Causus Lichtensteini,* Jan, rapporté de *Nganchou,* dans le Congo français, par la mission scientifique de M. de Brazza (Mocquard, Bull. Soc. Phil., 1887, p. 86). On ne l'a pas encore rencontré dans le Bas-Congo ni en Angola.

---

[1] Nous avons sous les yeux deux individus du *C. rhombeatus,* de Bissau dans la Guinée portugaise, pris ensemble, chez lesquels les rapports de l'internasale avec la frénale sont tout-à-fait différents : chez l'un l'internasale touche largement à la frénale, chez l'autre elle n'arrive pas au contact.

140. Vipera arietans

Vipera arietans, *Merrem, Tent. Syst. Amph.*, 1820, *p.* 152; *Boettg.,*
  Ber. Senckenb. Ges. Frankf., 1888, *p.* 89.
Echidna arietans, *Bocage, Jorn. Ac. Sc. Lisb.,* I, 1866, *p.* 63; *ibid.,* VII,
  1879, *p.* 89.
Bitis arietans, *Bocage, Jorn. Ac. Sc. Lisb.,* XI, 1887, *pp.* 190 *et* 197.

Fig. *Wagl., Icon. Amphib., pl.* XI.

Cette espèce, bien distincte par sa grande taille, par ses formes trapues
et par ses couleurs, est très commune en Angola; elle s'y trouve tant sur
la zone littorale qu'à l'intérieur.

M. d'Anchieta nous a envoyé des individus de la *V. arietans* de presque
toutes les localités qu'il a visitées; plusieurs spécimens pris par Bayão au
Duque de Bragança, par Monseigneur l'Évêque d'Himeria à *St. Salvador
du Congo,* par M. Teixeira Xavier à *Equimina,* par MM. Capello et Ivens
à *Rio Calae* et à *Rio Cabindongo* font également partie de nos collections.
M. Boettger cite trois individus rapportés de *Banana* par Hesse (loc. cit.).

Les couleurs de ces individus varient d'intensité, mais le dessin caractéristique s'y maintient inaltérable.

Buta, Biuta et *Riuta* [1] sont, d'après nos correspondants, les noms dont
se servent les indigènes pour désigner cette espèce malfaisante. Il paraît,
cependant, qu'elle est moins redoutable que la *Dendraspis angusticeps* et
les *Najas* à cause de la lenteur de ses mouvements.

141. Vipera rhinoceros

Vipera rhinoceros, *Schleg., Versl. Med. Kon. Ac. Wetensch.,* III, *p.* 315.
Echidna rhinoceros, *Bocage, Jorn. Ac. Sc. Lisb.,* I, 1866, *p.* 53; *A. del
  Prato, Racc. Zool. nel Congo dal Cav. G. Corona,* 1893, *p.* 14.
Bitis rhinoceros, *Peters, Monatsb. Ak. Berl.,* 1877, *p.* 618; *Bocage,
  Jorn. Ac. Sc. Lisb.,* XI, 1887, *p.* 191.

Fig. *Dum. et Bibr., Erp. Gén., Atlas, pl.* 80 bis (Echidna gabonica).

Nos collections d'Angola et du Congo renferment à peine deux individus
de cette belle espèce: un individu adulte, d'une grande taille, dépassant

---

[1] D'après Monseigneur l'Évêque d'Himeria le nom de la *V. arietans* à St. Salvador
serait *Tavilla* par allusion à la lenteur de ses mouvements (V. *Jorn. Ac. Sc. Lisb.,* XI, p. 168).

un mètre en longueur, rapporté vivant de *Cabinda* en 1865 par M. d'Anchieta, et un jeune de *St. Salvador du Congo,* don de Monseigneur l'Évêque d'Himeria.

Son aire de dispersion paraît être limitée au sud par le Quanza, car M. d'Anchieta ne l'a jamais rencontrée dans les districts méridionaux d'Angola si soigneusement explorés par lui. L'expédition allemande à la côte de Loango l'a rapportée de *Chinchoxo* (Peters, loc. cit.) et M. A del Prato fait mention d'un individu complet et d'une tête de cette espèce pris au *Bas-Congo* par Cav. Corona (A. del Prato, loc. cit.).

142. Vipera caudalis

Vipera caudalis, *Smith, Ill. S. Afr. Zool., Rept.,* III, *pl.* VII; *Boettg., Ber. Senckenb. Nat. Ges. Frankf.,* 1886, *p.* 6 *(extr.).*
Cerastes caudalis, *Bocage, Jorn. Ac. Sc. Lisb.,* III, 1870, *p.* 68.

Fig. *Smith, Ill. S. Afr. Zool., Rept., pl.* VII.

Deux jeunes individus d'une taille inférieure à deux decimètres, l'un de *Loanda* par Bayão, l'autre de *Capangombe* par M. d'Anchieta, présentent les caractères de la forme typique de la *V. caudalis:* un tubercule pointu sur la région supracilliaire; dix à douze labiales supérieures et onze inférieures; trois de celles-ci en contact avec les sous-mentales; 23–25 rangées d'écailles; 128–132 gastrostèges; 21–25 paires d'urostèges. Leur mode de coloration est d'accord avec celui de l'individu figuré par Smith.

Trois individus, un adulte et deux jeunes, envoyés en 1867 de *Rio Coroca* par M. d'Anchieta, ressemblent davantage à l'individu d'*Angra pequena,* type de la *V. Schneideri,* Boettger[1]. Chez l'un des jeunes une écaille tuberculeuse remplace le tubercule supracilliaire, mais les deux autres l'ont très développé. Ils ont douze labiales supérieures et treize inférieures; chez deux de ces individus deux labiales inférieures, au lieu de trois, touchent aux sous-mentales, chez le troisième il y a trois labiales d'un côté et deux de l'autre en contact avec les sous-mentales; 27 séries d'écailles; 138–139 gastrostèges; 22–23 doubles urostèges.

L'adulte est long de 380 m.; la queue y entrant pour 29 m.

---

[1] Boettger, *Ber. Senckenb. Nat. Ges. Frankf.,* 1886, p. 8, pl. I, fig. 1.

143. Vipera heraldica

Pl. XVI, figs. 1, 1 a – c

Vipera heraldica, *Bocage, Jorn. Ac. Sc. Lisb.*, 2° sér., ı, 1889, *p.* 127, *fig.* 1.

Tête courte, large en arrière et très distincte du cou, beaucoup plus étroite en avant, à museau arrondi, recouverte en dessus d'écailles fortement carénées, celles du vertex les plus petites ; yeux et narines regardant en dehors et en dessus, celles-ci placées entre deux écailles dont la supérieure se trouve séparée de la rostrale par deux séries d'écailles carénées ; yeux médiocres, entourés par un cercle d'écailles inégales, les inférieures sensiblement plus grandes ; trois séries d'écailles entre l'œil et les labiales supérieures ; rostrale médiocre en forme de croissant ; 13 à 14 labiales supérieures, les 5° et 6° au-dessous de l'œil ; 11 à 12 labiales inférieures, dont les trois premières touchent aux sous-mentales. Écailles du dos et des flancs fortement carénées à l'exception de celles des deux derniers rangs, qui sont lisses ou à carènes effacées ; elles sont disposées en 27 séries longitudinales vers le milieu du tronc. Gastrostèges 130–132 ; anale simple ; urostèges 19–27.

En dessus d'un cendré-olivâtre, qui prend sur la tête et sur le bas des flancs une teinte plus pâle, roussâtre ; en dessous d'un blanc lavé de jaune. Le long du dos règne, de la nuque à l'extrémité de la queue, une bande roussâtre ornée, sur le dos, d'une série de grandes taches rhomboïdales noires ou noirâtres régulièrement espacées ; une autre série de taches quadrangulaires, ou à peu-près, de la même couleur, accompagne les deux côtés de la bande dorsale, alternant par leur position avec celles de la série médiane. Chacune de ces taches présente, plus ou moins distinctement, en contact avec son bord inférieur une tache plus petite d'une forme irrégulière et d'un roux-jaunâtre. La partie inférieure des flancs et le dessous du tronc sont variés d'un grand nombre de taches irrégulières et de petits points noirs. Le dessus de la tête se fait remarquer par un dessin fort compliqué dont la pièce centrale rappele le symbole héraldique de la fleur de lys ; les figs. 1 et 1 a de la pl. xv feront mieux comprendre tout ce qu'il y a de caractéristique dans ce dessin. Les côtés de la tête sont tachetés de noir ; les labiales et les écailles du dessous de la tête sont bordées de noir sur un fond blanc-jaunâtre. La face inférieure de la queue de cette couleur, sans taches.

Le type de l'espèce provient du premier voyage de MM. Capello et Ivens, qui l'ont recueilli en 1878 sur les bords du *Rio Calae,* un des affluents

du *Cunene*, entre 13° et 14° parallèle, à l'est de *Caconda;* il a 325 m.
de long. totale, la tête 23 m. et la queue 26 m. Un deuxième individu
nous a été envoyé en 1881 de *Caconda* par M. d'Anchieta; il porte exactement la même livrée, mais il est un peu plus petit.

*
* *

M. A. del Prato a rencontré un exemplaire de la *V. nasicornis* (Shaw)
dans une petite collection de reptiles rapportée par M. Corona du Bas-Congo,
où cette espèce n'avait jamais été observée. Au Gabon elle avait été découverte par Aubry Lecomte [1].

144. Atheris squamigera

Echis squamigera, *Hallow., Proc. Ac. Philad.*, vii, 1854, *p.* 193.
Atheris squamigera, *Peters, Sitz. Ber. Ges. Nat. Fr. Berl.*, 1881, *p.* 150;
    Bocage, Jorn. Ac. Sc. Lisb., xi, 1887, *p.* 189; *Boettg., Ber. Senckenb.*
    Ges. Frankf., 1888, *p.* 90.

Fig. *Günth., Proc. Zool. Soc. Lond.*, 1863, *pl.* iii (Atheris Burtonii).

Trois individus du Bas-Congo, que nous devons à l'obligeance de M. J.
Bernardino d'Abreu Gouveia.

Ils ont 19–21 rangées d'écailles vers le milieu du tronc; huit séries
d'écailles sur le vertex entre les orbites; une seule série d'écailles séparant
l'œil des labiales. Chez un de ces individus nous comptons neuf labiales supérieures d'un côté et dix de l'autre, chez un autre dix et onze, le troisième
en a dix des deux côtés; le nombre des labiales situées au-dessous de l'œil
varie de deux à trois. Labiales inférieures onze à douze, les trois premières
en contact avec les sous-mentales. Le nombre des gastrostèges et des urostèges varie très peu: 153 à 159 pour les premières, 53 à 55 pour les
secondes. Long. du plus grand de nos individus 573 m.; long. de la queue
104 m.

Ils portent tous les mêmes couleurs: en dessus, un vert-olivâtre clair
avec la pointe des écailles jaune et la peau nue entre les écailles noire;
en dessous d'un jaune-verdâtre légèrement marbré de vert. Le dos et la

[1] A. del Prato, *Racc. Zool. nel Congo dal Cav. G. Corona* p. 14; A. Dum., *Arch.*
Mus. de Paris, x, p. 221.

queue sont ornés d'étroites bandes transversales jaunes, plus ou moins régulièrement espacées et plus ou moins distinctes.

En Angola l'*A. squamifera* a été rencontrée dans la région du *Quango* par le major von Mechow (Peters, loc. cit.).

*

* *

Deux autres espèces ont été ajoutées dans ces derniers temps à la faune herpétologique du Congo.

L'une, l'*A. anisolepis*, Mocquard [1], considérée nouvelle par cet auteur, diffère de l'*A. chloroechis* surtout par le nombre plus faible des séries longitudinales d'écailles, 19–23 au lieu de 31–36. Elle provient d'*Alima Leketi* et de *Franceville* dans le Congo français. M. Boettger ne la croit pas suffisamment distincte de l'*A. chloroechis* de l'Afrique occidentale; mais en tout cas elle représente une deuxième espèce à inscrire dans l'herpétologie du Congo.

La troisième espèce a été établie par M. Boettger d'après deux individus recueillis à *Banana* par Hesse. Le savant herpétologiste de Francfort l'a nommée *A. laeviceps*, la considérant voisine mais distincte de l'*A. squamigera* par quelques caractères qu'il énumère dans sa diagnose différentielle [2]:

«Differt ab *A. squamigera*, Hallow., nasali simplici, squamis ca. 10 mediis verticis haud carinatis, seriebus binis squamarum infra-orbitalium intra oculum et supralabialia positis, seriebus in medio trunco 23–25, scutis ventralibus 154–157, sub-caudalibus 49–54.» [3]

[1] Mocquard, *Bull. Soc. Phil.*, 1887, p. 89.

[2] Boettger, *Ber. Senckenb. Nat. Ges. Frankf.*, 1888, p. 92, pl. II, figs. 7 a–d.

[3] Chez deux de nos individus les écailles du milieu du vertex ne sont pas carénées, la nasale est incomplètement divisée et le nombre de leurs gastrostèges et urostèges est à peu-près le même que chez l'*A. laeviceps;* mais le nombre de leurs rangées d'écailles est plus faible et ils ont une seule série d'écailles, au lieu de deux, entre l'œil et les labiales.

BATRACHIA

ORDO BATRACHIA SALIENTIA

FAM. RANIDAE

145. Rana occipitalis

Rana occipitalis, *Günth., Cat. Batr. Sal. B. Mus.,* 1858, *p.* 130,
  pl. xi; *Bocage, Jorn. Ac. Sc. Lisb.,* i, 1866, *p.* 73; *Bouleng., Cat.
  Batr. Sal. B. Mus.,* 1882, *p.* 27.
R. bragantina, *Bocage, Rev. et Mag. Zool.,* 1865, *p.* 253.
R. hydraletis, *Peters, Monatsb. Ak. Berl.,* 1877, *p.* 618.

Fig. *Günth., Cat. Batr. Sal. B. Mus.,* 1858, *pl.* xi.

La *R. occipitalis* est parmi ses congénères africaines celle dont la taille
atteint de plus fortes dimensions. Elle se fait également remarquer par un
pli transversal de la peau sur la face supérieure de la tête immédiatement
derrière les yeux et, chez le mâle, par plusieurs plis profonds de la peau
qui couvre les sacs-vocaux de chaque côté de la gorge.

Cette espèce est assez répandue en Afrique occidentale. En Angola
elle a été découverte par M. Bayão, d'abord au *Duque de Bragança* en 1864

et plus tard au *Dondo* sur le bord droit du Quanza. Nous en avons reçu plusieurs spécimens recueillis par M. d'Anchieta à *Ambaca* et à *Novo Redondo* et *Catumbella,* dans la zone littorale. On ne l'a jamais observée au sud de *Benguella* ni dans les hauts-plateaux de l'intérieur, de *Caconda* au *Humbe*.

146. Rana tuberculosa

Pl. XVIII, figs. 1, 1 a

Pyxicephalus rugosus, *Günth., Proc. Zool. Soc. Lond.,* 1864, *p.* 479, *pl.* 33; *Bocage, Jorn. Ac. Sc. Lisb.,* IV, 1873, *p.* 227; *ibid.,* XI, 1887, *p.* 211.

Rana tuberculosa, *Bouleng., Cat. Batr. Sal. B. Mus.,* 1882, *p.* 30.

Chez plusieurs de nos individus d'Angola le dos et la face externe des membres étaient, au moment de leur arrivée au Muséum de Lisbonne, d'un gris fortement teint de rouge de brique; mais par suite de leur séjour dans l'alcool cette dernière couleur tend à disparaître. Le dessus de la tête et le dos sont en général ornés de taches symétriques noires; mais chez quelques-uns de nos spécimens de *Huilla* les taches du dos sont très effacées ou nulles, de sorte que sur cette région régnait une belle couleur uniforme rouge de brique, qui n'a pas encore entièrement disparu. Quelques individus présentent sur le milieu du dos une bande longitudinale blanche ou grisâtre du bout du museau à l'anus. Il y en a dont le dos est varié de taches irrégulières, et nous remarquons encore chez d'autres individus l'absence ou l'effacement presque complet des plis glanduleux et des tubercules dont on s'est servi pour caractériser l'espèce. Un des caractères de coloration des plus constans c'est la présence d'une grande tache blanche de chaque côté du museau entre la narine et l'œil.

Dimensions :

♂ Long. totale 38 m.; de la tête 14 m.; larg. de la tête 16 m.; membre ant. 23 m.; main 10 m.; membre post. 56 m.; pied 26 m.

♀ Long. tot. 46 m.; de la tête 16 m.; larg. de la tête 19 m.; membre ant. 29 m.; main 13 m.; membre post. 64 m.; pied 29 m.

Cette espèce est très répandue dans l'intérieur d'Angola. Les types de l'espèce ont été rapportés de *Pungo Andongo* par Welwitsch; ils font partie des collections du Muséum Britannique. Nos individus ont été recueillis par M. d'Anchieta à *Biballa, Huilla, Caconda, Quissange, Quindumbo* et *Galanga*.

Presque partout les indigènes l'appelent *Gimboto* ou *Kimboto,* nom qu'ils donnent aussi au *Bufo regularis;* quelques individus envoyés dernièrement de *Galanga* portent le nom de *Carililacema*.

147. Rana adspersa

Tomopterna adspersa, *Bibr. Mss., Erp. Gén.*, VIII, *p.* 444.
Pyxicephalus adspersus, *Smith, Ill. S. Afr. Zool., Rept., pl.* 49; *Bocage, Jorn. Ac. Sc. Lisb.*, IV, 1873, *p.* 282.
Pyxicephalus edulis, *Peters, Arch. f. Naturg.*, 1855, *p.* 56.
Rana adspersa, *Bouleng., Cat. Batr. Sal. B. Mus.*, 1882, *p.* 33.

Fig. *Peters, Reise n. Mossamb., Zool.*, III, *Amph., pl.* XXIII, *fig.* 1.

Tous les individus de cette espèce envoyés par M. d'Anchieta ont été pris au *Humbe* sur les confins méridionaux de notre province d'Angola. Nous remarquons que les plis glanduleux et les tubercules dorsaux sont plus accentués chez les individus plus jeunes. Nos spécimens adultes présentent les caractères de coloration de l'individu représenté dans l'ouvrage du Dr. Peters sous le nom de *P. edulis;* comme celui-ci, ils portent une raie longitudinale blanche sur le milieu de la tête et du dos.
Dimensions :
♂ Long. tot. 72 m.; long. de la tête 27 m.; larg. de la tête 31 m.; membre ant. 35 m.; main 17 m.; membre post. 68 m.; pied 38 m.
♀ Long. totale 120 m.; de la tête 45 m.; larg. de la tête 58 m.; membre ant. 59 m.; main 27 m.; membre post. 119 m.; pied 62 m.
Les indigènes du Humbe l'appelent *Mafima*.

148. Rana ornatissima

Pl. XVI, figs. 2, 2 a – b

Rana ornatissima, *Bocage, Jorn. Ac. Sc. Lisb.*, VII, 1879, *pp.* 89 *et* 98.

De la taille à peu-près de la *R. temporaria.* Tête large en arrière, à museau saillant et acuminé. Narines situées à égale distance de l'œil et de l'extrémité du museau; région frénale légèrement concave. Tympan elliptique, inférieur en diamètre à l'ouverture oculaire. Dents vomériennes disposées en deux groupes légèrement obliques, qui partent du bord supérieur des arrière-narines vers la ligne médiane laissant entre eux un intervalle. Membres réguliers; doigts courts, libres, le 1er presque aussi long que le 2e, le 3e le plus long, le 4e le plus court; orteils modérément longs, réunis jusqu'au tiers de leur longueur par une palmure fortement échancrée; le 5e égal au 3e et beaucoup plus court que le 4e. Un tubercule saillant et comprimé au bord interne du métatarse. Peau du dos finement granuleuse; un renflement glanduleux de chaque côté du dos.

Il est difficile de bien faire comprendre, autrement que par une figure, le mode de coloration de cette belle espèce. Sur la tête, le dos, jusqu'au milieu des flancs, et la face supérieure des membres régnait, au moment de son arrivée, une jolie teinte vert-clair qu'un plus long séjour dans l'alcool a changé en gris de plomb; les flancs, une partie des côtés de la tête et le bord externe des membres d'un beau rose-lilas, maintenant presque disparu; en dessous jaune-verdâtre; la région anale, la face inférieure des cuisses et des jambes jaune-ocracé. Des taches variées et symétriques noires ornent la tête, le dos et les membres et couvrent la gorge. Une raie noire part de l'extrémité du museau, traverse l'œil, contourne le tympan et vient finir sur l'angle de la mâchoire; deux petites taches allongées noires lisérées de rose forment une espèce de chevron sur le milieu du dos, entre les épaules, et sont suivies en arrière d'une autre paire de taches allongées et de quelques points noirs; les flancs présentent de grandes taches noires irrégulières, mais symétriques; des bandes transversales de cette même couleur sur la face externe des membres; enfin sur la gorge une grande tache médiane et deux de chaque côté noires forment un dessin très curieux. Les plantes des pieds et les paumes des mains sont noirâtres.

Dimensions: long. totale 65 m.; long. de la tête 23 m.; larg. de la tête 26 m.; membre ant. 35 m.; main 16 m.; membre post. 98 m.; pied 46 m.

Un seul individu du *Bihé*, type de l'espèce, provenant du premier voyage d'exploration de MM. Capello et Ivens, a été pendant plusieurs années son représentant unique dans nos collections; mais dans un envoi de reptiles de *Galanga,* qui nous est parvenu en octobre dernier, nous avons trouvé un second individu identique au premier. Son habitat semble donc restreint à une partie de la région des hauts-plateaux d'Angola, à l'est de Benguella.

149. Rana angolensis

Rana angolensis, *Bocage, Jorn. Ac. Sc. Lisb.,* i, 1866, *pp.* 54 *et* 73; *Peters, Monatsb. Ak. Berl.,* 1877, *p.* 620; *Bouleng., Cat. Batr. Sal. B. Mus.,* 1882, *p.* 50.
R. Delalandii, *Dum. et Bibr., Erp. Gén.,* viii, *p.* 388.

Fig. *Smith, Ill. S. Afr. Zool., Rept., pl.* 77, *fig.* 1.

La *Rana angolensis* se trouve abondamment dans la zone des hauts-plateaux. M. Bayão l'a rencontrée au *Duque de Bragança;* nous l'avons reçue par les soins de M. d'Anchieta de *Pungo-Andongo, Quissange, Quibula, Galanga, Caconda, Rio Quando* et *Huilla.*

Nos individus portent une livrée assez uniforme : en dessus d'un brun-olivâtre ou brun-cendré avec de grandes taches symétriques noires sur le dos et en travers des membres ; en dessous variée de taches arrondies blanchâtres sur un fond brun qui couvre toute la gorge et la poitrine et se répand souvent sur l'abdomen ; une raie blanchâtre, de largeur variable, occupe chez plusieurs individus le milieu du dos du bout du museau à l'anus.

Nous remarquons chez nos échantillons la présence d'un pli glanduleux bien distinct, qui commence derrière l'œil, contourne le tympan et finit vers l'insertion du membre antérieur. Les dents vomériennes sont disposées en deux groupes entre les arrière-narines et de niveau avec leur bord antérieur ; chez quelques individus les deux groupes de dents arrivent presque au contact sur la ligne médiane, mais le plus souvent ils sont bien écartés l'un de l'autre.

Durant l'époque de la reproduction la peau du dos et des flancs se couvre de tubercules hérissés de petites épines et l'on remarque à la base du pouce, chez les mâles, une grosse pelote.

Dimensions :

	♂	♀
Du bout du museau à l'anus	67 m.	89 m.
Longueur de la tête	26 »	33 »
» du membre antérieur	38 »	48 »
» de la main	17 »	20 »
» du membre postérieur	122 »	150 »
» du pied	58 »	69 »

150. Rana oxyrhyncha

Rana oxyrhynchus *(Sundev.)*, Smith, *Ill. S. Afr. Zool., Rept., pl.* 77, fig. 2 ; Bocage, *Jorn. Ac. Sc. Lisb.*, I, 1866, p. 53 ; Bouleng., *Cat. Batr. Sal. B. Mus.*, 1882, p. 51.

Fig. Smith, *Ill. S. Afr. Zool., Rept., pl.* 77, *fig.* 2.

La *R. oxyrhyncha* a été rencontrée en Angola à peu-près dans les mêmes localités que la *R. angolensis: Duque de Bragança* (Bayão) ; *Pungo-Andongo, Benguella, Quissange, Quindumbo, Cahata, Caconda, Rio Quando* (Anchieta).

Sononga c'est le nom que lui donnent, suivant M. d'Anchieta, les indigènes de plusieurs de ces localités, nom qu'ils appliquent indistinctement à toutes les grenouilles.

Nos exemplaires d'Angola présentent un détail de coloration assez caractéristique: ils portent sur le front et la face supérieure du museau une grande tache triangulaire grisâtre qui tranche sur la couleur foncée de la tête.

151. Rana mascareniensis

Rana mascareniensis, *Dum. et Bibr., Erp. Gén.*, viii, *p.* 350; *Bouleng., Cat. Batr. Sal. B. Mus.*, 1882, *p.* 52.

R. Anchietae, *Bocage, Proc. Zool. Soc. Lond.*, 1867, *p.* 843, *fig.* 1.

R. porosissima, *Steindach., Novara, Amphib., p.* 18, *pl.* i, *fig.* 9; *Bocage, Jorn. Ac. Sc. Lisb.*, xi, 1887, *p.* 191.

Fig. *Aud., Descr. Egypte, Rept., Suppl.*, i, *p.* 161, *pl.* ii, *figs.* 11 *et* 12.

Rana Anchietae, dont nous avons publié en 1867 la description et la figure dans les *Proceedings de la Société Zoologique de Londres,* a été établie d'après trois individus recueillis par M. d'Anchieta au *Dombe,* dans le littoral de Benguella. A notre grand regret nous reconnaissons maintenant la nécessité de remplacer le nom de notre zélé et intrépide naturaliste par le plus ancien de ceux qui ont été attribués à une grenouille qui vit à Madagascar, aux îles Mascareignes et aux Seichelles et se trouve largement répandue sur le continent africain. Notre opinion actuelle est le résultat de la comparaison directe que nous avons pu faire de nos échantillons à des exemplaires authentiques de la *R. mascareniensis* provenant de l'île Bourbon, du Zanzibar et de Moçambique (*R. mossambica,* Peters).

La *R. porosissima,* Steindach., se trouve représentée dans nos collections par une nombreuse suite d'individus provenant des hauts-plateaux de l'intérieur: Monseigneur l'Évêque d'Himeria nous l'a envoyée de *St. Salvador du Congo,* M. Bayão l'a recueillie au *Duque de Bragança* et M. d'Anchieta à *Ambaca, Quibula, Caconda, Rio Quando* et *Huilla.* Les indigènes de St. Salvador l'appellent *Soamba,* ceux de Caconda *Sononga.*

Elle constitue une variété de la *R. mascareniensis,* distincte de la forme typique et dont les caractères se trouvent mieux d'accord avec ceux de deux individus de *Madagascar,* que nous avons sous les yeux. Sa taille est plus forte; le museau plus proéminent; les membres postérieurs plus développés; les orteils plus longs et à palmure plus échancrée. Tous nos individus présentent le même système de coloration, remarquable par de certaines particularités: une large bande dorsale, blanche ou grisâtre, se montre toujours le long du dos, du bout du museau à l'anus, occupant tout l'espace compris entre les deux premiers plis glanduleux du milieu du dos; une autre bande plus étroite de la même couleur couvre le dernier pli glanduleux de chaque côté; une étroite raie blanche bien distincte parcourt le milieu de la face supérieure de la jambe en toute sa longueur. Chez la plupart de nos individus mâles on constate la présence de pores sur la peau de la face inférieure du tronc, d'où vient le nom donné à l'espèce. Voici les dimensions de deux individus:

	♂	♀
Du bout du museau à l'anus	45 m.	61 m.
Longueur de la tête	15 »	22 »
» du membre antérieur	25 »	30 »
» de la main	10 »	14 »
» du membre postérieur	83 »	106 »
» du pied	37 »	53 »

152. Rana subpunctata

Rana subpunctata, *Bocage, Jorn. Ac. Sc. Lisb.*, ı, 1866, *p.* 54 *et* 73.
R. mascareniensis, part., *Bouleng., Cat. Batr. Sal. B. Mus.*, 1882, *p.* 53.

Taille supérieure à celle de la *R. mascareniensis*. Tête moins longue que large, à museau peu saillant et légèrement arrondi au bout; espace inter-orbital égal à la distance de l'œil à la narine; celle-ci plus rapprochée du bout du museau que de l'œil; tympan distinct, égalant en diamètre l'ouverture oculaire. Dents vomériennes disposées en deux petits rangs obliques, situés précisément à l'angle interne des arrière-narines et séparés par un large intervalle. Doigts longs et effilés, le 1er et le 2e égaux, le 4e un peu plus long, le 3e le plus long; orteils longs, le 4e dépassant le 5e d'un tiers; tubercule du métatarse petit et comprimé. Membres postérieurs couchés le long du corps, l'articulation tibio-tarsienne dépasse le bout du museau d'un tiers de la jambe. Peau du dos lisse; trois ou quatre plis glanduleux de chaque côté du dos, peu distincts. Sacs vocaux externes chez le mâle.

En dessus d'un brun-olivâtre foncé; une large bande noire sur le milieu de la tête se prolongeant jusqu'au bout du museau; une autre plus étroite de la même couleur de la narine au tympan; dos et flancs tachetés irrégulièrement de brun-noir; les membres en dessus de la couleur du dos avec des taches transversales noirâtres; la face postérieure des cuisses noirâtre, tachetée et lineolée de blanc. En dessous d'un blanc bleuâtre avec des marbrures brunes sur la gorge, de très petits points noirs sur la poitrine et des taches arrondies noires sur l'abdomen et la face inférieure de la cuisse et de la jambe.

Un seul individu, un mâle, envoyé en 1864 du *Duque de Bragança* par M. Bayão. Il mesure 51 m. du bout du museau à l'anus; long. de la tête 18 m.; long. du membre ant. 31 m.; long. de la main 12 m.; long. du membre post. 83 m.; long. du pied 39 m.

Cet individu ne se trouve pas dans un parfait état de conservation par suite de son immersion dans un alcool trop faible; il nous semble, cependant, impossible de le confondre avec la *R. mascareniensis*. Son facies en est bien distinct et quelques caractères bien tranchés l'en séparent. Sa taille est un peu plus forte; la forme de la tête, celle du museau surtout, bien différente; les doigts plus longs, plus effilés et diversement proportionnés; les membres postérieurs plus allongés; son système de coloration tout-à-fait distinct de ce que l'on observe chez la forme typique de la *R. mascareniensis* et les nombreuses espèces nominales actuellement reléguées dans la synonimie de cette espèce.

Ces considérations nous persuadent à ne pas déposséder cette grenouille du rang que nous lui avions attribué.

153. Rana albolabris

Rana albolabris, *Hallow., Proc. Ac. Philad.,* 1856, *p.* 153; *Bouleng., Cat. Batr. Sal. B. Mus.,* 1882, *pl.* v, *fig.* 2; *Boettg., Ber. Senckenb. Nat. Ges. Frankf.,* 1888, *p.* 94.
Limnodytes albolabris, *Peters, Monatsb. Ak. Berl.,* 1877, *p.* 618.

Fig. *A. Dum., Arch. Mus. Paris,* x, *pl.* xviii, *fig.* 2.

La *R. albolabris,* de l'Afrique occidentale, habite le Congo. Le Dr. Peters l'a rencontrée dans une collection de batraciens rapportée de *Chinchoxo* par l'Expédition allemande à la côte de Loango (Peters, loc. cit.). M. Hesse en a recueilli à *Povo Netonna,* près de *Banana,* dans le Bas-Congo, plusieurs individus qui ont été examinés par M. Boettger (Boettg., loc. cit.). On n'a pu jusqu'à présent constater son existence dans les territoires qui demeurent au sud du Zaïre.

154. Phrynobatrachus natalensis

Pl. XVII, fig. 4

Stenorhynchus natalensis, *Smith, Ill. S. Afr. Zool., Rept., App., p.* 23.
Phrynobatrachus natalensis, *Günth., Proc. Zool. Soc. Lond.,* 1864, *p.* 480; *Bocage, Jorn. Ac. Sc. Lisb.,* i, 1866, *p.* 54; *ibid.,* vii, 1879, *p.* 89; *Bouleng., Cat. Batr. Sal. B. Mus.,* 1882, *p.* 112.

Le *Phrynobatrachus natalensis* paraît habiter exclusivement les hauts-plateaux de l'intérieur; nos exemplaires nous viennent du *Duque de Bra-*

gança (Bayão); de *Quissange*, *Quindumbo* et *Caconda* (Anchieta); du *Bihé*
(Capello et Ivens).

Quelques-uns de ceux du Duque de Bragança et de Caconda portent
une étroite raie blanche lisérée de noir sur le milieu du dos, de l'extrémité
du museau à l'anus. La femelle a une taille plus forte et des formes plus
massives que le mâle.

Dimensions:	♂	♀
Du bout du museau à l'anus..................	30 m.	37 m.
Longueur de la tête	10 »	12 »
Largeur de la tête.........................	11 »	13 »
Longueur du membre antérieur..............	18 »	20 »
» de la main....................	9 »	10 »
» du membre postérieur.............	49 »	54 »
» du pied.......................	23 »	25 »

*
* *

Une deuxième espèce de *Phrynobatrachus*, le *Ph. plicatus* (Günth.[1]),
a été rencontrée par le Dr. Peters dans une collection de reptiles et batraciens rapportée de *Chinchoxo* par l'Expédition allemande à la côte de Loango.
Le *Ph. plicatus* est bien distinct du *Ph. natalensis* par la présence sur le dos
de deux cordons glanduleux, qui vont de l'œil au sacrum et convergent l'un
vers l'autre derrière les épaules (Peters, Monatsb. Ak. Berl., 1877, p. 618).
Il porte, ainsi que le *Ph. natalensis,* une papille conique au milieu de la face
supérieure de la langue.

La liste des batraciens de *Chinchoxo* du Dr. Peters contient encore
le nom de l'*Arthroleptis dispar,* qui nous connaissons seulement d'après
les descriptions et les figures publiées par cet auteur (Peters, Monatsb. Ak.
Berl., 1870, p. 649, pl. II, fig. 3; ibid., 1875, p. 210, pl. III, figs. 1–3).

D'ultérieures recherches permettront peut-être d'ajouter à la faune
herpétologique d'Angola et du Congo quelques autres espèces du genre
Arthroleptis qui habitent le Gabon et l'Afrique australe: l'*A. macrodactylus,*
Bouleng., l'*A. Wahlbergii,* Smith, l'*A. Boettgeri,* Bouleng.[2]

---

[1] *Hyperolius plicatus,* Günth., *Cat. Batr. Sal. B. Mus.,* 1858, p. 88, pl. VII, fig. G.
[2] V. Boulenger, *Cat. Batr. Sal. B. Mus.,* 1882, pp. 117 et 118, pl. XI, figs. 5 et 6;
Peters, *Monatsb. Ak. Berl.,* 1870, p. 115 pl. I, fig. 2.

155. Rappia marmorata

Hyperolius marmoratus, *Rapp, Arch. f. Naturg.*, 1842, *p.* 289, *tab.* 6;
 Bocage, Jorn. Ac. Sc. Lisb., i, 1866, *p.* 55; *Steindachner, Novara,*
 Amph., p. 51, *tab.* ii, *figs.* 19 *et* 20.
H. parallelus, *Günth., Cat. Amph. B. Mus., p.* 86, *pl.* viii, *fig.* A;
 Peters, Monatsb. Ak. Berl., 1877, *p.* 618.
H. insignis, *Bocage, Proc. Zool. Soc. Lond.*, 1867, *p.* 844, *fig.* 2; *Jorn.*
 Ac. Sc. Lisb., xi, 1887, *p.* 191; *Günth., Proc. Zool. Soc. Lond.*,
 1868, *p.* 479.
H. huillensis, *Bocage, Jorn. Ac. Sc. Lisb.*, iv, 1873, *p.* 225; *ibid.*, vii,
 1879, *p.* 89.
H. vermiculatus, *Peters, Sitz. Ber. Ges. Nat. Fr. Berl.*, 1882, *p.* 8.
Rappia marmorata, *Bouleng., Cat. Batr. Sal. B. Mus., p.* 121; *Boettg.,*
 Ber. Senckenb. Ges. Frankf., 1888, *p.* 96.

Cette espèce varie considérablement en couleurs. Les individus que
nous avons reçus d'Angola, où elle est assez commune, appartiennent à plusieurs variétés bien caractérisées.

I. Var. *marginata:* dos rouge de brique ou lie de vin uniforme; flancs
de la même couleur variés de lignes et taches jaunes lisérées de noir.

II. Var. *taeniolata:* dos et flancs lie de vin, variés de lignes et de taches
irrégulières jaunes lisérées de noir.

III. Var. *huillensis:* dos et flancs rouge de groseille avec de petites
taches arrondies jaunes cerclées de noir; régions inférieures et cuisses
d'un jaune pâle uniforme.

IV. Var. *variegata:* dos orné, sur un fond jaune, d'un dessin plus ou
moins compliqué rouge liséré de noir.

V. Var. *parallela* et *insignis:* dos noir avec trois bandes longitudinales
blanches ou jaunâtres, bordées ou non d'un liséré rouge.

La variété *marginata* nous vient du *Duque de Bragança* (Bayão).

La variété *taeniolata*, du *Duque de Bragança* (Bayão), de *Huilla* (Graça
et Anchieta), de *Caconda* et *Cahata* (Anchieta).

La variété *huillensis*, de *Huilla, Caconda, Cahata* et *Quindumbo* (Anchieta); de *Bihé* (Capello et Ivens).

La variété *variegata*, de *Cahata* et *Quindumbo* (Anchieta).

Enfin les variétés *parallela* et *insignis*, de *St. Salvador du Congo*
(R. Pe Barroso), d'*Angola* au nord du *Quanza* (Banyures), de *Novo Redondo*
(Newton), du *Dombe* (Anchieta). La var. *parallela* a été observée à *Chinchoxo*
et au *Bas-Congo* (Peters et Boettger, loc. cit.),

156. Rappia Bocagii

Hyperolius Bocagei, *Steindachner, Novara, Amphib.*, 1867, *p.* 51, *pl.* 5, *fig.* 11 ; *Bocage, Jorn. Ac. Sc. Lisb.*, IV, 1873, *p.* 225.
Rappia Bocagii, *Bouleng., Cat. Batr. Sal. B. Mus.*, 1882, *p.* 126.

Fig. *Steindachner, op. cit., pl.* 5, *fig.* 11.

Tête déprimée à museau court et obtus ; la distance de l'angle antérieur de l'œil à l'extrémité du museau égale à l'espace inter-orbitaire. Pupille horisontale. Tympan indistinct. Doigts des membres antérieurs palmés jusqu'au tiers de leur longueur ; palmure des pieds complète, légèrement échancrée. Membres postérieurs longs ; prolongés le long des flancs, l'articulation tibio-tarsienne atteint presque le bout du museau. Peau lisse en dessus avec quelques grosses granulations éparses sur le dos, plus nombreuses sur la tête et la face supérieure de l'avant-bras et de la jambe ; peau de la gorge, du ventre et de la partie postérieure des cuisses granuleuse. Un pli longitudinal de la peau de chaque côté du dos ; deux autres plis cutanés convergents en arrière limitent la partie moyenne de l'abdomen.

Couleurs variables : jaune, rose, rouge de brique, brun-rougeâtre en dessus, finement pointillé d'une teinte plus foncée ; les parties inférieures plus pâles et, ainsi que les cuisses, d'une couleur uniforme.

Long. totale 34 m. ; long. de la tête 9 m. ; larg. de la tête 11 m. ; membre ant. 21 m. ; main 10 m ; membre post. 52 m. ; pied 23 m.

Habit. : Commune au *Duque de Bragança*, d'où nous avons reçu en 1864 plusieurs individus recueillis par Bayão. Un individu de *St. Salvador du Congo*, don du R. Pᵉ Barroso, d'une teinte blanche presque uniforme (dans l'alcool), et trois individus envoyés de *Caconda* par M. d'Anchieta appartiennent également à cette espèce, établie en 1867 par le Dr. Steindachner sur un de nos spécimens du Duque de Bragança.

157. Rappia ocellata

Hyperolius ocellatus, *Günth., Cat. Batr. Sal. B. Mus.*, 1858, *p.* 88, *pl.* VII, *fig.* B.
Rappia ocellata, *Bouleng., Cat. Batr. Sal. B. Mus.*, 1882, *p.* 123.

Fig. *Günth., loc. cit., pl.* VII, *fig.* B.

Deux individus, les seuls connus de cette espèce, font partie des collections du Muséum Britannique, l'un provenant de *Fernão do Pó*, l'autre d'*Angola,* mais ce dernier sans indication précise de la localité. Voici les caractères de l'espèce d'après les diagnoses publiées par MM. Günther et Boulenger :

Museau arrondi, d'une longueur égale au diamètre de l'orbite. Tympan caché. Doigts aux deux tiers palmés ; palmure des orteils complète. Le membre postérieur couché le long du corps atteint par l'articulation tibio-tarsienne l'extrémité du museau. Peau lisse, granuleuse sur le ventre ; pas de pli cutané au travers de la poitrine.

En dessus d'un brun-rougeâtre clair avec de petites taches rondes noires lisérées de blanc ; les flancs d'un brun foncé tachetés de blanc ; en dessous blanchâtre ; une étroite raie brune le long de la face supérieure des cuisses.

158. Rappia Toulsonii

Hyperolius Toulsonii, *Bocage, Proc. Zool. Soc. Lond.,* 1867, *p.* 845, *fig.* 3.

Tête large et aplatie ; museau arrondi ; tympan invisible ; pupille horisontale. Peau des parties supérieures lisse avec des granulations éparses ; peau de l'abdomen et de la gorge granuleuse. Doigts réunis jusqu'au tiers par une petite palmure ; orteils complètement palmés. Membre postérieur assez long; mis le long du flanc, l'articulation tibio-tarsienne arrive au milieu de l'espace compris entre l'œil et le bout du museau. Deux plis du tégument convergents vers l'anus limitent la partie centrale de l'abdomen. Un pli gulaire bien accentué ; une vessie vocale interne, mais pas de disque gulaire, chez le mâle.

En dessus, sur un fond d'une teinte de plomb (dans l'alcool), trois larges bandes longitudinales blanches, l'une sur la ligne dorsale du bout du museau à l'anus, les autres naissant derrière l'œil et se dirigeant le long de la partie supérieure des flancs ; les cuisses couleur de plomb uniforme ; la jambe et le pied en dessous, ainsi que la face inférieure des membres antérieurs, d'un blanc sale. Région gutturale et ventre blanchâtres. Sur la face dorsale des membres antérieurs et de la jambe de larges taches arrondies blanches. Un trait noirâtre du bout du museau à la tempe en traversant l'œil ; bords de la mâchoire supérieure couleur de plomb.

Long. totale 26 m. ; long. de la tête 7,5 m. ; larg. de la tête 8,5 m. ; membre ant. 16 m. ; main 7 m. ; membre post. 39 m. ; pied 16 m. ;

Nous avons rencontré cette espèce, qu'on ne doit pas confondre avec les variétés *parallela* et *insignis* de la *R. marmorata,* dans un petit envoi de reptiles et batraciens de *Loanda* par M. Toulson en 1866.

159. Rappia plicifera

Rappia plicifera, *Bocage, Jorn. Acad. Sc. Lisb.*, 2ᵉ sér., III, 1893, p. 118.

Taille moyenne, un peu ramassée. Tête large, à museau court; la distance de l'angle antérieur de l'œil au bout du museau égale à l'espace interorbitaire. Pupille horisontale, tympan caché. A la base des doigts une petite palmure qui se prolonge sous la forme d'une bordure jusqu'à leurs extrémités; aux pieds une palmure complète. Les doigts et les orteils sont gros et garnis de fortes pelotes. Le membre postérieur mis le long du flanc touche par l'articulation tibio-tarsienne à l'extrémité du museau. La peau de la tête et du dos avec des granulations éparses et des plis granuleux symétriques; un de ces plis forme de chaque côté du cou une ligne saillante et sinueuse qui part de l'extrémité postérieure de la paupière supérieure et finit derrière l'insertion du membre antérieur; un autre pli de même nature limite la partie postérieure du dos; d'autres plis transversaux se montrent sur les flancs. Chez le mâle un sac vocal et un disque sous-gulaire bien développé.

Parties supérieures marbrées et tachetées de brun-violacé sur un fond jaunâtre; les granulations des plis du dos sont souvent d'une teinte plus claire, ce qui rend ces plis plus distincts. Parties inférieures et cuisses d'un jaune uniforme, plus ou moins vif, à l'exception du disque gulaire chez le mâle, qui est largement bordé de brun-violacé ou entièrement de cette couleur avec de petites taches claires. Les plantes des pieds d'un brun-foncé.

Long. totale 36 m.; long. de la tête 10 m.; larg. de la tête 13 m.; membre ant. 22 m.; main 10 m.; membre post. 56 m.; pied 25 m.

Cinq individus, tous mâles, dans nos collections d'Angola. Quatre de ces individus, envoyés de Caconda par Mr. d'Anchieta, ont le même système de coloration, conforme à celui que nous avons indiqué ci-dessus; mais chez le cinquième individu, reçu du *Duque de Bragança* par Bayão, les couleurs sont plus vives et le dos porte un dessin régulier brun rougeâtre sur un fond gris-ocracé. Du reste cet individu présente, mieux accentués que chez les autres, les plis granuleux que nous considérons caractéristiques de cette espèce.

Notre première idée en examinant ces individus a été de les considérer comme appartenant à la *R. marmorata*, à laquelle ils ressemblent par leur taille et par leur conformation générale; mais après avoir mieux constaté la présence de nombreuses granulations sur le tégument des parties supérieures et de plis granuleux symétriques sur la tête et le dos, nous avons dû changer d'avis.

160. Rappia cinctiventris

Hyperolius cinctiventris, *Cope, Proc. Ac. Philad.*, 1862, p. 342.
H. citrinus, *Günth., Proc. Zool. Soc. Lond.*, 1864, p. 311, *pl.* xxvii,
fig. 2; *Bocage, Jorn. Sc. Lisb.*, vii, 1879, p. .
Rappia cinctiventris, *Bouleng., Cat. Batr. Sal. B. Mus.*, 1882, p. 126;
Boettg., Ber. Senckenb. Nat. Ges. Frankf., 1888, p. 98.

Fig. *Günth., Proc. Zool. Soc. Lond.*, 1864, *pl.* xxvii, *fig.* 2.

Cette espèce se trouve représentée dans nos collections par un individu du *Bihé*, provenant du premier voyage d'exploration de MM. Capello et Ivens, et par deux individus du *Dombe*, envoyés par M. d'Anchieta. Ces trois individus étaient, comme le type de l'*Hyperolius citrinus*, Günth., d'un jaune pâle, que le séjour dans l'alcool a fait disparaître; ils présentent de chaque côté de l'abdomen, bien marqué, le pli cutané d'où vient le nom spécifique adopté par Cope.

M. Boettger cite un individu recueilli par Hesse à *Kinshassa*, dans le haut Congo, près de Stanley-Pool (Boettg., loc. cit.).

161. Rappia punctulata

De taille moyenne. Tête large, museau court et tronqué à l'extrémité; la distance de l'œil au bout du museau égale à l'espace inter-orbitaire. Pupille horisontale. Peau des régions supérieures et de la gorge lisse; peau du ventre et de la face inférieure des cuisses couverte de granulations fines, visibles à la loupe. Doigts et orteils longs, forts, terminés par de grosses pelotes. Membres postérieurs longs; couchés le long du flanc ils touchent au bout du museau par l'articulation tibio-tarsienne. Les doigts libres; les orteils semi-palmés. Un pli transversal à la gorge. Pas de disque gulaire chez le mâle.

Blanc, légèrement teint de jaune (dans l'alcool); la teinte jaune plus prononcée sur les régions inférieures. Le dessus de la tête et le dos, la face supérieure de l'avant-bras et de la jambe marqués de petits points noirs, régulièrement disposés sur le dos, plus petits et confluents sur le museau, fort espacés sur les membres.

Long. totale 25 m.; long. de la tête 7 m.; larg. de la tête 8 m.; membre ant. 15 m.; main 6 m.; membre post. 38 m.; pied 16 m.

Un mâle recueilli par M. Banyures sur les bords du *Quanza*.

162. Rappia nasuta

Hyperolius nasutus, *Günth., Proc. Zool. Soc. Lond.*, 1864, *p.* 482, *pl.* 33,
fig. 2 ; *Bocage, Jorn. Ac. Sc. Lisb.*, ı, 1866, *p.* 55.
Rappia nasuta, *Günth., Proc. Zool. Soc. Lond.*, 1868, *p.* 481 ; *Bouleng.,
Cat. Batr. Sal. B. Mus.*, 1882, *p.* 127.

Fig. *Günth., Proc. Zool. Soc. Lond.*, 1864, *pl.* 33, *fig.* 2.

Espèce de petite taille remarquable par son museau saillant et acuminé. Tympan caché. Une petite palmure à la base des doigts ; les orteils
demi-palmés. Membre postérieur long ; couché le long du flanc l'articulation
tibio-tarsienne dépasse l'œil. Peau lisse en dessus, faiblement granuleuse
en dessous. Nous constatons chez le mâle la présence d'un disque gulaire
bien développé.

Gris-brun pâle ou blanc-rougeâtre ; le dessus de la tête, le dos et la
face externe des avant-bras et des jambes variés de points et de petites
taches brunes ; une raie blanche de chaque côté du dos, commençant derrière
l'œil, chez quelques individus.

Long. totale 22 m. ; long de la tête 6 m. ; larg. de la tête 6,5 m. ;
membre ant. 14 m. ; main 6 m. ; membre post. 34 m. ; pied 14 m.

Découverte par Bayão au *Duque de Bragança* en 1864 ; M. d'Anchieta
l'a rencontrée plus tard à *Huilla* et à *Caconda*. L'un des individus envoyés
du Duque de Bragança par Bayão, type de l'espèce, fait partie des collections
du Muséum Britannique.

163. Rappia benguellensis

Rappia benguellensis, *Bocage, Jorn. Ac. Sc. Lisb.*, 2ᵉ *sér.*, ɪɪɪ, 1893,
p. 119.

Ressemble à *R. nasuta* par son museau saillant et acuminé et par sa
taille petite et élancée ; mais la peau du dos est, comme celle de la gorge
et de l'abdomen, couverte de granulations bien distinctes et fort serrées.
Tympan indistinct. Membres longs ; le postérieur étant mis le long du flanc,
l'articulation tibio-tarsienne dépasse un peu l'extrémité du museau. Doigts
à peine réunis à la base par une petite palmure ; orteils demi-palmés. Un pli
cutané ante-pectoral ; pas de disque sous-gulaire chez le mâle.

Couleur générale brun-clair; le dos et la face externe des membres variés de points bruns espacés; les cuisses et les régions inférieures d'un brun-clair uniforme.

Long. totale 23 m.; long. de la tête 7 m.; larg. de la tête 8 m.; long. du membre ant. 15 m.; de la main 6 m.; du membre post. 36 m.; du pied 16 m.

Habit.: *Cahata*, dans l'intérieur de Benguella, d'où nous avons reçu par M. d'Anchieta plusieurs individus.

164. Rappia fuscigula

Ilyperolius fuscigula, *Bocage, Jorn. Ac. Sc. Lisb.*, I, 1866, *pp.* 56 *et* 76.
Rappia fuscigula, *Günth., Proc. Zool. Soc. Lond.*, 1868, *p.* 479;
    Bouleng., Cat. Batr. Sal. B. Mus., 1882, *p.* 124; *Boettg., Ber.*
    Senckenb. Ges. Frankf., 1888, *p.* 97.

Tête large; museau court, obtus. Tympan invisible. Peau des parties supérieures lisse; granuleuse sur le ventre et la face inférieure des cuisses. Une petite palmure à la base des doigts; orteils palmés jusqu'aux trois quarts. Membre postérieur long, couché le long du corps l'articulation tibio-tarsienne dépasse l'œil. Pas de pli transversal à la gorge.

En dessus gris olivâtre clair (dans l'alcool) finement pointillé de brun; en dessous fauve; une large bande longitudinale noire, bordée en dessus de jaune, s'étend sur le flanc de l'insertion des membres antérieurs à l'insertion des membres postérieurs. La gorge est variée de taches allongées noirâtres sur un fond marbré de brun. Membres antérieurs et postérieurs de la couleur du dos en dessus et jaunâtres en dessous.

Long. tot. 20 m.; long. de la tête 6 m.; larg. de la tête 7 m.; membre ant. 13 m.; main 5 m.; membre post. 29 m.; pied 12 m.

M. Boulenger[1] cite comme appartenant à cette espèce trois individus du Gabon et deux d'Afrique occidentale dans les collections du Muséum Britannique; M. Boettger[2] rapporte également à *R. fuscigula* un individu recueilli par Hesse à *Vista, (Bas-Congo);* mais, à juger d'après les descriptions publiées par ces auteurs, les caractères des individus examinés par eux ne se trouvent précisément d'accord avec ceux de nos spécimens d'Angola. Nous hésitons aussi à considérer identique à notre espèce l'*Hyperolius olivaceus,* Buchh. et Peters, de l'Ogouvé.

Deux individus du *Duque de Bragança* par Bayão, types de l'espèce.

---

[1] Bouleng., *Cat. Batr. B. Mus.* 1882, p. 124.
[2] Boettg., *Ber. Senckenb. Ges. Frankf.*, 1888, p. 97.

Notre description a été faite d'après deux individus envoyés en 1864 par Bayão du *Duque de Bragança*. Ces individus se trouvent maintenant par suite d'un accident en si mauvais état qu'il nous est impossible de rien ajouter à notre description originale.

165. Rappia tristis

Pl. XIX, fig. 2

Hyperolius tristis, *Bocage, Jorn. Ac. Sc. Lisb.*, I, 1886, *p.* 56 *et* 76.
Rappia tristis, *Bouleng. Cat. Batr. Sal. B. Mus.*, 1882, *p.* 121.

Tête régulière, à museau un peu allongé et tronqué au bout. Pupille horisontale. Tympan invisible. Peau lisse en dessus avec quelques plis longitudinaux sur le dos; peau du ventre et des cuisses en dessous granuleuse; des granulations bien distinctes à l'angle de la mâchoire. Une palmure rudimentaire à la base des doigts; pieds palmés aux trois-quarts. Le membre postérieur couché le long du flanc touche par l'articulation tibio-tarsienne à l'angle postérieur de l'œil.

En dessus d'un brun-olivâtre foncé couvert de points noirs très confluents; régions inférieures jaune sale; cuisses gris-jaunâtre, pointillées de noir sur leurs faces supérieures; la jambe et le pied reproduisent sur leurs deux faces les teintes du dos et du ventre. Un large trait noir du bout du museau à l'œil et de l'œil à l'épaule; avant-bras et jambes bordés de noir.

Long. tot. 26 m.; long. de la tête 7 m.; larg. de la tête 8 m.; membre ant. 14 m.; main 6 m.; membre post. 32 m.; pied 14 m.

Habit.: *Duque de Bragança*. Un seul individu, type de l'espèce, envoyé par Bayão en 1864.

166. Rappia Steindachneri

Pl. XIX, figs. 3, 3 a

Hyperolius Steindachneri, *Bocage, Jorn. Ac. Sc. Lisb.*, I, 1866, *pp.* 55 *et* 75.
Rappia Steindachneri, Günth., *Proc. Zool. Soc. Lond.*, 1868, *p.* 479;
    Bouleng., Cat. Batr. Sal. B. Mus., 1882, *p.* 125.

Formes trapues; membres modérés. Tête grosse à museau court et arrondi. Pupille horisontale. Canthus rostralis peu accentué. Peau des régions supérieures et de la gorge lisse; celle du ventre et de la face inférieure des cuisses fortement granuleuse. Doigts et orteils terminés par de grosses pelotes; les premiers réunis à la base par une petite palmure; aux orteils une palmure complète à peine échancrée. Le membre postérieur couché le long du flanc touche par l'articulation tibio-tarsienne à l'angle postérieur de l'œil.

En dessus d'un beau vert-violacé finement pointillé de brun; en dessous d'un noir profond couvert de grandes taches jaune d'or, arrondies sur le milieu du ventre, allongées sur les côtés du ventre et sur la gorge. Une large raie jaune d'or, moins distincte, s'étend depuis le bout du museau jusqu'à l'anus et sépare le vert-violacé du dos de la teinte noire du ventre. Bras très courts et cuisses noires variées de grandes taches jaune d'or; avant-bras, jambes et tarses de la couleur du dos sur leurs faces supérieures, noirs tachetés de jaune sur leurs faces inférieures.

Long. totale 26 m.; long de la tête 7 m.; larg. de la tête 8,5 m.; membre ant. 16 m.; main 6 m.; membre post. 34 m.; pied 15 m.

Un seul individu, type de l'espèce, du *Duque de Bragança* par Bayão. M. Boulenger considère comme appartenant à cette espèce un individu du *Vieux Calabar* dans les collections du Muséum Britannique (Boulenger, loc. cit.).

167. Rappia cinnamomeiventris

Pl. XIX, figs. 1

Hyperolius cinnamomeiventris, *Bocage, Jorn. Ac. Sc. Lisb.*, I, 1866, pp. 55 et 75.

Tête large à museau acuminé. Pupille horisontale. Tympan indistinct. Peau lisse en dessus, granuleuse sur le ventre et la face inférieure des cuisses. Doigts libres; orteils palmés aux deux-tiers. Le membre postérieur couché le long du flanc touche par l'articulation tibio-tarsienne à l'angle antérieur de l'œil. Pas de pli ante-pectoral.

Parties supérieures d'un vert-bleuâtre uniforme; en dessous d'une belle couleur cannelle, plus pâle sur la gorge. Une ligne noire bien distincte s'étend depuis l'angle de la mâchoire jusqu'à l'anus, séparant les flancs des régions inférieures; une autre ligne noire prend naissance sur l'extrémité du museau, suit le canthus rostralis, traverse l'œil et termine sur les côtés du cou; les bords de la mâchoire sont également teints de noir. Les cuisses de la couleur du ventre, sans taches; le reste du membre postérieur et tout l'antérieur de la couleur du dos en dessus et de la couleur du ventre en dessous; le bras et l'avant-bras, la jambe et le pied portent sur leurs bords un étroit liséré noir.

Long. totale 25 m. ; long. de la tête 7 m. ; larg. de la tête 8 m. ; membre
ant. 15 m. ; main 6 m. ; membre post. 29 m. ; pied 13 m.
Un seul individu du *Duque de Bragança* par Bayão.

168. Rappia microps

Hyperolius microps, *Günth., Proc. Zool. Soc. Lond.*, 1864, *p.* 311,
   pl. 27, *fig.* 3; *Bocage, Jorn. Ac. Sc. Lisb.*, i, 1866, *pp.* 55 *et* 75.
Rappia microps, *Günth., Proc. Zool. Soc. Lond.*, 1868, *p.* 481 ; *Bouleng.,*
   Cat. Batr. Sal. B. Mus., 1882, *p.* 127.

Fig. *Günth., Proc. Zool. Soc. Lond.*, 1864, *pl.* 27, *fig.* 3.

Tête large et aplatie à museau triangulaire ; canthus rostralis bien
marqué ; tympan invisible. Doigts palmés à la base ; orteils palmés jusqu'aux deux-tiers. Membres postérieurs longs ; couchés le long des flancs,
l'articulation tibio-tarsienne atteint presque le bout du museau. Peau lisse
en dessus, granuleuse en dessous. Un pli du tégument au-travers de la
poitrine. Un disque sous-gulaire chez le mâle.

En dessus brun-rougeâtre pâle, pointillé de brun ferrugineux ; une raie
blanche bien distincte de chaque côté depuis le bout du museau jusqu'à une
petite distance de l'insertion de la cuisse ; cette raie traverse l'œil et dans
sa portion rostrale est bordée en dessous de brun. Régions inférieures d'une
teinte blanchâtre ou brunâtre ; membres de la couleur du dos, l'avant-bras
et la jambe pointillés de brun sur leurs faces externes.

Long. totale 18 m. ; long. de la tête 5 m. ; larg. de la tête 6 m. ; membre
ant. 11 m. ; main 4,5 m. ; membre post. 27 m. ; pied 12,5 m.

Habit. : *Duque de Bragança* (Bayão) ; *Angola,* bords du *Quanza* (Banyures) ; *Rio Quando, Cahata* (Anchieta).

169. Rappia concolor

Hyperolius concolor, *Hallowel, Proc. Ac. Philad.*, 1844, *p.* 60.
H. coccotis, *Cope, Proc. Ac. Philad.*, 1862, *p.* 342.
H. modestus, *Günth., Cat. Batr. Sal. B. Mus., p.* 88 ; *Bocage, Jorn.*
   Ac. Sc. Lisb., i, 1866, *p.* 55.
Rappia concolor, *Bouleng., Cat. Batr. Sal. B. Mus.*, 1882, *p.* 124.

Tête un peu aplatie, à museau acuminé ; la distance de l'œil au bout
du museau dépasse l'espace inter-orbitaire. Tympan caché. Doigts à peine
palmés à la base, orteils semi-palmés. Membres postérieurs longs ; étendus

le long des flancs, l'articulation tibio-tarsienne touche à l'angle antérieur de l'œil. Peau des parties supérieures et de la gorge lisse ; celle du ventre et de la face postérieure de la cuisse granuleuse ; un amas de granulations à l'angle de la bouche. Pas de pli ante-pectoral ; un disque sous-gulaire à la gorge chez le mâle.

Vert-bleuâtre en dessus ; en dessous et les cuisses jaune, fauve ou couleur de cannelle-pâle ; une ligne continue ou interrompue de la couleur du dos sur le bord antérieur de la cuisse.

♀ Long. totale 29 m. ; long. de la tête 9 m. ; larg. de la tête 10 m. ; membre ant. 17 m. ; main 7 m. ; membre post. 40 m. ; pied 19 m.

Habit. : *Duque de Bragança* (Bayão) ; *Huilla, Caconda, Rio Quando* (Anchieta) ; *Bihé* (Capello et Ivens).

La description du *H. concolor* par Hallowel et celle du *H. coccotis* par Cope conviennent, l'une et l'autre, à nos individus d'Angola ; seulement les couleurs attribuées par Cope à l'*H. coccotis,* vert-bleuâtre en dessus, jaune en dessous, sont mieux d'accord avec celles de nos individus. L'*H. concolor* serait, suivant Hallowell, d'un brun-chocolat clair en dessus, les bords des mâchoires et la gorge d'un blanc sale, l'abdomen et la face inférieure des membres d'une teinte plus foncée que le dos.

170. Rappia quinquevittata

Hyperolius quinquevittatus. *Bocage, Jorn. Ac. Sc. Lisb.,* I, 1866, *pp.* 56 et 77.

. Rappia fulvo-vittata, *part., Bouleng., Cat. Batr. Sal. B. Mus.,* 1882, *p.* 121.

Tête étroite à museau pointu. Tympan caché. Peau du ventre et de la face inférieure des cuisses granuleuse. Doigts libres ; orteils demi-palmés. Membre postérieur long ; couché le long du tronc, l'articulation tibio-tarsienne atteint l'extrémité du museau.

En dessus d'un brun-olivâtre très finement ponctué de noirâtre ; en dessous brun-jaunâtre clair. Cinq larges raies longitudinales d'un blanc d'argent bordées de noir, l'une sur le milieu du dos, deux de chaque côté du tronc, se réunissant ensemble sur le bout du museau et au-dessus de l'anus. Bras et cuisses unicolores, d'un brun très clair ; jambes et tarses de la couleur du dos en dessus ; une bande blanche d'argent, comme celles du dos, sur les deux bords de la jambe, en dessus, et sur le bord externe de l'avant-bras et du tarse. Toutes les bandes longitudinales portent un pointillé rougeâtre très fin visible à la loupe.

Long. totale 20 m. ; long. de la tête 5 m. ; larg. de la tête 6 m. ; membre ant. 14 m. ; main 5,5 m. ; membre post. 29 m. ; pied 12 m.

Nous reproduisons ici la description publiée en 1866 d'après deux individus envoyés du *Duque de Bragança* par Bayão et dont l'état de conservation laissait beaucoup à désirer. Malheureusement ce sont les seuls individus de cette espèce que nous ayons reçus d'Angola.

M. Boulenger[1] a relegué cette espèce dans la synonimie de *R. fulvovittata;* mais la comparaison directe de nos deux exemplaires avec un individu parfaitement caractérisé de cette dernière espèce nous amène à une conclusion tout-à-fait contraire à cette manière de voir.

171. Rappia fulvovittata

Hyperolius fulvovittatus, *Cope, Proc. Ac. Philad.*, 1863, *p.* 517; *Bocage, Jorn. Ac. Sc. Lisb.*, i, 1866, *pp.* 55 *et* 77; *Günth., Proc. Zool. Soc. Lond.*, 1868, *p.* 479.
Rapia fulvovittata, *Bouleng., Cat. Batr. Sal. B. Mus.*, 1882, *p.* 121.

Cette espèce se trouve représentée dans nos collections par un individu dont les caractères s'accordent bien avec ceux signalés par Cope dans sa description originale.

Corps élancé; tête légèrement déprimée à museau obtus. Tympan indistinct. Peau des régions supérieures et de la gorge lisse; celle de l'abdomen et de la face postérieure des cuisses granuleuse. Membres longs; couchés le long des flancs les membres postérieurs, l'articulation tibio-tarsienne n'arrive pas au contact de l'œil; une petite palmure à la base des doigts, les orteils palmés jusqu'aux deux-tiers. Pas de pli transversal au-devant de la poitrine.

Fond de coloration en dessus blanc, teint légèrement de fauve et finement ponctué de cette couleur; en dessous d'une teinte uniforme plus pâle; une large bande roux-cannelle de chaque côté commençant sur le bout du museau, traversant l'œil et finissant près d'atteindre l'insertion du membre postérieur; sur le dos deux bandes plus étroites de la même couleur, commençant entre les yeux où elles se réunissent en pointe et terminant au dessus de l'anus. Les membres de la couleur du dos; les bras et les cuisses d'une couleur uniforme; sur le bord externe de l'avant-bras et de la main, de la jambe et du pied une bande étroite de la même couleur que celles du dos.

Long. totale 30 m.; long. de la tête 7 m.; larg. de la tête 9 m.; membre ant. 16 m.; main 7 m.; membre post. 39 m.; pied 19 m.

Habitat: *Duque de Bragança* (Bayão).

---

[1] Bouleng., *Cat. Batr. B. Mus.*, 1882, p. 121.

*

*　　*

La détermination rigoureuse des espèces du genre _Rappia_ présente de sérieuses difficultés par suite de l'absence de caractères morphologiques bien tranchés sur lesquels elle puisse s'appuyer et du peu de confiance qu'inspirent les variations de couleur prises isolément. Il faut encore ajouter que la caractéristique de plusieurs des espèces généralement admises a été établie d'après un nombre insuffisant d'exemplaires, souvent même d'après un seul individu. C'est pourquoi nous nous sommes décidés à faire suivre les noms de la plupart des espèces que nous avons reçues d'Angola de l'indication sommaire de leurs principaux caractères.

172. Hylambates viridis

Hylambates viridis, _Günth., Proc. Zool. Soc. Lond._, 1868, _p._ 487; _Bocage, Jorn. Ac. Sc. Lisb._, IV, 1873, _p._ 226; _Bouleng., Cat. Batr. Sal. B. Mus., p._ 134, _pl._ XII, _fig._ 5.

Fig. _Bouleng., Cat. Batr. Sal. B. Mus._, 1882, _pl._ XII, _fig._ 5.

Formes trapues; tête large, museau obtus. Deux petits groupes de dents vomériennes entre les arrière-narines; tympan distinct égal à la moitié de l'ouverture palpébrale. Doigts libres, orteils réunis par une petite palmure; le 5e orteil plus long que le 3e, le 4e le plus long; pelotes assez développées. Peau lisse partout excepté sur l'abdomen et la face inférieure des cuisses où l'on voit des granulations bien distinctes.

En dessus gris-vert (dans l'alcool), en dessous blanchâtre.

Nos collections d'Angola renferment seulement un individu jeune de l'_Hylambates viridis_ envoyé du _Duque de Bragança_ par M. Bayão. M. Boulenger cite un autre individu d'Angola, sans indication précise de la localité.

173. Hylambates Bocagii

Cystignatus Bocagii, _Günth., Proc. Zool. Soc. Lond._, 1864, _p._ 481, _pl._ 33, _fig._ 2; _Bocage, Jorn. Ac. Sc. Lisb._, I, 1866, _p._ 54.
Hylambates Bocagii, _Bouleng., Cat. Batr. Sal. B. Mus._, 1882, _p._ 133.

Fig. _Günth., Proc. Zool. Soc. Lond._, 1864, _pl._ 33, _fig._ 2.

D'une taille médiocre. Tête large et courte; museau obtus; canthus rostralis peu accentué. Dents vomériennes disposées en deux petits groupes obliques et convergents, situés entre les orifices internes des narines. Tympan distinct et dépassant un peu la moitié de l'ouverture palpébrale. Doigts libres; une petite palmure à la base des orteils; disques terminaux petits, surtout aux membres postérieurs; un tubercule large, légèrement comprimé au bord interne du métatarse. Le 4ᵉ doigt un peu plus court que le 3ᵉ; le 4ᵉ orteil dépassant le 5ᵉ par ses deux dernières phalanges. Le membre postérieur couché le long du tronc, l'articulation tibio-tarsienne touche au centre du tympan. Peau en dessus lisse, en dessous granuleuse partout.

Parties supérieures d'un brun-olivâtre; en dessous couleur de cannelle, d'un ton plus vif sur les paumes des mains et les plantes des pieds. Les bords externes de l'avant-bras et de la main, de la jambe et des pieds sont marqués d'un trait brun-marron liséré en dessus de blanc; un double trait, brun-marron et blanc, couvre également les bords des mâchoires. Chez un de nos individus il y a une double raie brune et blanche qui part de l'extrémité du museau, traverse l'œil et vient terminer au-dessus de l'insertion du membre antérieur.

Long. tot. 26 m.; long. de la tête 10 m.; larg. de la tête 11 m.; long. du membre ant. 18 m.; long. de la main 8 m.; long. du membre post. 34 m.; long du pied 17 m.

L'*H. Bocagii* a été découvert en 1864 par Bayão au *Duque de Bragança*. Deux individus, types de l'espèce, qui existent au Muséum Britannique et deux autres individus jeunes faisant partie de nos collections d'Angola sont les seuls exemplaires connus de cette espèce.

174. Hylambates Anchietae

Pl. XIX, figs. 4, 4 a

Hylambates Anchietae, *Bocage, Jorn. Ac. Sc. Lisb.*, IV, 1873, *p.* 226; *Bouleng., Cat. Batr. Sal. B. Mus.*, 1882, *p.* 133.

D'une taille moyenne. Tête large et déprimée, à museau court et arrondi. Dents du vomer disposées en deux petits groupes entre les arrière-narines et presque en contact sur la ligne médiane. Tympan peu distinct, égalant à peine la moitié du diamètre de l'œil. Doigts longs, libres; orteils réunis à la base par une petite palmure; les uns et les autres terminés par des pelotes modérées. Le 4ᵉ doigt presque aussi long que le 3ᵉ; le 5ᵉ orteil beaucoup plus court que le 4ᵉ et un peu plus long que le 3ᵉ. Tubercule métatarsien interne proéminent, conique, légèrement comprimé. Si l'on couche le membre postérieur le long du tronc, l'articulation tibio-tarsienne atteint le bord antérieur du tympan. Peau en dessus lisse, en dessous granuleuse; un amas de granulations derrrière l'angle de la mâchoire.

Parties supérieures et face externe des membres vert-cendré (dans l'alcool); flancs et derrière des cuisses lie de vin ou brun-roussâtre, variés de petites taches rondes jaunes; en dessous blanc teint de roux-isabelle. Bords de la mâchoire blancs; une raie noire ou brune, surmontée d'un étroit liséré blanc, prend naissance de chaque côté de l'extrémité du museau, contourne le canthus rostralis, traverse l'œil et se prolonge sur les limites supérieures des flancs jusqu'à rencontrer celle du côté opposé au-dessus de l'anus; sur la région lombaire, avant l'insertion de la cuisse, elle émet une petite branche qui se dirige en haut et en avant; un trait noir ou brun au-dessus de l'anus. Ce dessin est constant chez tous nos individus recueillis à *Huilla* et à *Caconda;* chez un individu de *Quindumbo,* le dos est varié de brun sur un fond cendré-vineux.

Long. totale 49 m.; long. de la tête 16 m,; larg. de la tête 18 m ; long. du membre ant. 33 m.; long. de la main 16 m.; long. du membre post. 63 m.; long. du pied 25 m.

Habitat : *Huilla, Caconda* et *Quindumbo* (Anchieta). C'est un habitant des hauts-plateaux de l'intérieur; on ne l'a jamais observé sur la zone littorale.

175. Hylambates marginatus

D'une taille moyenne et de formes moins trapues que ses congénères d'Angola. Dents vomériennes en deux petits groupes très rapprochés sur la ligne médiane. Tympan distinct, en ovale, égal à peu-près à la moitié de l'ouverture palpébrale. Doigts et orteils longs; les doigts libres, les orteils réunis par une petite palmure; le 4e orteil beaucoup plus long que le 5e, celui-ci un peu plus long que le 3e. Pelotes petites; tubercule du métatarse large et comprimé. La peau des parties supérieures lisse; la gorge, l'abdomen et le dessous des cuisses granuleux.

En dessus gris-bleuâtre (dans l'alcool) avec quelques points noirs épars; un double trait noir et blanc commence sur l'extrémité du museau, traverse la narine et l'œil, contourne le tympan et se prolonge en arrière terminant au-dessus de l'insertion du membre antérieur; les côtés du cou et les flancs sont tachetés de noir et de blanc ainsi que la région anale et la face supérieure des cuisses; la face supérieure des membres antérieurs et des jambes pointillée de noir; le bord externe des membres antérieurs, des jambes et du pied également noir. Parties inférieures roux-canelle pâle, la gorge blanchâtre, la face postérieure des cuisses d'un roux-brun avec de petites taches blanches; un petit trait transversal blanc au-dessus de l'anus.

Dimensions: Long. totale 38 m.; long. de la tête 13 m.; du membre ant. 21 m.; de la main 9 m.; du membre post. 48 m.; du pied 21 m.

Habitat: *Quissange,* dans l'intérieur de Benguella. Un individu adulte envoyé récemment par M. d'Anchieta. Nom indigène *Calungurano.*

176. Hylambates angolensis

Pl. XVII, figs. 1, 1 a

Hylambates angolensis, *Bocage, Jorn. Ac. Sc. Lisb.,* 2ᵉ sér., ɪɪɪ, 1893, *p.* 119.

Grande taille et formes trapues. Tête large, à museau court et obtus; canthus rostralis peu accentué. Yeux saillants. Narines placées à égale distance du bout du museau et de l'œil. Dents vomériennes formant deux groupes saillants, elliptiques, situés entre les arrière-narines et laissant entre eux un petit intervalle. Tympan distinct, elliptique; son plus grand diamètre égal à $\frac{1}{2}$ ou $\frac{2}{3}$ de l'ouverture palpébrale. Doigts et orteils relativement courts; les premiers libres, les orteils réunis par une palmure rudimentaire. Pelotes médiocres. Tubercule métatarsien large et comprimé. Le 3ᵉ doigt dépasse à peine le 4ᵉ par sa dernière phalange; le 5ᵉ orteil beaucoup plus court que le 4ᵉ, plus long que le 3ᵉ. En plaçant le membre postérieur le long des flancs, l'articulation tibio-tarsienne atteint à peine le bord postérieur du tympan. Peau chagrinée en dessus, fortement granuleuse sur les flancs et en dessous; un amas de fortes granulations derrière l'angle de la mâchoire.

Couleurs variables: Quelques individus sont en dessus d'un vert-cendré ou lie de vin presque uniforme, à peine d'un ton plus foncé sur le milieu du dos; mais chez d'autres individus une grande tache, tantôt noirâtre, tantôt d'un brun verdâtre ou d'un brun vineux, couvre le milieu du dos; les bords de cette grande tache sont souvent marqués par une bordure noire. Les parties inférieures sont d'un jaune uniforme. Chez presque tous nos individus une tache allongée noire couvre la face du museau au-dessous du canthus rostralis et, sous la forme d'une raie plus étroite, suit le bord de la paupière supérieure, contourne le tympan et termine près de l'insertion du membre antérieur. La face externe des membres est de la couleur du dos. Les flancs et la face postérieure des cuisses sont chez quelques-uns de nos individus d'une teinte lie de vin et variés de petites taches arrondies blanchâtres.

Jeune: ♂ Long. tot. 36 m.; long. de la tête 13 m.; larg. de la tête 14 m.; membre ant. 22 m.; main 10 m.; membre post. 44 m.; pied 22 m.

♀ Long. tot. 69 m.; long. de la tête 23 m.; larg. de la tête 27 m.; membre ant. 46 m.; main 17 m.: membre post. 80 m.; pied 37 m.

Cette espèce, que nous croyons inédite, a été rencontrée par M. d'Anchieta d'abord à *Caconda,* ensuite et successivement à *Quissange, Quibula, Quindumbo* et *Cahata,* dans l'intérieur de Benguella. Suivant M. d'Anchieta elle serait connue des indigènes de Quissange sous le nom d'*Atonga.* Ceux de Cahata lui donneraient un nom bien plus long *Caralilacema.*

177. Hylambates cinnamomeus

Hylambates cinnamomeus, *Bocage, Jorn. Ac. Sc. Lisb.,* 2e *sér.,* III, 1893, *p.* 120.

D'une taille inférieure à celle de l'*H. angolensis* et à formes moins trapues. Tête large à museau arrondi. Narines plus rapprochées de l'extrémité du museau que de l'œil. Deux groupes ronds de dents vomériennes entre les arrière-narines et laissant entre eux un intervalle. Tympan circulaire égal à un peu plus de la moitié de l'ouverture palpébrale. Membres modérés, doigts et orteils longs; les doigts libres, les orteils réunis à la base par une petite palmure. Tubercule métatarsien interne grand et comprimé; pelotes régulières. Le 4e doigt atteignant par son extrémité la base de la dernière phalange du 3e, le 1er plus court que le 2e; le 5e orteil beaucoup plus court que le 4e et un peu plus long que le 3e. Quand on place le membre postérieur le long du flanc, l'articulation tibio-tarsienne atteint l'angle postérieur de l'œil. Peau lisse en dessus, granuleuse en dessous et sur les cuisses.

En dessus roux-cannelle; d'un ton plus pâle en dessous, tirant souvent au blanchâtre sur la gorge. De chaque côté du museau, au dessous du canthus rostralis, un gros trait noir qui se prolonge en arrière sur la paupière supérieure, passe sur le bord supérieur du tympan et avance plus ou moins sur le flanc. Le dos est orné d'un dessin symétrique noir qui, dans sa forme la plus complète, se compose d'une tache triangulaire, dont la base est placée entre les yeux et le vertex touche sur le dos à une espèce de fer à cheval à branches très prolongées en arrière; au centre de l'espace compris par les deux branches du fer à cheval une série de taches noires souvent confluentes. Les faces externes des avant-bras et des jambes sont quelquefois ornées de taches transversales noires.

♂ Long. totale 42 m.; long. de la tête 12 m.; larg. de la tête 15 m.; membre ant. 27 m.; main 13 m.; membre post. 61 m.; pied 29 m.

Nos individus d'Angola ont été recueillis à *Quillengues* par M. d'Anchieta; mais d'autres individus qui leur ressemblent parfaitement nous ont été envoyés de *Bolama,* dans la Guinée Portugaise.

D'après l'ensemble de leurs caractères ces individus paraissent surtout se rapprocher de l'*H. viridis.* De l'*H. angolensis* ils nous semblent bien distincts par leurs formes moins ramassées et surtout par le plus grand développement de leurs doigts et orteils et de leurs pelotes.

178. Hylambates Aubryi

Hyla Aubryi, *A. Dum., Rev. et Mag. Zool.,* 1856, *p.* 561.

Hylambates Aubryi, *A. Dum., Arch. Mus. Paris,* x, *p.* 229, *pl.* 18, *fig.* 3; *Peters, Monatsb. Ak. Berl.,* 1877, *p.* 618; *Bouleng., Cat. Batr. Sal. B. Mus.,* 1882, *p.* 135; *Boettg., Ber. Senckenb. Ges. Frankf.,* 1888, *p.* 99.

Fig. *A. Dum., Arch. Mus. Paris,* x, *pl.* 18, *fig.* 3.

Bien distincte des autres espèces observées en Angola par ses couleurs sombres d'un brun-clair avec des taches irrégulières noirâtres sur le dos et une tache irrégulière de la même couleur entre les yeux.

Jusqu'à présent cette espèce n'a pas été observée dans nos possessions d'Angola au sud du Zaïre; mais au nord de ce fleuve elle habite la côte de Loango et le Bas-Congo; on l'a rencontrée à *Massabi* et à *Chinchoxo* (Boettg., loc. cit.).

FAM. ENGYSTOMATIDAE

179. Phrynomantis bifasciata

Pl. XVIII, fig. 3

Brachymerus bifasciatus, *Smith, Ill. S. Afr. Zool., Rept., pl.* 63.

Phrynomantis bifasciata, *Peters, Monatsb. Ak. Berl.,* 1867, *p.* 36; *Bouleng., Cat. Batr. Sal. B. Mus.,* 1882, *p.* 172.

Fig. *Smith, Ill. S. Afr. Zool., Rept., pl.* 63.

Nos collections d'Angola renferment deux individus de cette curieuse espèce, l'un de *Quissange,* l'autre de *Benguella,* envoyés par M. d'Anchieta.

Le premier appartient à la var. *C,* établie par M. Boulenger d'après un individu dans les collections du Muséum Britannique rapporté d'Angola par J. J. Monteiro (Bouleng., loc cit.). Il est noir en dessus, varié sur le dos et les membres de grandes taches blanches (jaunes?), mais sans les deux raies longitudinales de la forme typique; la gorge et la poitrine, ainsi que la face postérieure des cuisses et la face inférieure des jambes, brunes tachetées de blanchâtre; l'abdomen d'un blanc grisâtre avec des marbrures brunes; la face supérieure des membres de la couleur du dos.

Dimensions: long. totale, 38 m.; long. de la tête 9 m.; long. du membre ant. 22 m.; long. de la main 10 m.; long. du membre post. 37 m.; long. du pied 19 m.

Chez l'autre individu, représenté dans la fig. 3 de la pl. xviii, le dos est dépourvu de raies et de taches; sur les parties supérieures règne une teinte roux-fauve, plus vive et finement pointillée de marron sur la tête et le dos, plus pâle et uniforme sur les flancs, variée de petites taches marron sur la face supérieure des membres. En dessous d'un gris lavé de fauve, sans taches ni ponctuations.

Dimensions: long. totale 35 m.; long. de la tête 8,5 m.; long. du membre ant. 20 m.; long. de la main 9 m.; long. du membre post. 32 m.; long. du pied 17 m.

180. Breviceps mossambicus

Breviceps mossambicus, *Peters, Monatsb. Ak. Berl.*, 1854, *p.* 628; *Bouleng., Cat. Batr. Sal. B. Mus.*, 1882, *p.* 177; *Peters, Reise n. Mossamb.*, *p.* 176, *pl.* xxv, *fig.* 2, *pl.* xxvi, *fig.* 11.

B. gibbosus, *Bocage, Jorn. Ac. Sc. Lisb.*, iv, 1873, *p.* 227.

Fig. *Peters, Reise n. Mossamb.; pl.* xxv, *fig.* 2.

Le *Breviceps* d'Angola, dont nous avions reçu en 1873 deux individus envoyés de *Biballa* par M. d'Anchieta, avait été rapporté par nous au *B. gibbosus* de l'Afrique australe; mais ayant reçu plus tard par les soins de notre infatigable collecteur plusieurs individus semblables capturés en diverses localités de l'intérieur de Benguella, et ayant pu les comparer à des exemplaires du *B. mossambicus,* Peters, c'est sous ce dernier nom que nous croyons devoir les inscrire définitivement. Un museau plus saillant et des membres plus dégagés du tégument du tronc sont des caractères communs à nos individus et à ceux de Moçambique et d'après lesquels on arrive à distinguer le *B. mossambicus* du *B. gibbosus.*

Leur peau, en général, est lisse; mais chez quelques individus elle est rugueuse sur le dos et parsemée de tubercules plus apparents sur les flancs. Il y en a aussi dont le tégument du dos est criblé de petits pores visibles à la loupe. Ces particularités, qui rappellent les caractères différentiels attribués au *B. verrucosus,* Rapp, ne nous semblent pas de nature à constituer de bons caractères spécifiques, d'autant plus que les individus chez lesquels elles se font remarquer ont été rencontrés dans des localités où se trouvent les individus à peau lisse et sans porosités, et vivant en leur compagnie.

La coloration de nos individus d'Angola est assez variable. En dessus brun-olivâtre, brun-ferrugineux, rouge-pourpre, lie-de-vin, noirâtre, d'une teinte uniforme ou varié de petites taches brunes ou noires, le milieu du dos en général plus rembruni; les flancs d'une nuance plus pâle, marbrés de brun ou de noir, parfois bruns ou noirs variés de blanchâtre; pas de raie sur le milieu du dos. Parties inférieures d'un gris-pâle ou jaunâtre, sans taches ou avec des points et des taches brunes ou noires; d'un brun uniforme chez quelques individus dont le dos est noirâtre. De chaque côté de la tête une bande oblique noire derrière l'œil, une grande tache de la même couleur couvrant la gorge; la tache gulaire et les deux bandes noires sont souvent confluentes.

Dimensions: ♀ Du bout du museau à l'anus 52 m.; larg. de la tête 14 m.; long. de la main 11 m.; long. du pied 22 m.; long. du 4ᵉ orteil 14 m.

Le *B. mossambicus* est assez répandu en Angola. M. d'Anchieta l'a rencontré à *Biballa* dans l'intérieur de Mossamedes, et à *Quissange, Quindumbo, Galanga* et *Caconda,* dans le district de Benguella.

Noms indigènes: à Biballa *Talango,* à Quissange et Quindumbo *Caralilacema* (Anchieta).

181. Hemisus marmoratum

Pl. XVIII, figs. 1, 1 a

Engystoma marmoratum, *Peters, Monatsb. Ak. Berl.,* 1854, *p.* 628.
Hemisus marmoratus, *Peters, Reise n. Mossamb.,* III, *Amphib.,* 1882, *p.* 173, *pl.* XXV, *fig.* 1; *Bocage, Jorn. Ac. Sc. Lisb.,* 1887, XI, *p.* 208.

Nous croyons pouvoir rapporter à cette espèce, découverte par le Dr. Peters à Moçambique, trois individus de notre collection provenant de trois localités différentes: *St. Salvador du Congo* (R. Pᵉ Barroso), *Dondo* et *Catumbella* (Anchieta). Les caractères morphologiques de tous ces individus nous semblent bien d'accord avec ceux du batracien décrit et figuré par Peters; le premier lui ressemble aussi sous le rapport des couleurs, car il a les régions supérieures tachetées ou marbrées de noirâtre sur un fond brun-olivâtre; chez les deux autres le dos est varié de petites taches et de points brun-marron sur un fond roux ou grisâtre. Chez tous ces individus le museau est moins long et plus obtus que chez l'*H. sudanense* décrit et figuré par Steindachner.

Long. totale 35 m.; long. de la tête 9 m.; larg. de la tête 9 m.; membre ant. 16 m.; main 8 m.; membre post. 45 m.; pied 22 m.

En comparant la figure de Steindachner de l'*H. sudanense*[1] à la figure de Peters de l'*H. marmoratum*, nous avons quelque peine à admettre l'identité de ces deux espèces. Le Dr. Peters[2] s'est prononcé dans un sens contraire à une telle assimilation après avoir comparé des individus provenant de Sennaar et de Moçambique, et ce résultat vient à l'appui de notre manière de voir.

182. Hemisus guttatum

Engystoma guttatum, *Rapp., Arch. f. Naturg.,* 1842, *p.* 200, *pl.* 6, *figs.* 3 *et* 4.
Hemisus guttatum, *Bouleng., Cat. Batr. Sal. B. Mus.,* 1882, *p.* 178.

Fig. *Rapp., loc. cit., pl.* 6, *figs.* 3 *et* 4.

Nos collections renferment deux individus de cette espèce: un jeune mâle rapporté de l'intérieur de Mossamedes par MM. Capello et Ivens et une femelle adulte, spécimen mutilé, sans les pieds, don de notre regretté ami José Horta, ancien Gouverneur Général d'Angola.

Le mâle est en dessus d'un brun-olivâtre foncé, varié de roux, et d'un roux-canelle uniforme en dessous. La femelle est d'un roux-marron en dessus, plus pâle sur la tête et les flancs; en dessous d'un roux très pâle, uniforme; varié sur le dos et les flancs de taches arrondies blanches. Leurs formes sont ramassées; les membres gros; les doigts courts et renflés à la base; la peau lisse; un pli bien distinct du tégument contourne la tête derrière les yeux.

Dimensions:

♂ Long. totale 31 m.; long. de la tête 8 m.; larg. de la tête 11 m.; membre ant. 15 m.; main 6 m.; membre post. 41 m.; pied 20 m.

♀ Long. totale 46 m.; long. de la tête 11 m.; larg. de la tête 11 m.; membre ant. 20 m.; main 9 m.

La patrie de ce batracien est l'Afrique australe; il doit se rencontrer plus ou moins accidentellement dans les districts méridionaux de la province d'Angola.

---

[1] Steindachner, *Sitz. Ak. Wien.,* xlviii, p. 191, pl. i, figs. 10–13
[2] Peters, *Reise n. Mossamb.,* iii, *Amphib.,* p. 174.

FAM. BUFONIDAE

183. Bufo regularis

Bufo regularis, *Reuss, Mus. Senckenb.*, I, 1834, *p.* 60; *Bouleng., Cat.*
   Batr. Sal. B. Mus., 1882, *p.* 298; *Bocage, Jorn. Ac. Sc. Lisb.*, XI,
   1887, *p.* 192; *Boettg., Ber. Senckenb. Ges. Frankf.*, 1888, *p.* 100;
   Kat. Batr. Sam. Mus. Senckenb., 1892, *p.* 85.
B. pantherinus, *Bocage, Jorn. Ac. Sc. Lisb.*, I, 1866, *p.* 56.
B. guineensis *(Schleg.), Peters, Monatsb. Ak. Berl.*, 1877, *p.* 620;
   Bocage, Jorn. Ac. Sc. Lisb., VII, 1879, *p.* 89.
B. spinosus, *Bocage, Proc. Zool. Soc. Lond.*, 1867, *p.* 845

Fig. *Geoffroy St. Hill., Descr. Egypte, pl.* IV, *figs.* 1 *et* 2.

Très commun et abondant en Angola, où il est connu des indigènes
sous le nom de *Gimbóto* ou *Chimbóto*. Des exemplaires de cette espèce nous
sont parvenus par les soins de M. d'Anchieta de toutes les localités qu'il
a visitées; nous l'avons reçue du *Duque de Bragança* par Bayão, de *St. Salvador* par Monseigneur l'Évêque d'Himeria, de *Mossamedes* et *Bihé* par
MM. Capello et Ivens.

Nos échantillons diffèrent entre eux sous le rapport de la taille, de la
nature des téguments et du mode de coloration. En exaggérant la valeur
de ces variations, avec un peu de complaisance, on arriverait à partager
le *B. regularis* en plusieurs espèces nominales sans aucun avantage pour
la science.

La taille de nos individus atteint rarement 12 centimètres en longueur;
chez la plupart elle est bien au-dessous de ce chiffre.

Le nombre, la forme et la grosseur des tubercules cutanés varient
suivant les individus; ces tubercules en général sont lisses, quelques individus les ont épineux. Un individu de *Benguella* à parotides et tubercules
cutanés hérissés d'épines est le type du *B. spinosus*, dont nous avons publié
la description en 1867 [1]; nous le considérons à présent, ainsi que d'autres
spécimens semblables recueillis à *Pungo-Andongo, Caconda* et *Dombe*,
comme représentants d'une variété du *B. regularis*.

Des couleurs sombres, brun-noirâtre, brun-cendré et brun-roux, domi-
nent sur les parties supérieures; en dessous règnent des couleurs plus pâles

---

[1] Bocage, *Proc. Zool. Soc. Lond.*, 1867, p. 845.

et uniformes, brun-clair ou grisâtre, à l'exception de la gorge qui est parfois teinte de noirâtre; la tête, le corps et les membres présentent souvent sur leurs faces supérieures des taches symétriques noirâtres ou d'une teinte plus claire, marron ou brun-roux, celles-ci bordées de noir. Chez plusieurs individus une étroite raie longitudinale, blanchâtre ou jaune, s'étend sur le milieu de la tête et du tronc. Des individus recueillis sur le littoral sablonneux de *Mossamedes* et de *Benguella* sont d'une couleur uniforme jaune ou fauve, plus pâles en dessous. Un individu jeune rapporté du *Bihé* par MM. Capello et Ivens est d'une jolie teinte rose, varié de petites taches d'un rouge plus vif, lisérées de noir; les parties inférieures blanches lavées de rose.

184. Bufo funereus

Bufo funereus, *Bocage, Jorn. Ac. Sc. Lisb.*, ı, 1866, *pp.* 56 *et* 77 ; *ibid.*,
 vııı, 1882, *p.* 303; *Bouleng., Cat. Batr. Sal. B. Mus.*, 1882, *p.* 475.
B. benguellensis, *Bouleng., Cat. Batr. Sal. B. Mus.*, 1882, *p.* 299,
 pl. xıx, *fig.* 3.

Fig. *Bouleng., loc. cit., pl.* xıx, *fig.* 3.

D'une petite taille. Tête déprimée à museau court et arrondi; espace inter-orbitaire plan ou légèrement concave; tympan médiocre, elliptique, d'un diamètre égal à la moitié de l'ouverture palpébrale; narines situées plus près du bout du museau que de l'œil; parotides en ovale allongée, plus étroites en arrière, parallèles, assez rapprochées de l'orbite. Membres relativement courts, le membre postérieur étendu le long du corps touche au tympan par l'articulation tibio-tarsienne; doigts minces avec une seule rangée de tubercules sous-articulaires, le 1er plus gros et un peu plus long que le 2e; orteils courts, réunis à la base par une palmure. Pas de repli cutané sur le bord interne du métatarse, à sa place une ligne saillante de petits tubercules épineux. Dessus du corps couvert de granulations et de gros tubercules épineux; régions inférieures granuleuses; la peau des membres présente le même aspect que celle du dos.

Le dessus du corps est noirâtre ou brun, d'une teinte uniforme ou varié de taches symétriques plus foncées; les parties inférieures d'un brun pâle, à l'exception de la gorge qui est parfois noirâtre; des granulations jaunâtres ou fauves, tantôt isolées, tantôt réunies par groupes, plus abondantes en dessous, se trouvent entremêlées aux autres de couleur sombre. Quelques individus présentent une tache jaune sur le front, entre les yeux, et une raie de la même couleur sur le milieu du dos depuis la nuque jusqu'à l'anus.

Dimensions: long. totale 51 m.; long. de la tête 13 m.; larg. de la tête 18 m.; long. du membre ant. 29 m.; long. de la main 14 m.; long. du membre post. 53 m.; long. du pied 31 m.

Le *B. funereus* paraît être rare et peu répandu en Angola. Nos collections renferment un individu, type de l'espèce, envoyé du *Duque de Bragança* par M. Bayão, et plusieurs individus recueillis à *Caconda* par M. d'Anchieta. Il habite aussi l'île de *Fernão do Pó,* où il a été rencontré par Fraser (Bouleng., loc. cit.).

FAM. DACTYLETHRIDAE

185. Xenopus Petersii

Dactylethra Mülleri (non Peters), *Bocage, Jorn. Ac. Sc. Lisb.,* vii, 1879,
    p. 79 *et* 96.
Xenopus Müllerii, *part., Bouleng., Cat. Batr. Sal. B. Mus.,* 1882,
    p. 458; *Peters, part., Reise n. Mossamb., Amphib.,* 1882, *p.* 180.

Plus petit que le *X. laevis* (Daud.), à peu-près de la taille du *X. Mülleri,* Peters. Tête petite, déprimée; museau court et arrondi. Yeux réguliers, ayant un diamètre égal à la distance de l'œil à la narine. Tentacule sous-orbitaire fort court. Doigts grêles et effilés; le 1er et le 4e doigts plus courts que les 2e e 3e, qui sont égaux. Orteils forts, aplatis et pointus, réunis par une palmure complète; les extrémités des trois premiers enfoncées dans un petit étui corné, noir. Le tubercule conique du talon moins développé que chez le *X. Mülleri,* mais toujours bien distinct. Le membre postérieur couché le long du tronc, l'articulation tibio-tarsienne dépasse l'insertion du membre antérieur, mais sans arriver à toucher l'œil. Peau lisse; le dos entouré d'une série de petites lignes transversales et tubuleuses.

Mode de coloration variable; trois variétés principales:

Var. *A.* En dessus brun-noirâtre sans taches ou varié de petites taches noires; en dessous jaune fortement tacheté de noirâtre.

Var. *B.* En dessus brun, uniforme ou varié de petites taches noirâtres; en dessous blanc lavé de jaune avec de petites mouchetures noirâtres sur l'abdomen et la face inférieure des cuisses et des jambes.

Var. *C.* En dessus cendré de plomb ou brun-cendré, sans taches ou avec quelques petites taches brunes; en dessous blanc-jaunâtre ou grisâtre, sans taches ou présentant quelques petites taches de la couleur du dos sur les membres postérieurs.

Dimensions: ♀ Long. totale 65 m.; long. de la tête 16 m.; larg. de la tête 21 m.; long. du membre ant. 32 m.; long. de la main 15 m.; long. du membre post. 76 m.; long. du pied 41 m.

Assez répandu en Angola, du littoral aux hauts-plateaux de l'intérieur. Nous l'avons reçu de *St. Salvador* par les soins de Monseigneur l'Évêque d'Himeria. M. Bayão nous l'a fait parvenir du *Dondo*. M. d'Anchieta nous l'a envoyé de plusieurs localités: *Benguella* et *Catumbella,* dans le littoral, *Quibula, Quindumbo, Caconda, Huilla* et *Ambaca,* dans l'intérieur. MM. Capello et Ivens nous ont rapporté de leur premier voyage d'exploration un exemplaire recueilli au *Dombe* et un autre à *Cassange.*

Chimboto ou *Gimboto* serait, suivant M. d'Anchieta, le nom dont se servent les indigènes pour désigner cette espèce, nom qu'ils donnent également à plusieurs autres batraciens. Les indigènes de Cassange l'appelent *T'chuila* (Capello et Ivens).

Dans deux de nos publications sur l'herpétologie d'Angola nous avions mentionné cette espèce sous le nom de *X. Mülleri,* qui est en effet des trois espèces connues du genre *Xenopus* celle dont nos échantillons se rapprochent davantage. Ayant pu les comparer plus tard à des exemplaires du Zanzibar et de Moçambique nous avons reconnu qu'il est toujours possible de les distinguer de ceux-ci en faisant attention à certains caractères qu'on ne doit pas négliger: tentacule sous-orbitaire sensiblement plus court, tubercule du métatarse moins développé, membres postérieurs plus courts. Ces caractères différentiels, le Dr. Peters les avait remarqués avant nous chez un individu de Benguella; mais l'éminent zoologiste de Berlin, tout en admettant qu'il s'agissait peut-être d'une espèce nouvelle à ajouter au genre *Xenopus,* n'a pas voulu lui imposer un nom distinct[1]. C'est ce que nous faisons maintenant, heureux de pouvoir rendre un nouvel hommage à la mémoire de l'illustre savant qui a si puissamment contribué à l'avancement de nos connaissances sur la faune africaine.

---

[1] Peters, *Reise n. Mossamb.,* iii, *Amphib.,* p. 181.

ERRATA

Page 12, ligne 23. Au lieu de — celle de la première paire, lisez — celles de la première paire.

» 17, » 19. Au lieu de — écailles dorsales, lisez — écailles caudales.

» 33, » 11. Au lieu de — par un pli de peau, lisez — par un pli de la peau.

» 47, » 28. Au lieu de — *quinquetaemiata*, lisez — *quinquetaeniata*.

» 71, » 16. Au lieu de — bien supérieures, lisez — bien supérieurs.

» 114, » 29. Au lieu de — *Psamorphis sibilans*, lisez — *Psammophis sibilans*.

» 117, » 34. Au lieu de — bas de flancs, lisez — bas des flancs.

» 124, » 19. Au lieu de — *Palaemon Barthii*, lisez — *Polaemon Barthii*.

» 125, » 17. Au lieu de — *Palaemon Barthii*, lisez — *Polaemon Barthii*.

» 127, » 28. Au lieu de — se sont servis, lisez — se sont servi.

» 137, » 10. Au lieu de — ces détails, lisez — ses détails.

» 142, » 31. Au lieu de — l'avons reçu, lisez — l'avons reçue.

» 144, » 17. Au lieu de — de la région, lisez — de la région temporale.

TABLE ALPHABÉTIQUE

EXPLICATIONS DES PLANCHES

Planche   I — Fig. 1. Hemidactylus benguellensis, Bocage.
                      1 a. Tête vue en dessous, grossie.
                      1 b. Région anale gross.
              Fig. 2. Hemidactylus Bayonii, Bocage.
                      2 a. Tête vue de côté, gross.
                      2 b. Tête vue en dessous, gross.
                      2 c. Région anale, gross.
                      2 d. Pied vu en dessous, gross.

Planche II — Fig. Agama planiceps, Peters.

Planche III — Fig. 1. Pachyrhynchus Anchietae, Bocage.
                      1 a. Tête vue en dessous, gross.
                      1 b. Tête vue en dessus, gross.
              Fig. 2. Mabuia Bayonii (Bocage).
                      2 a. Tête vue en dessous, gross.
                      2 b. Tête vue en dessus, gross.
                      2 c. Tête vue de côté, gross.
                      2 d. Écailles, gross.

Planche IV — Fig. 1. Mabuia maculilabris (Gray).
                      1 a. Tête vue en dessus, gross.
                      1 b. Écailles, gross.
              Fig. 2. Mabuia Petersii (Bocage).
                      2 a. Tête vue en dessus, gross.
                      2 b. Tête vue de côté, gross.
                      2 c. Écailles, gross.

Planche   **V** — Fig. **1. Lygosoma Ivensii,** Bocage.

     1 a. Tête vue de côté, gross.
     1 b. Écailles, gross.
     Fig. **2. Ablepharus Wahlbergii** (Smith).
     2 a. Tête vue de côté, gross.
     2 b. Tête vue en dessus.
     2 c. Téte vue en dessous, gross.
     Fig. **3. Ablepharus Cabindae,** Bocage.
     3 a. Tête vue de côté, gross.
     3 b. Tête vue en dessus, gross.
     3 c. Tête vue en dessous, gross.

Planche   **VI** — Fig. **1. Lygosoma (Eumecia) Anchietae,** Bocage.

     1 a. Tête vue de côté, gross.
     1 b. Tête vue en dessus, gross.
     1 c. Tête vue en dessous, gross.
     1 d. Membre antérieur, gross.
     1 e. Membre postérieur, gross.
     1 f. Écailles, gross.

Planche   **VII** — Fig. **1. Sepsina Copei,** Bocage.

     1 a. Tête en dessus, gross.
     1 b. Membre postérieur, gross.
     1 c. Membre antérieur, gross.
     Fig. **2. Sepsina (Dumerilia) Bayonii,** Bocage.
     2 a. Tête vue en dessus, gross.
     2 b. Tête vue en dessous, gross.
     2 c. Tête vue de côté, gross.
     2 d. Région anale, gross.
     Fig. **3. Typhlacontias punctatissimus,** Bocage.
     3 a. Tête vue en dessus, gross.
     3 b. Contour du tronc.

Planche **VIII** — Fig. **1. Monopeltis Anchietae,** Bocage ; partie antérieure
     du corps vue de côté.
     1 a. Partie antérieure du corps vue en dessous.
     1 b. Partie antérieure du corps vue en dessus.
     1 c. Queue.
     Fig. **2. Chamaeleon Anchietae,** Bocage.
     Fig. **3. Chamaeleon quilensis,** Bocage ; la tête.

Planche IX—Fig. 1. **Python Anchietae**, Bocage; la portion antérieure du corps.

 1 a. Tête vue de côté.
 1 b. Tête vue en dessous.
 1 c. Queue.

 Fig. 2 a. **Calamelaps polylepis**, Bocage; la tête vue de côté.
 2 b. Tête vue en dessus.
 2 c. Tête vue en dessous.
 2 d. Queue.

Planche X—Fig. 1. **Ophirhina Anchietae**, Bocage (**Coluber canus, L.**), jeune.

 1 a. Tête vue en dessus.
 1 b. Tête vue en dessous.
 1 c. Tête vue de côté.
 1 d. Queue.
 1 e. Écailles.
 1 f. Contour du tronc.

Planche X a—Fig. 1. **Rhagerhis tritaeniata**, Günther.

 1 a. Tête vue de côté, gross.
 1 b. Tête vue en dessus, gross.
 1 c. Tête vue en dessous, gross.

 Fig. 2. **Rhagerhis acuta** (Günther).
 2 a. Tête vue de côté, gross.
 2 b. Tête vue en dessus, gross.
 2 c. Tête vue en dessous, gross.

Planche XI—Fig. 1. **Prosymna ambigua**, Bocage.

 1 a. Tête vue en dessus, gross.
 1 b. Tête vue en dessous, gross.
 1 c. Tête vue de côté, gross.
 1 d. Queue.

 Fig. 2. **Prosymna frontalis** (Peters), la tête grossie vue en dessus.

 Fig. 3. **Amphiophis angolensis**, Bocage.
 3 a. Tête vue de côté, gross.
 3 b. Tête vue en dessus, gross.
 3 c. Tête vue en dessous, gross.
 3 d. Queue.
 3 e. Écailles.
 3 f. Contour du tronc.

Planche XII — Fig. 1. Philothamnus ornatus, Bocage.

  1 a. Tête vue en dessus, gross.

  1 b. Tête vue de côté, gross.

  1 c. Tête vue en dessous, gross.

Fig. 2 a. Philothamnus angolensis, Bocage (Ph. irregularis, var.), la tête vue en dessus, gross.

  2 b. Tête vue de côté, gross.

  2 c. Tête vue en dessous, gross.

Planche XIII — Fig. 1. Philothamnus dorsalis, Bocage.

  1 a. Tête vue en dessus, gross.

  1 b. Tête vue de côté, gross.

  1 c. Tête vue en dessous, gross.

Fig. 2 a. Philothamnus Smithii, Bocage (Ph. semivariegatus, Smith, var.), la tête vue en dessus.

  2 b. Tête vue de côté.

  2 c. Tête vue en dessous.

Planche XIV — Fig. 1. Microsoma collare, Peters; la tête vue en dessus, gross.

  1 a. Tête vue en dessous, gross.

  1 b. Tête vue de côté, gross.

Fig. 2. Microsoma collare, Peters, var.; la tête vue en
dessus, gross.

  2 a. Tête vue en dessous, gross.

  2 b. Tête vue de côté, gross.

Fig. 3. Elapsoidea Güntherii, Bocage.

  3 a. Tête vue en dessus, gross.

  3 b. Tête vue de côté, gross.

  3 c. Tête vue en dessous, gross.

Planche XV — Fig. 1. Dendraspis Jamesonii, Traill., la tête vue en dessus.

  1 a. Tête vue de côté.

  1 b. Tête vue en dessous.

  1 c. Écaillure.

Fig. 2. Dendraspis neglectus, Bocage; la tête vue en
dessous.

  2 a. Tête vue de côté.

  2 b. Tête vue en dessous.

  2 c. Écaillure.

Fig. 3. **Dendraspis angusticeps**, Smith; la tête vue en
dessus.
3 a. Tête vue de côté.
3 b. Tête vue en dessous.
3 c. Écaillure.

Planche XVI — Fig. 1. **Vipera heraldica**, Bocage.
1 a. Tête vue en dessus.
1 b. Tête vue en dessous.
1 c. Écaillure.
Fig. 2 a. **Naja Anchietae**, Bocage; la tête vue en dessus.
2 b. Tête vue ce côté.
2 c. Tête vue en dessous.

Planche XVII — Fig. 1. **Hylambates angolensis**, Bocage.
1 a. Bouche ouverte.
Fig. 2. **Rana ornatissima**, Bocage.
2 a. Tête vue en dessous.
2 b. Bouche ouverte.

Planche XVIII — Fig. 1. **Rana tuberculosa**, Boulenger.
1 a. Bouche ouverte.
Fig. 2. **Hemisus marmoratum**, Peters.
2 a. Tête vue en dessous.
Fig. 3. **Phrynomantis bifasciata** (Smith), var.
Fig. 4. **Phrynobatrachus natalensis** (Günther).
4 a. Bouche ouverte.

Planche XIX — Fig. 1. **Rappia cinnamomeiventris**, Bocage.
Fig. 2. **Rappia tristis**, Bocage.
Fig. 3. **Rappia Steindachnerii**, Bocage.
Fig. 4. **Hylambates Anchietae**, Bocage.
4 a. Bouche ouverte.

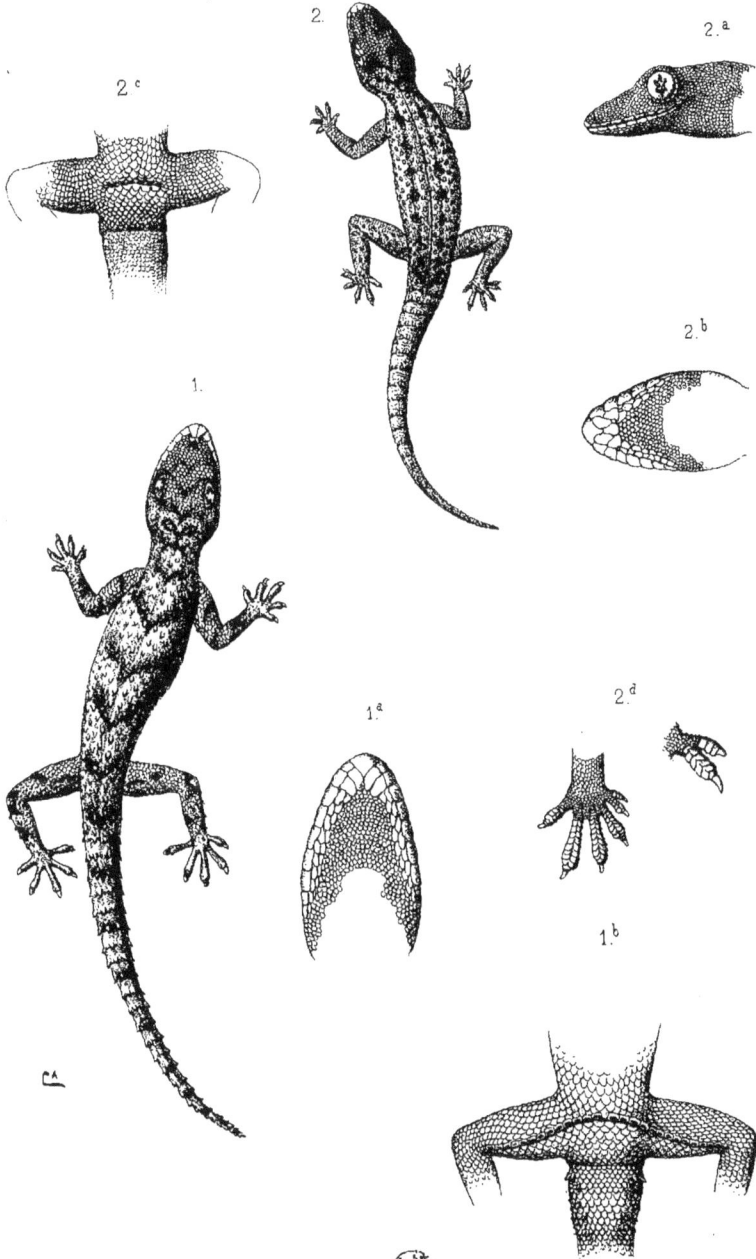

Pl. I

1. Hemidactylus Benguellensis.   2. Hemidactylus Bayonii.

Pl. II

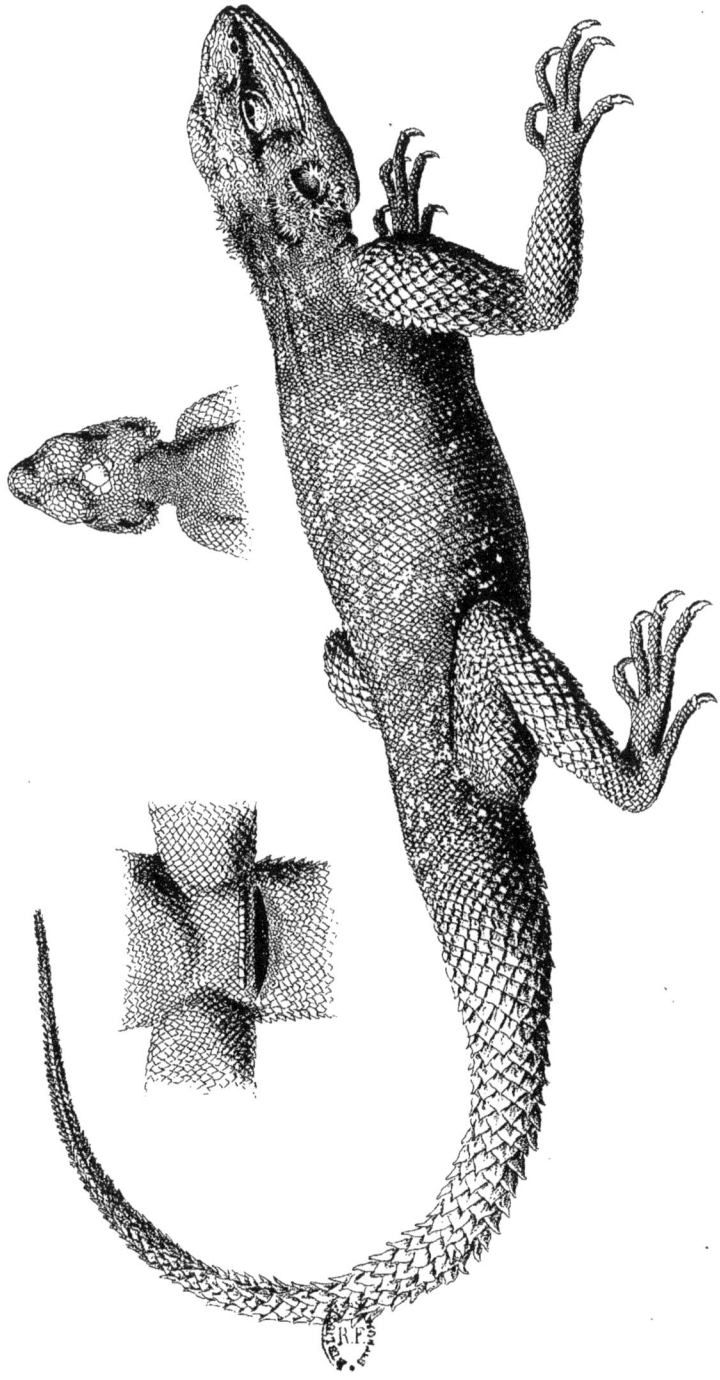

Agama planiceps

Pl. III

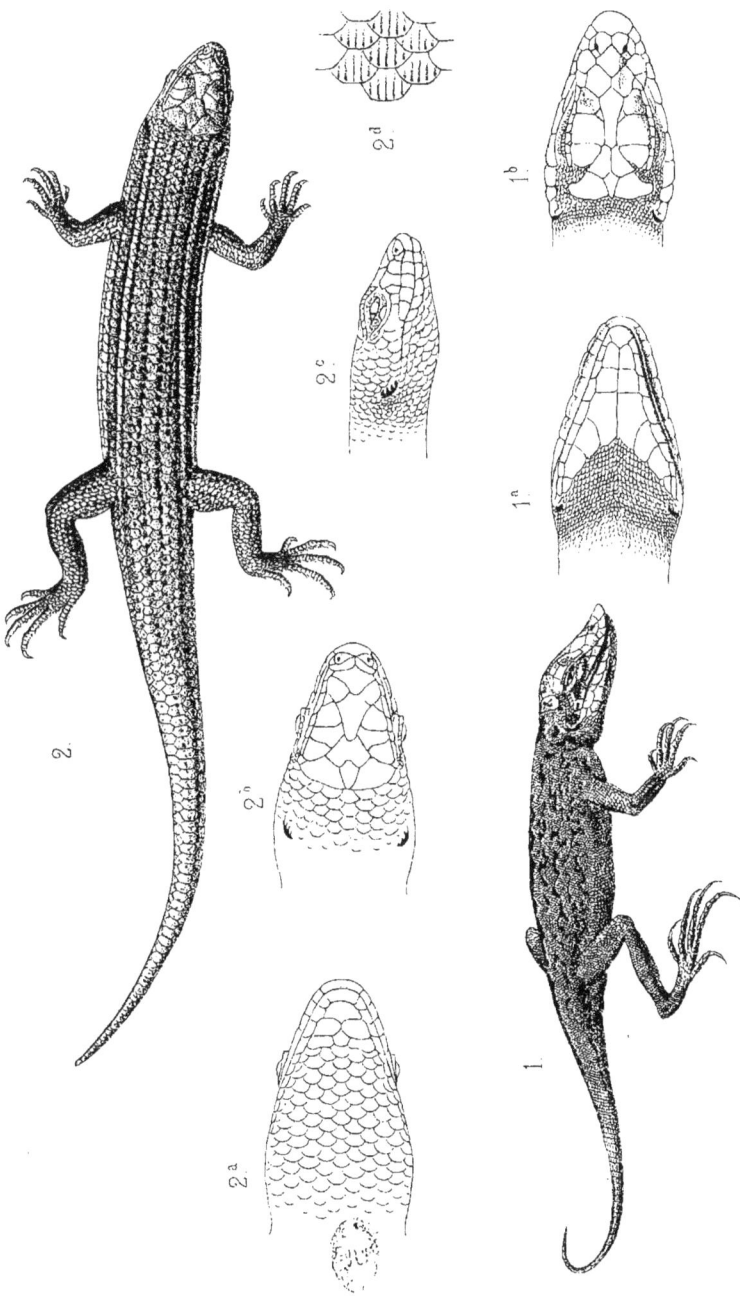

1. Pachyrhynchus Anchietae. 2. Mabuia Bayonii.

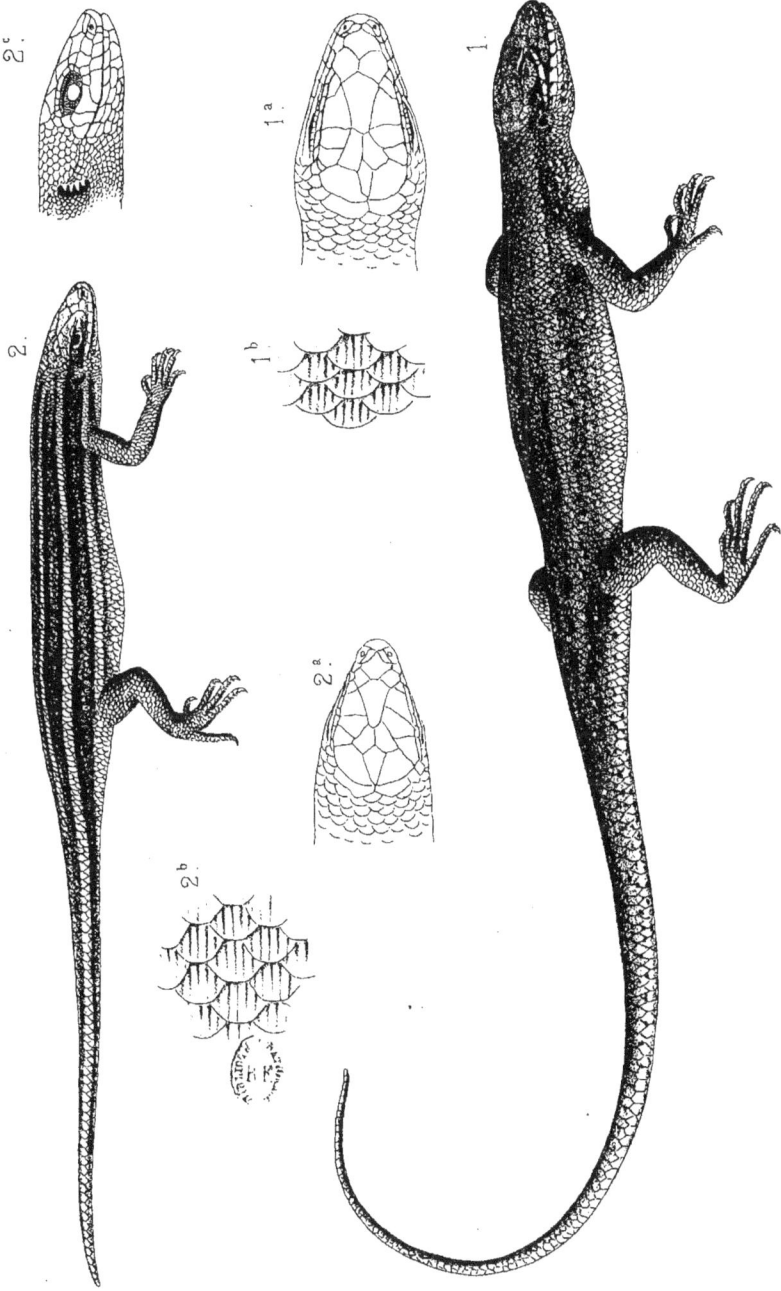

Pl. IV

1. Mabuia maculilabris.   2 Mabuia Petersi.

Pl. V

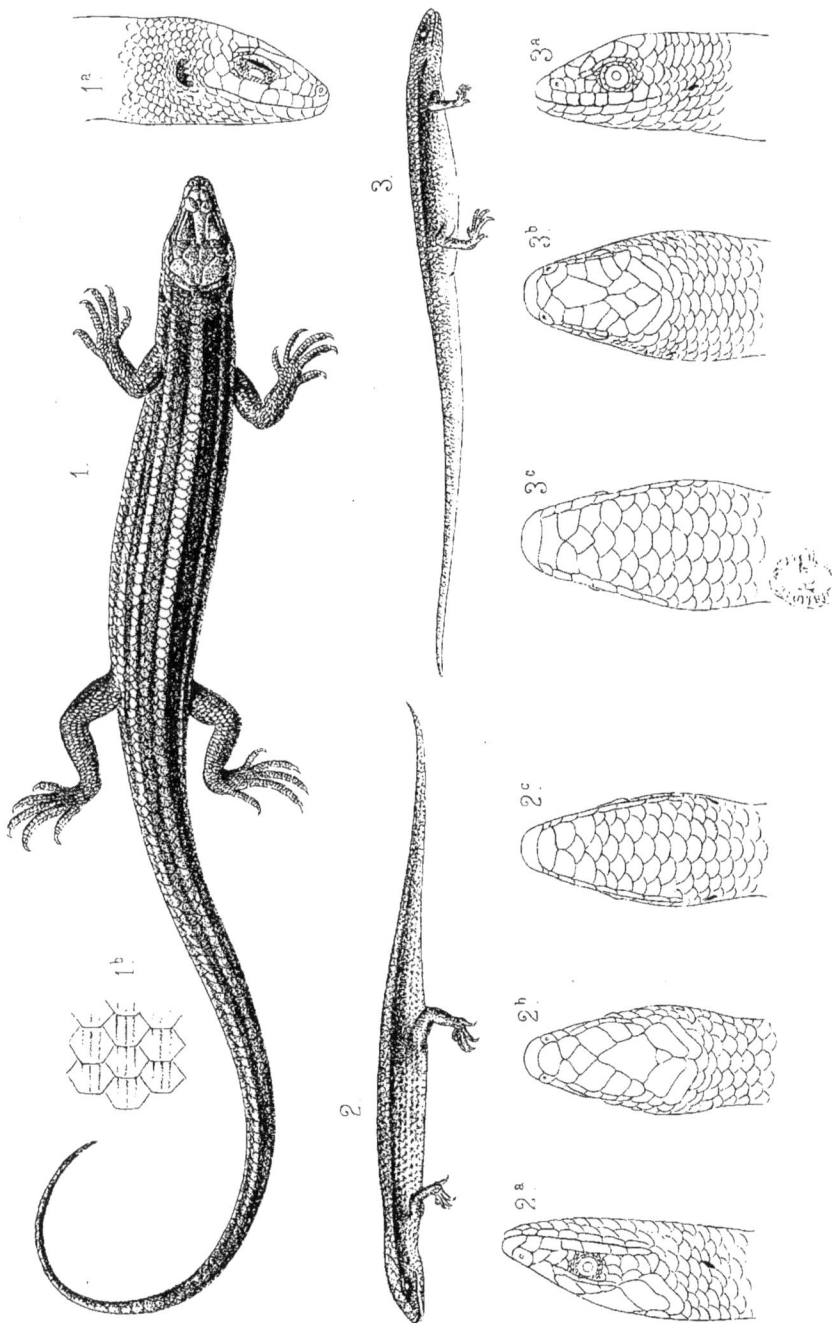

1. Lygosoma Ivensii. — 2. Ablepharus Wahlbergii. 3 Ablepharus Cabindae.

Pl. VI

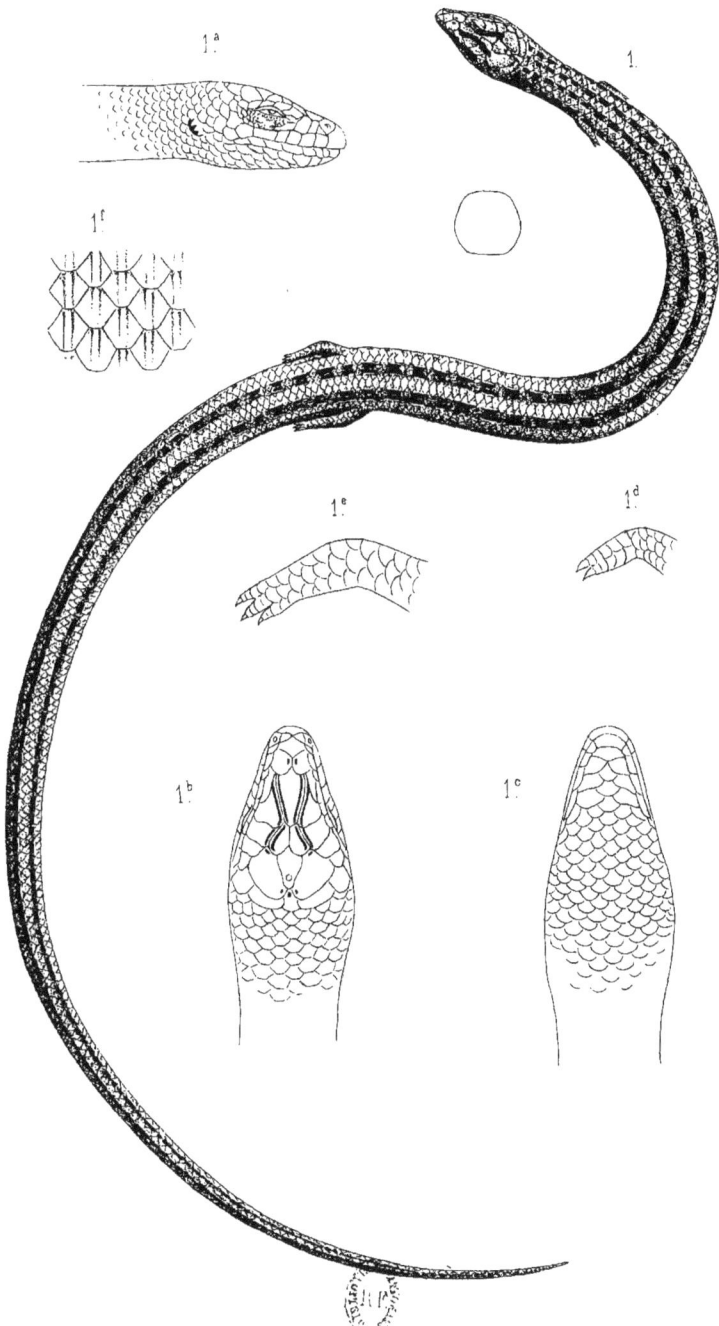

1.ᵃ

1.ᶠ

1.ᵉ

1.ᵈ

1.ᵇ

1.ᶜ

Lygosoma (Eumecia) Anchielae

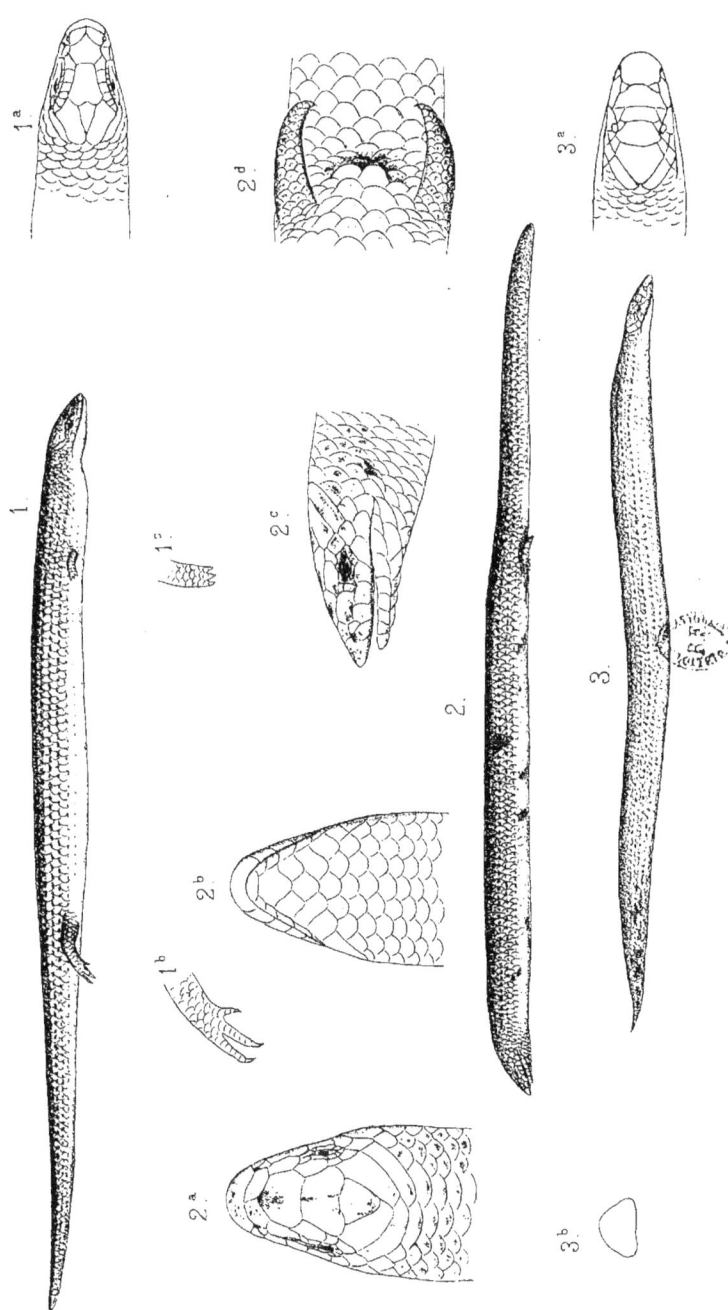

Pl. VII

1 Sepsina Copei.   2. Sepsina Bayonii.   3 Typhlacontias punctatissimus.

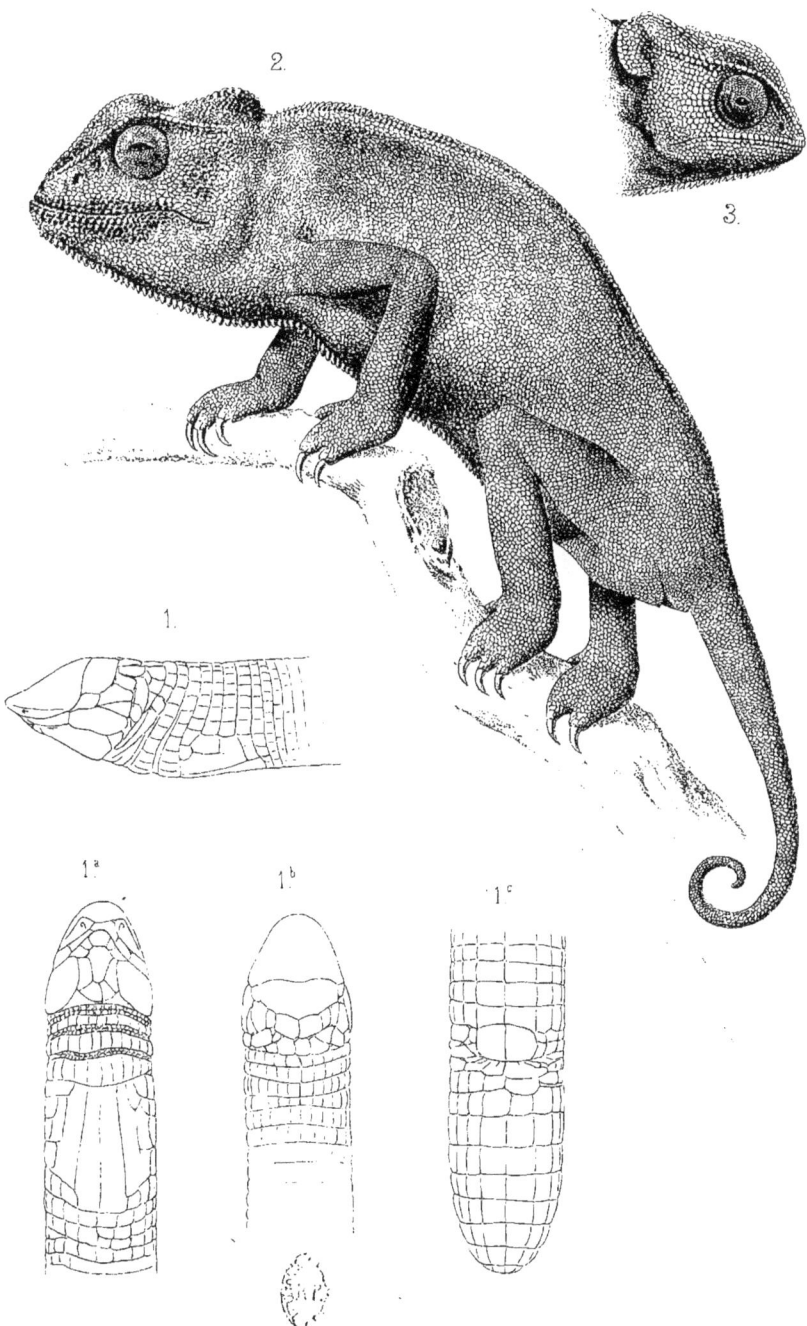

Pl. VIII

1. Monopeltis Anchietae.   2. Chamaeleon Anchietae.
3. Chamaeleon quilensis.

Pl. IX

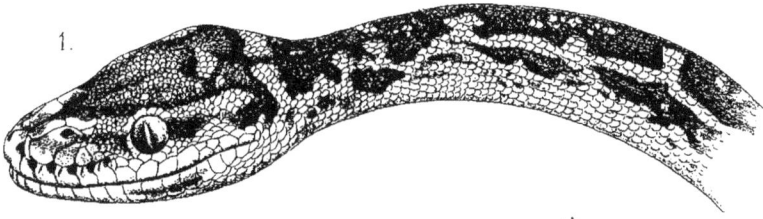

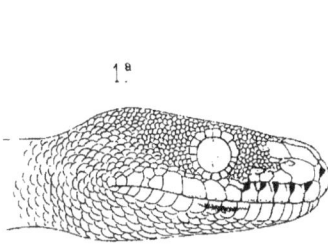

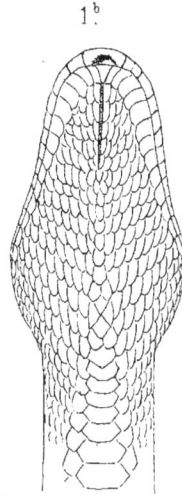

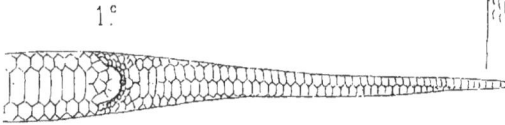

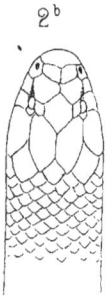

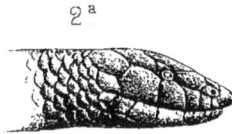

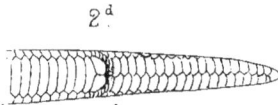

1. Python Anchietae   2. Calamelaps polylepis

Pl. X

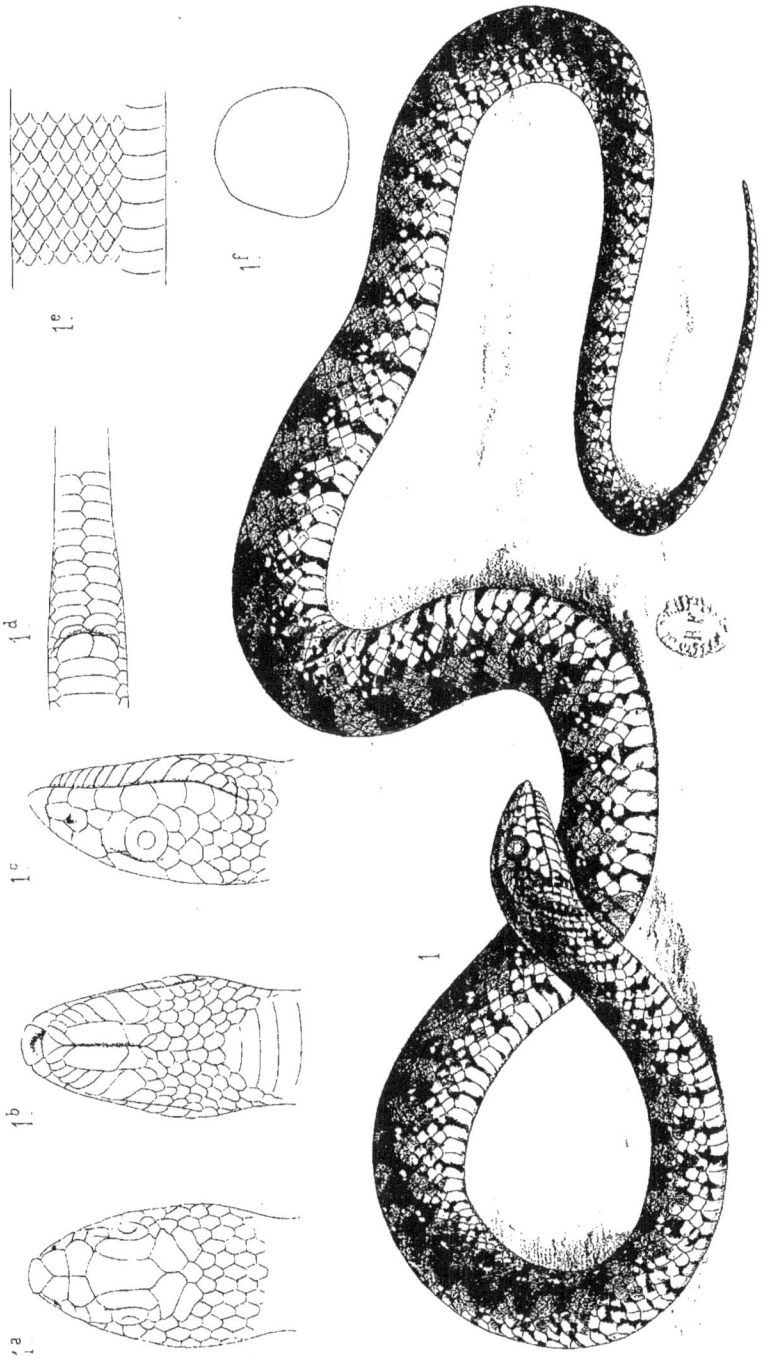

1a.   1b.   1c.   1d.   1e.   1f.

1

Ophirhina Anchielae

1

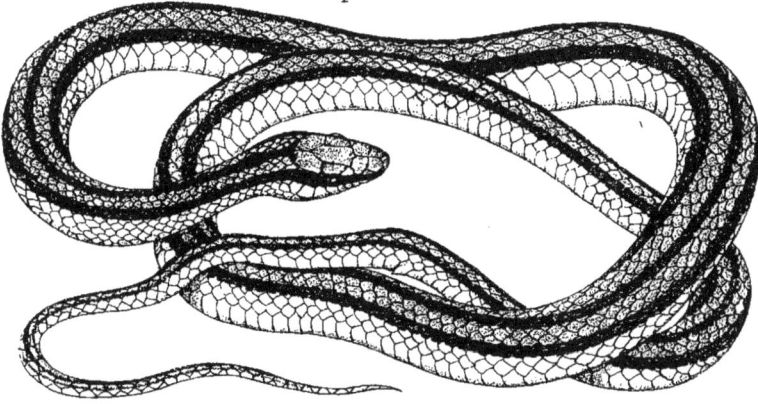

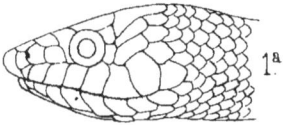 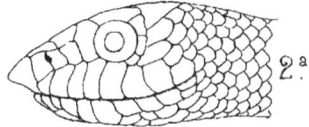

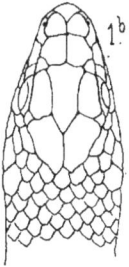 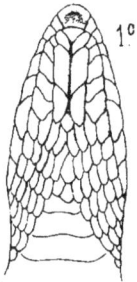 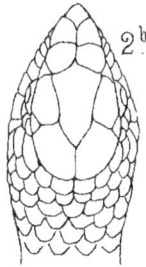 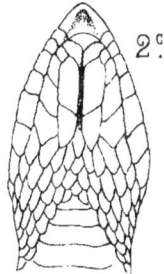

2.

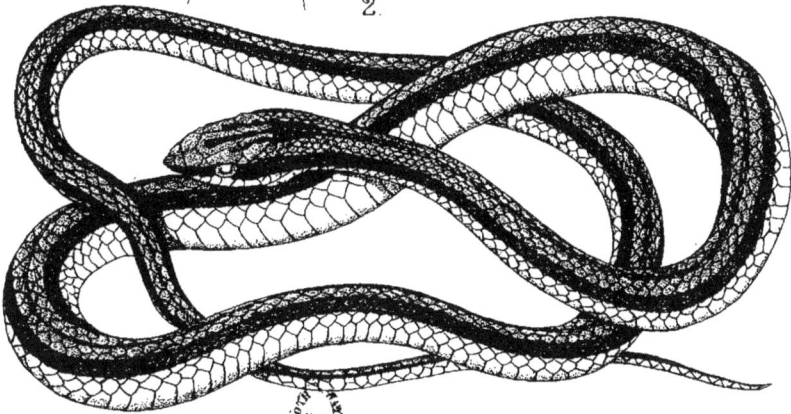

1. Rhagerhis tritaeniata. — 2. Rhagerhis acuta.

Pl. XI

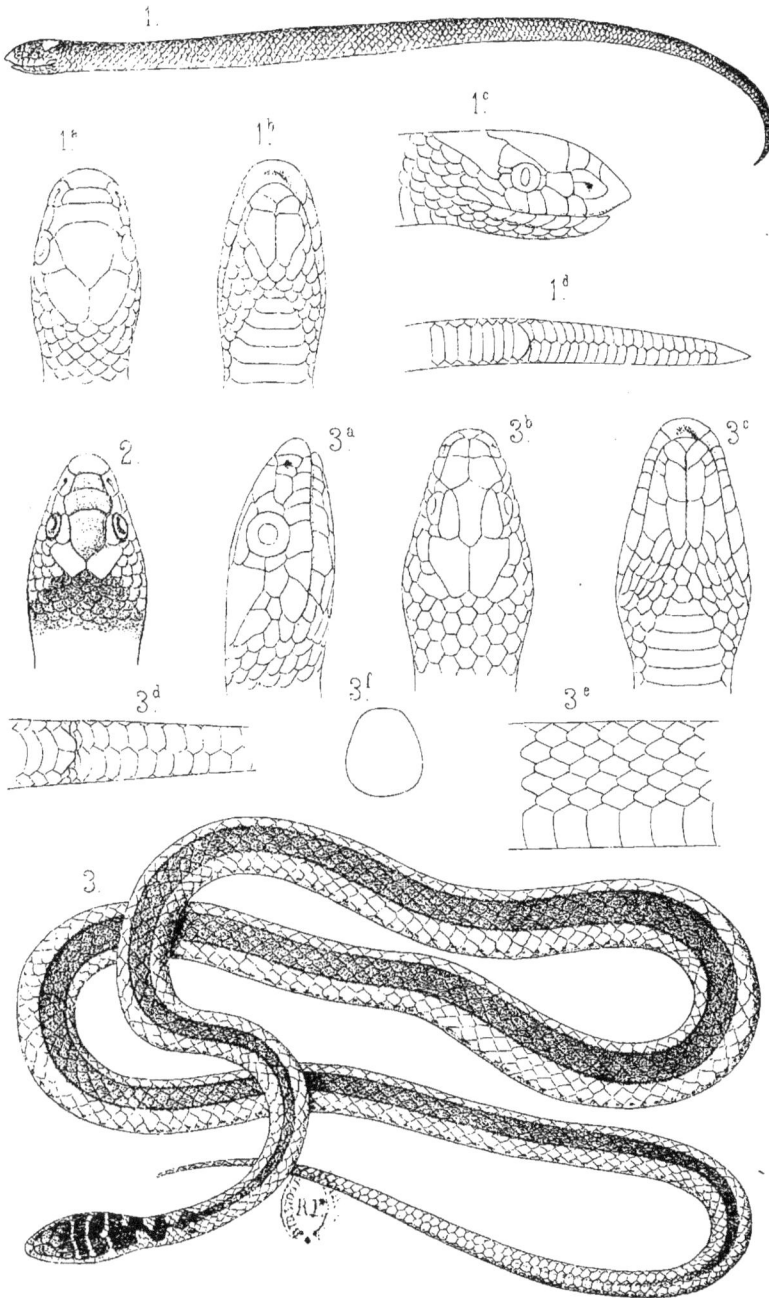

1. Prosymna ambigua   2. Prosymna frontalis.

3. Amphiophis angolensis.

Pl. XII

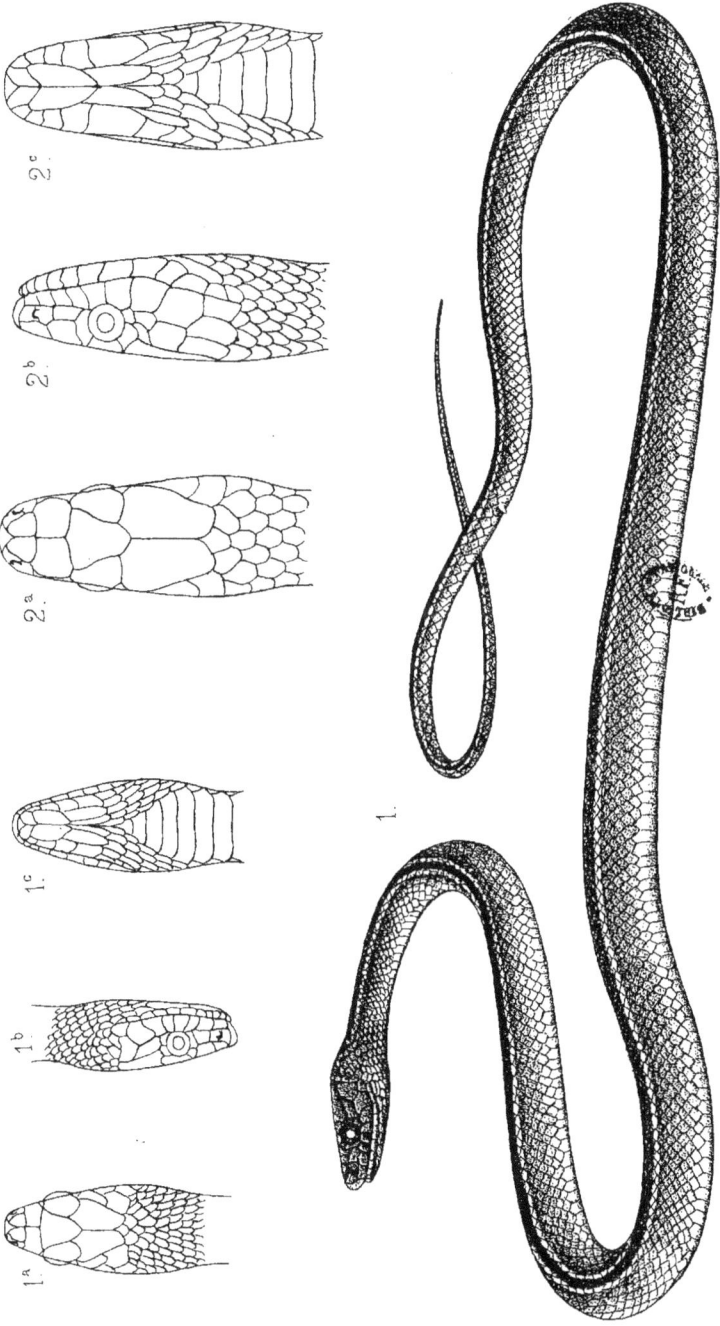

1. Philothamnus ornatus. — 2. Philothamnus angolensis

Pl. XIII

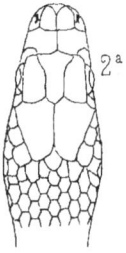

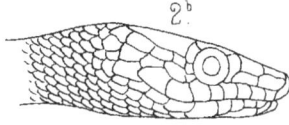

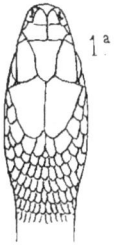

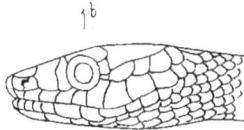

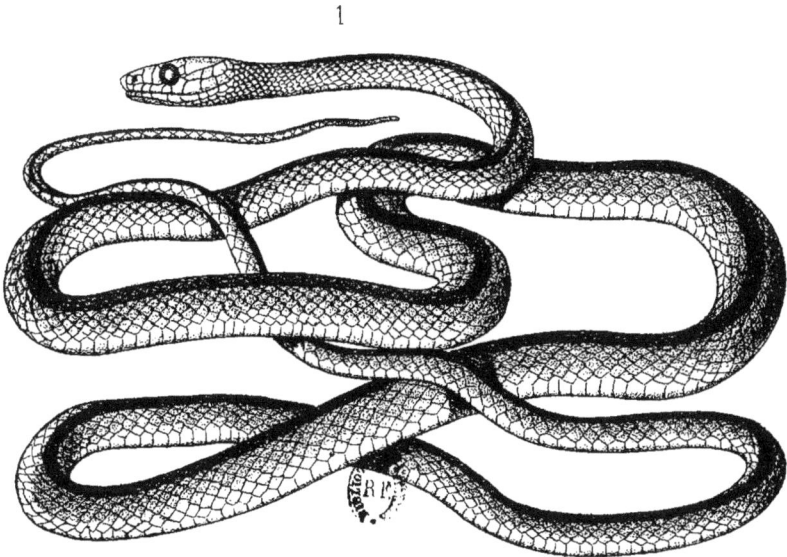

1. Philothamnus dorsalis
2. Philothamnus smithü

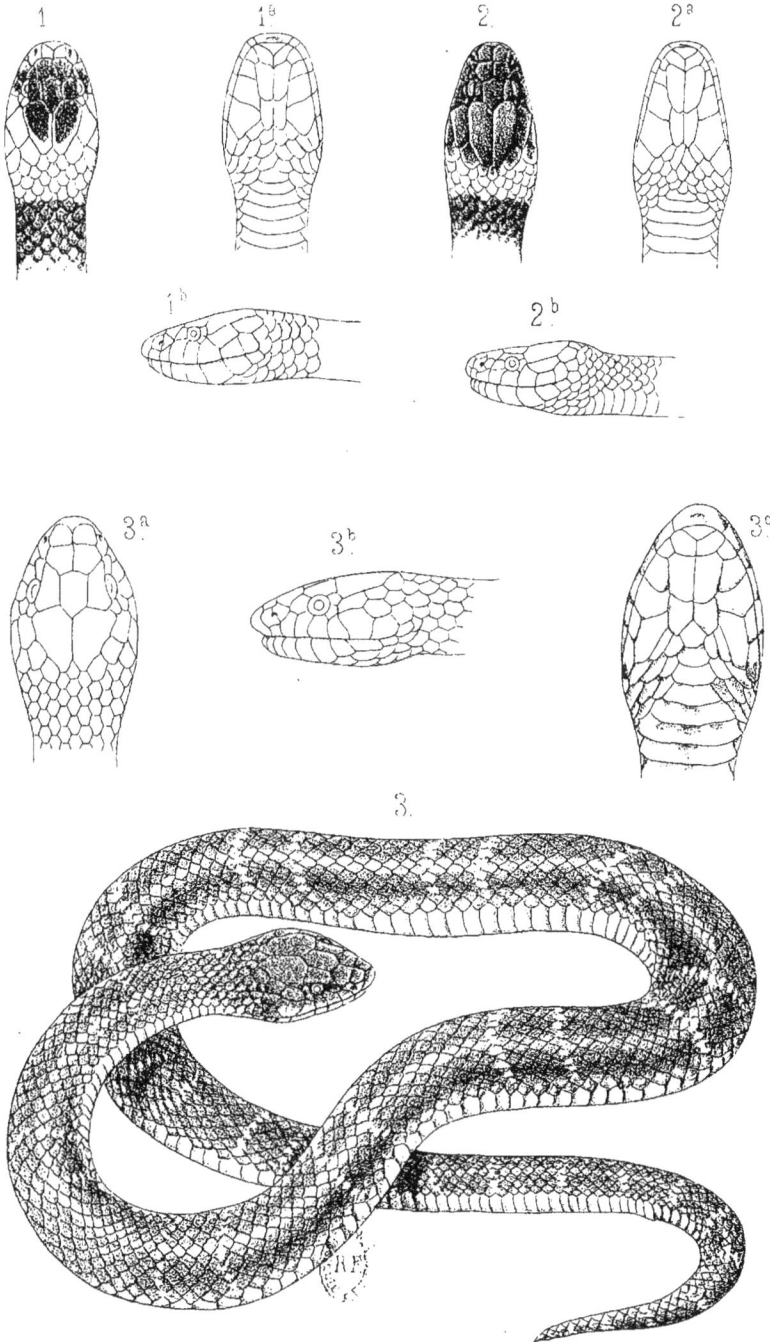

Pl. XIV

1 Microsoma collare. 2. Microsoma collare var.
3 Elapsoidea Guntheri

Pl. XV

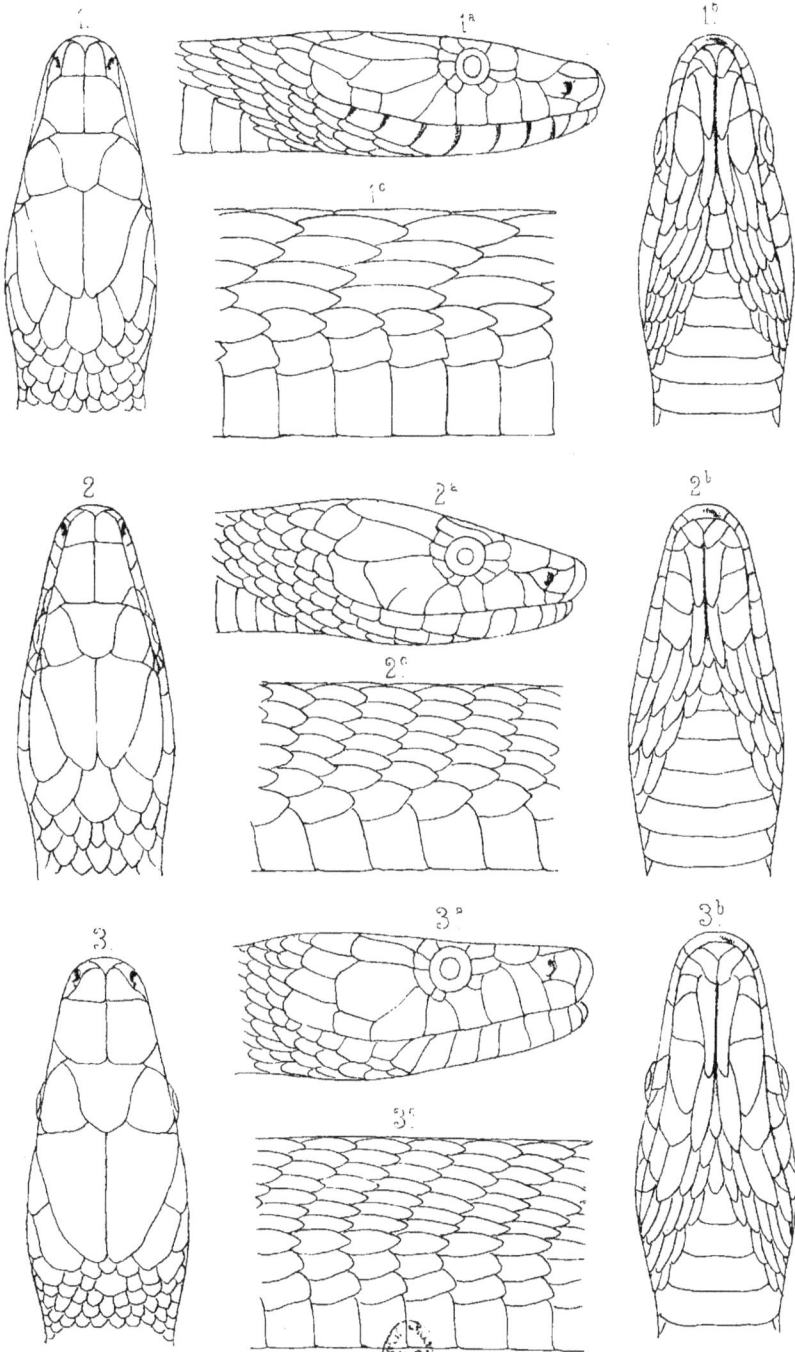

1. Dendraspis jamesonii. - 2. Dendraspis neglectus.
3. Dendraspis angusticeps.

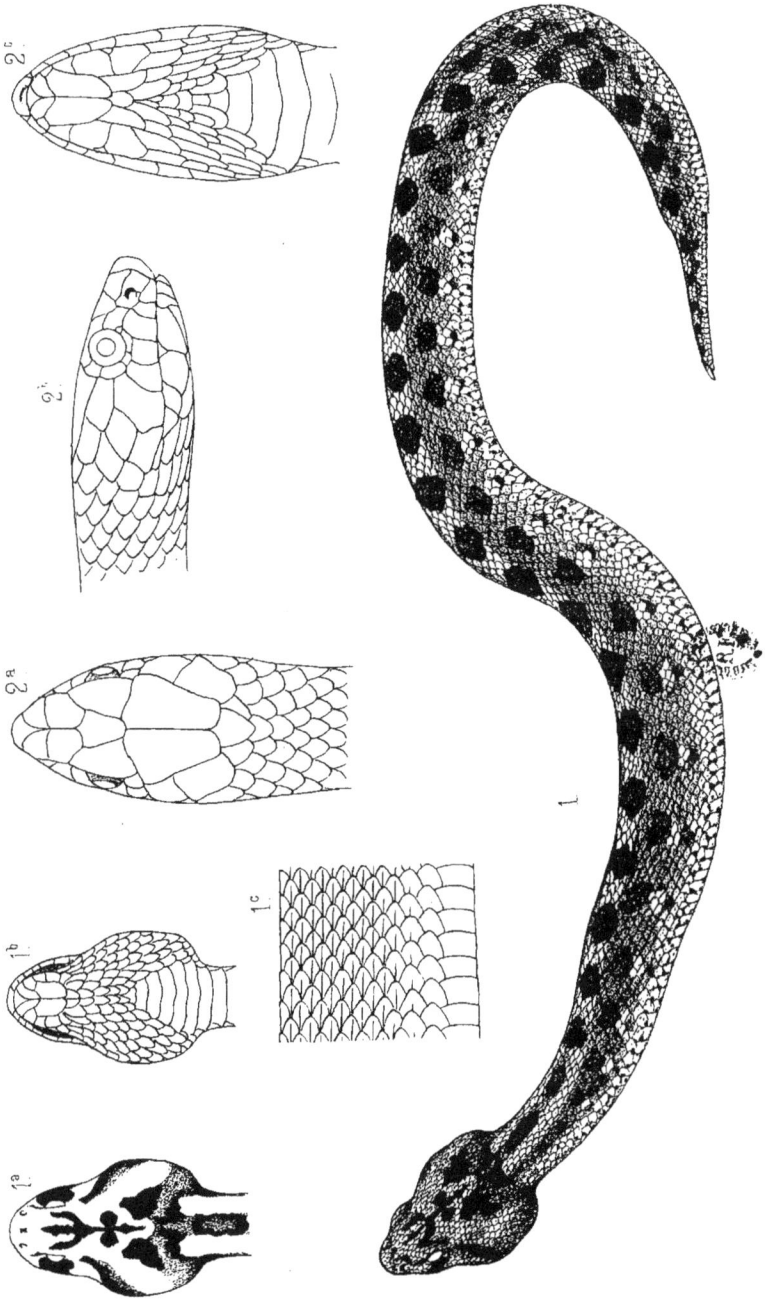

1.Vipera heraldica.　2. Naja Anchietae.

Pl. XVII

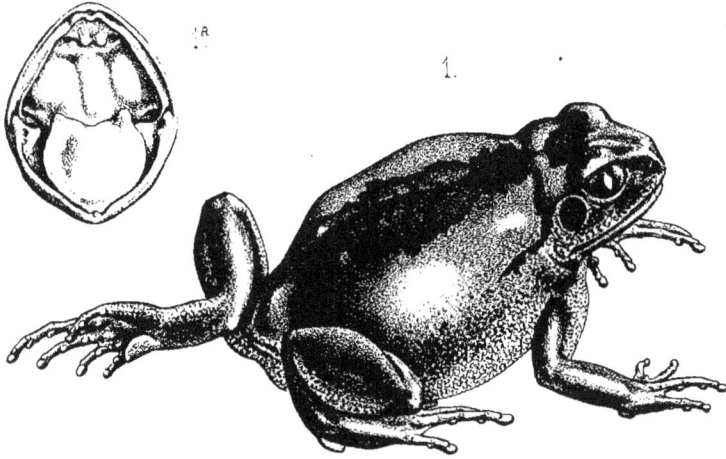

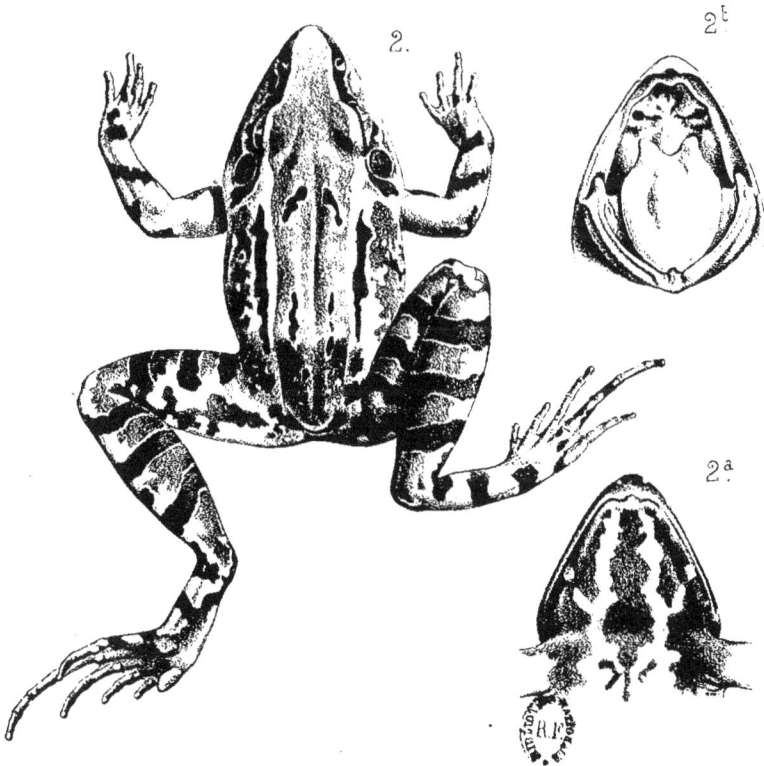

1. Hylambates angolensis. 2. Rana ornatissima.

Pl. XVIII

1 Rana tuberculosa.   2 Hemisus marmoratum.
3 Phrynomantis bifasciata.   4 Phrynobatrachus natalensis.

Pl. XIX

1 Rappia cinnamomeiventris. 2 Rappia tristis.
3 Rappia Steindachneri. 4 Hylambates Anchietae.

www.ingramcontent.com/pod-product-compliance
Lightning Source LLC
Chambersburg PA
BHW060349200326
519CB00011BA/2090